U0062180

见识城邦

更新知识地图　拓展认知边界

美洲人从哪里来

破解美洲人类起源之谜的科学冒险

[美] 珍妮弗 · 拉夫（Jennifer Raff）著
张炜晨 译

ORIGIN

A GENETIC HISTORY OF THE AMERICAS

中信出版集团 | 北京

图书在版编目（CIP）数据

美洲人从哪里来：破解美洲人类起源之谜的科学冒险 /（美）珍妮弗·拉夫著；张炜晨译 . -- 北京：中信出版社，2023.8

书名原文：Origin: A Genetic History of the Americas

ISBN 978-7-5217-5666-1

I. ①美… II. ①珍… ②张… III. ①人类起源－普及读物 IV. ① Q981.1-49

中国国家版本馆 CIP 数据核字（2023）第 071317 号

美洲人从哪里来——破解美洲人类起源之谜的科学冒险

著者：　[美] 珍妮弗·拉夫（Jennifer Raff）

译者：　张炜晨

出版发行：中信出版集团股份有限公司

（北京市朝阳区东三环北路 27 号嘉铭中心　邮编　100020）

承印者：　嘉业印刷（天津）有限公司

开本：787mm×1092mm 1/16　　插页：7

印张：24　　字数：237 千字

版次：2023 年 8 月第 1 版　　印次：2023 年 8 月第 1 次印刷

京权图字：01–2023–3181　　书号：ISBN 978–7–5217–5666–1

审图号：GS（2023）2230 号　本书地图系原书插附地图

定价：88.00 元

服务热线：400–600–8099

投稿邮箱：author@citicpub.com

献给科林

目 录

第二部分

第三部分

译者序

也许这是一本伪装成科普书的侦探小说。

珍妮弗·拉夫博士为我们讲述了一桩惊天大案：美洲人到底从哪儿来？同本格派*侦探小说一样，案发地点是一处相对封闭的空间，嫌疑人有二十多个；随着情节深入，随时有新线索冒出来，也不断有老证词被证伪或被发现有误。同推理小说不一样的是，这个案子由人类学部门、考古学部门和遗传学部门联合行动，台前幕后出场的侦探更是数以千计，粗看有人类学家、考古学家、遗传学家、博物学家、解剖学家、历史学家、语言学家，细分下来还有体质人类学家、生物人类学家、牙齿人类学家、生物伦理学家、地质考古学家、水下考古学家、人类遗传学家、计算遗传学家、古基因组学家、古生物学家、古文物学家、古生态学家、古气候学家，甚

* 本格派是日本侦探小说流派，作品注重逻辑推理，破案过程环环相扣。江户川乱步是该流派代表作家。——编者注

至还有哲学家、神学家和政治家。他们个个都是权威人士、业内大佬，分属不同武术流派，各掌握一门绝技。当然，也不乏伪科学家和种族主义者混在里面捣乱，大放厥词。

美洲原住民起源于何处？这个问题从15世纪末西方人发现新大陆起就存在了。因为《圣经》中并没有描述美洲原住民的只言片语，所以当时人们只能翻故纸堆，试图用经院派的哲学思辨来回答。如果从美国考古学之父，也是美国国父之一托马斯·杰斐逊算起，人们以科学手段“侦查”此案则已经有200年左右的历史了。从那时起，无数科研人员或深入极地、雨林，或探入水底、洞穴，或风餐露宿于荒郊野岭，或日夜蛰伏在实验室内，收集到海量数据和证据。尤其是近几十年来，随着遗传学的迅猛发展，科学家取得的成果超过了以往之总和。

希望上面一段话不会让读者打退堂鼓。尽管破解美洲人起源之谜是一项极其专业的工程，但深奥的理论知识和错综复杂的线索在作者笔下丝毫不显晦涩。这本书深入浅出，生动描绘出美洲原住民祖先气势磅礴的迁徙史。现在，所有证据就摆在读者面前，读者不必劳师远征，便可以像大侦探波洛一样，舒适地躺在安乐椅中，动用“灰色脑细胞”（灰质），花上两三个夜晚，跟随作者来一次上下十万年、纵横两万里的智力冒险。

然而，同普通侦探小说不一样的是，该书直到最后一页也没有破案。文中大案套小案，新案接旧案，洋洋洒洒描述了二十多个“嫌疑人”，包括但不限于：“筑丘人”假说、“克洛维斯第一”假说、

“梭鲁特人”假说、“单次迁徙”模型、“双拨次迁徙”模型、“三拨移民”假说、“海藻高速公路”假说、“处女地”假说、“内陆迁徙路线”假说、“走出日本”假说、“美洲冰川人”理论、“多次走出非洲”理论、“过度狩猎”假说、“泛白令传承模式”假说、“德纳里第一”假说、“多次迁徙”模型、“失败移民”假说、“旧石器时代聚居”模型、“白令停顿”假说、“走出白令”模型、“跨太平洋迁徙”假说等等。这些理论模型有的针锋相对，有的互为补充；有些已经被彻底排除，有些仍争议不断。我们的侦探从来没有停歇，正孜孜不倦地收集新线索。可以肯定还会有新“嫌疑人”浮出水面，挑战大侦探的智力。

所以，你如果想在这本书中找到结论，那可能就要失望了，这不是一本给你答案的书，而是提出问题的书，分析线索的书，鼓励你独立思考的书。正如书中所说，“哪种美洲人类迁徙模型最具说服力，将取决于你如何权衡和解释目前有效的证据”，“这是一个没有结局的故事，因为当我写下这句话时，美洲的遗传故事仍在向我们徐徐展开”。也许有朝一日，我们终将破解谜团；也许穷极一生我们也无法破案。但这又有什么关系呢？朝着真相前进就是最大的胜利。

这本书除了讲本格推理故事外，也带有社会派侦探小说的风格。科学固然客观，但科学界毕竟还是由科学家构成，就是一个江湖。有学阀打压不符合其口味的新理论，有败类公然为种族主义张目，有小人不择手段，不惜伤害原住民来做研究。作者甚至认为，整个美国考古学和遗传学都是有原罪的，并不惜花费大量篇幅来揭露这段历史，反省自身。对于作者的正义立场，我甚为敬佩和感动。

在严肃讨论之中，作者也不时调侃科研有多么困难，找到好工作多么幸运，申请项目资金多么不易，取得成果与否还得看运气(因为首先要能从古人遗骸上采集到 DNA，也就是脱氧核糖核酸，这个概率并不高)。我的妻子也是一名学者，她也常常向我吐诉工作之艰辛，看来科研工作者在哪里都不容易呀！

* * *

如果纯粹从侦查的角度看待美洲人起源的故事，也不过就是有趣而已，书中讨论的那些案例、假说充其量就是精彩的文献综述罢了。一本真正的科普好书不应该只是简单地告诉读者历史上发生了什么，科学上有了哪些进展，或者用通俗易懂的文字把理论复述一遍，而是要告诉我们秉承科学精神的科学家是如何凭借科学思维，以科学方法来进行研究的。毕竟，授人以鱼，不如授人以渔。

书中一而再，再而三地提及遗址“有效性”这个概念。有些考古学家挖出一处遗址，经年代测定后便宣布距今多少多少年。但这才是刚刚开始，即便学者的人品无懈可击，即便他曾有辉煌的研究成果，也必须拿出无可置疑的证据证明遗址是“有效”的。具体而言，就是遗骸和古器物出土的地层没有被扰动，没有混入其他物品以至于破坏了测年准确性。(更何况确实有人造假，比如日本“考古学家”藤村新一。他自己偷偷埋石头，然后大言不惭地宣称挖到了70万年前的石器，比我国出土的北京人年代还早。脸皮之厚，贼胆之大，无出其右。）如书中第二章介绍的梅多克罗夫特遗址，批评者曾经用煤层污染、地下水渗入、冰川气候等理由质疑发掘团队提出的“有效性”检验标准。但团队负责人一一解答、反驳，最终捍卫了科研成果。推而广之，所有科学研究都应该接受专家团队的灵魂拷问，经历科学共同体的公开审查。毕竟，谁主张谁举证，“不同寻常的观点需要不同寻常的证据”（卡尔·萨根）。该书的高频词非“证据”莫属，一共出现了约200次，几乎每一页都有，可见证据的重要性。作者更是明确写道：“科学不是建立在‘可能’和‘也许’的基础上。模型必须基于现有的证据来搭建，而不是你希望拥有的证据。”

如果证据被推翻了，或者有瑕疵，也不要紧，只要坚持科学态度，接着寻找证据，再提出假说即可。作者写道：“所有的科学家都必须承认，我们可能出错。很可能5年、10年或20年后，本书就会像其他书一样过时。而这种可能性正是在此领域工作的意义所在。”

当然，科学家们不仅仅“拆台”，合作才是主流；其实从广义上说，“拆台”也未尝不是一种合作方式，可以及时止损，避免更多人误入歧途。该书以“三拨移民”假说为例，说明了“多个学科是如何携手工作，相互检验对方的假说”。作者还引用遗传学家埃默科·绍特马里的话：“但愿总有富有创造性的人提出新模型，但愿总有科学家通过检测，让我们得以选择最可能正确的理论。”我想这就是科学家的可爱和伟大之处。他（她）们从来不害怕丢脸，从来不怯于承认错误，从来不惮于接受新理论。科学就是这样循环上升、向前进步的。真理也许会迟到，但终究离我们越来越近。也许某一个或几个科学家固执己见，但科学共同体永远会采纳可靠的新证据，毫不迟疑地抛弃错误假说，拥抱相对正确的新理论（也许以后依然被证明是错误的）。

现在的科普宣传似乎有一种把科学绝对化、神圣化的倾向，而这是非常危险的。事实上，科学家得出的错误结论远比所谓的正确结论要多得多。即使是现在，也没有哪个科学家敢说某个理论就是绝对真理。就算是相对论和量子力学，恐怕也只是特定条件下的良好近似罢了。读罢该书，读者可能会觉得怎么通篇都是这个假说被否定，那个证据不可靠，检测置信度有问题，等等，一句准话都没有。其实，这种自我否定才是科学最宝贵的精神，也是科学一往无前、所向披靡的内在动力。

该书的价值不仅仅是讲述了一个生动的故事，它还通过案例教会了我们科学方法论。我们中的大部分人即使不是学者，也可以掌握科学这件利器，用以指导我们日常的生活和工作。

* * *

该书涉及的第三个主题可能就比较沉重了：科学伦理。

在美洲考古学和遗传学领域，科学家曾经以科学为名，肆无忌惮地开掘、盗取原住民祖先的坟墓和遗骸，而古代和当代原住民作为被研究对象，不仅未得到应有的尊重，反而蒙受打击和羞辱。这一过程又大致分两个阶段。早期，白人殖民者研究美洲人类起源问题，既是为了满足好奇心，也是出于压制原住民部落主权，攫取其土地的需要。他们把古人的遗骸等同于三叶虫标本，并强调种族概念，“不仅侵占他们（原住民）的土地，还试图破坏其身份认同，限制原住民语言的使用和传播，把儿童从亲人身边带走，塞进寄宿学校，强迫实施同化教育”。现代，随着学界竞争越来越激烈，很多科学家希望“以尽可能快的速度对尽可能多的北美古代人类基因组测序”，于是出现了一些违背原住民意愿和利益的项目。更有学者以欺骗手段得到原住民 DNA，在对方不知情或未授权的情况下展开研究，这就更谈不上沟通与合作了。

原住民当然会予以反击，那就是远离乃至坚决反对遗传学研究。于是很多人，包括普通公众认为原住民“反科学”。其实不是他们“愚昧”，而是曾经被深深地伤害过，根源还是科学界的傲慢和偏执。结果是，在美国这样一个遗传学极其发达的国家，可供研究的原住民基因组却少之又少。对于这样的双输局面，作者总结说，“我们在探寻知识之旅中必须自我反省，不可脱离科学所处的社会环境而奢谈进步”，进一步提出“要为过去犯下的罪错和不择手段的研究方法承担责任，要为先入为主的种族和社会偏见承担责任”。

对科学家而言，科学曾经如此纯粹。他们并不在意发现可能导致的结果，只对探索真理感兴趣。然而，自从他们掌握了原子的秘密，能够编辑基因，创造出超越人类大脑的 AI（人工智能）后，科学研究就必须考虑伦理问题。

“前进，前进，不择手段地前进。”这个逻辑在科幻小说设定的极端环境下也许是成立的，但是在现实生活中，欲速则不达。无视伦理的科研活动，不仅终将遭到世人唾弃，而且很难取得真正有价值的成果。抛开功利主义不谈，即便科学讲究客观理性，不带感情，科学家也应该做有温度、有良知的人。

* * *

当然，我对作者的一些观点也不能完全苟同。比如作者写道：“我觉得我们很难找到一个完美的答案，让所有对美洲人类历史有兴趣的人都能接受，但话又说回来，我也不认为必须达成统一才能理解过去。正是生长了许许多多不同种类的树木，历史森林才因此更加健康美丽。”然而，真相只有一个，真理之树只有一棵，这种“调和主义”我并不能认同。另外，作者似乎过分拔高原住民口述历史的科学地位。口述历史无疑具有文化层面的宝贵价值，也能给予科学家一定的参考，固然应该得到尊重，不过如果口述历史和科学证据相矛盾的话，科学家应该毫不犹豫地摒弃前者。

* * *

这本书的主题是美洲人从哪里来，虽然趣味横生，但毕竟是别人家的故事。读完之后，我想很多读者也许会萌生同我一样的好奇，脱口发问："中国人又是从哪里来的呢？"

我读中学的时候，历史课本说远古时代，中华大地先后生活着元谋人（距今约 170 万年）、北京人（距今约 70 万年到 20 万年）、山顶洞人（距今约 3 万年）等早期人类。虽然没有明说，但我自然而然地认为当代中国人就是这样一脉相承而来的。上了大学以后，我听说了所谓"夏娃理论"，即根据只能从母系血统继承的线粒体 DNA 溯祖，所有现代人都有一个共同的女性祖先，她生活在大约 20 万年前的非洲，这位女性被称为"夏娃"。距今约 10 万年到 6 万年前，"夏娃"的后代，即现代智人走出非洲，并彻底取代了遍布其他大洲的早期智人。元谋人、北京人、山顶洞人等等我们耳熟能详的古人类原来不是中国人的祖先，跟我们没啥关系啊！虽然这个"单地起源说"让我颇受冲击，但面对科学证据，我也只能无条件接受。很久以后，我再次接触到这个话题时，才知道我国科学家早就提出了"多地区演化说"。也就是说，生活在中国（以及世界其他地区）的现代智人是从本土直立人演化而来的，与来自非洲的那批智人有过基因流，但绝不是被他们"消灭"的，而且我们的证据也很充分。这个问题比之美洲人起源问题恐怕更复杂了，甚至还掺杂了点儿政治因素。比如有西方科学家认为"多地区演化说"带有民族主义色彩，而亚洲科研人员反斥对方有种族主义和殖民主义倾向。“多地区演化说”的主要证据还集中在考古学方面，不过一旦找到年代超过10万年的古人类DNA，只要测序后发现其与当今中国人存在继嗣关系，那么这个问题就迎刃而解了。我万分期待这一幕早日出现。当然，不管哪一方占优势，归根结底还是两个字——证据。读完这本书后，我相信各位读者一定会无条件支持证据最可靠、最充分、最直接的那个假说。

* * *

读完这本书后，我想请您闭上眼睛，在脑海中绘制一张东北亚和美洲的地图。想象一下，一小群人类依靠聪明才智和稍纵即逝的运气，在最可怕的冰期幸存了下来，然后进入美洲，一路冲到最南端的火地岛，从此繁衍开来，生生不息。请再把目光聚焦于亚欧非三个大洲，10万年到6万年前，现代智人走出非洲，同欧洲和亚洲的早期智人融合，形成现代人类。不管我们的外貌差别看上去有多么大，但在基因层面上，全世界80亿人口几乎一模一样，我们都是不折不扣的兄弟姐妹。200万年前，总算有点儿人样的直立人率先走出非洲，30万年后，来到中国的元谋人，也许就是我们的祖先。600万年前，“人猿相揖别”，人类和黑猩猩从此走上了不同的演化道路；300万年前，人类进入旧石器时代，当时只会打制最粗糙的石器，而现在，我们已经能够制造无比精密复杂的火箭发动机和光刻机；几十万年前，人类只会通过钻木取火，而现在，我们已经能够启动核聚变，点燃了人造恒星，未来更有望实现可控聚变。没有神仙给我们提示，没有外星人暗中点拨，所有的成就都是人类凭一己之力达成的。这是一段多么波澜壮阔的历史啊！

在这个内卷时代，在很多人不得不苟且过活的今天，读完这本书，闭目静思，漫游在宏大的时空之中，突然间也许会平静下来。

张炜晨

2022 年 9 月 12 日

土地确认声明

这本书是在原本属于卡奥［Kaw，或堪萨（Kansa）］、奥塞奇（Osage）、肖尼（Shawnee）等民族的土地上写就的。

* * *

早在堪萨斯州（Kansas）成立之前，便有许多印第安部落被强制迁入或迁出这片区域。如今，该州是草原波塔瓦托米人（Prairie Band Potawatomi）、堪萨斯基卡普部落（Kickapoo）、堪萨斯及内布拉斯加的密苏里萨克和福克斯部落（the Sac and Fox Nation of Missouri in Kansas and Nebraska），以及堪萨斯及内布拉斯加的艾奥瓦部落（the Iowa Tribe of Kansas and Nebraska）的家园。由于堪萨斯州劳伦斯市（Lawrence）是哈斯克尔印第安国民大学（Haskell Indian Nations University，其前身为 1884 年设立的美国印第安工业培训学校）所在地，因此，全美各地诸多美洲印第安和阿拉斯加原住民都与本地区有着千丝万缕的联系。

夏至日

复述中，我们没有费心思

纠结那莫测的细节，也不会平铺直叙

我们传承一个接一个故事

无论故事将如何演变

消退的海洋下，有一个古老的地下世界

遥远的过去，他们在那里一直强调

影影绰绰的族群意识至关重要

是族群塑造了他们，塑造了他们的历史，他们的故事

他们每天都无比充盈，心明如镜

与记忆中的历史紧密相连，如此具体，如此合理

仿佛一切都那么真实

我们复述着曲折的故事

世界就源自故事中不断变化的细节

——罗杰 · 厄科–霍克

（Roger Echo-Hawk，波尼族历史学家）

引 言

某位先民的遗骸已经在阿拉斯加州威尔士亲王岛（Prince of Wales Island）北端的一个洞穴里*静静躺了万年之久。不过在1996年7月4日，古生物学家在那里发现了他的下颌骨，同海豹、旅鼠、飞鸟、驯鹿、狐狸、熊等动物的骨头混杂在一起。[1]

这个洞穴为人们打开了窥探远古时光的神奇窗口。** 通过可追溯至4.1万年前*** 的动物骸骨，古生物学家蒂姆·希顿（Tim Heaton）

---

* 位于现在的汤加斯国家森林公园（Tongass National Forest）索恩贝护林区（Thorne Bay Ranger District）内。——作者注（以下如无特殊说明，脚注均为作者注）

** 绘制该洞穴地图的探险者称此处为“跪地洞”。在确认其为历史遗迹后，此洞被正式命名为49-PET-408；随后，又得名“舒卡卡阿洞”。我将在文中称它“舒卡卡阿”。

*** 当我在书中提到日期时，为了便于普通读者理解，其格式都是“XX年前”，含义是“距今XX年”。但是请注意，按考古学惯例，“当今”这个时间点被固定在1950年（否则已标定的年代以后每年都会越来越不准确）。对于每一处“XX年前”，只要简单加上自1950年以来经过的时间后，即为正确年份。例如，假设你在2023年读到这本书，那么就要在每段时间长度的基础上增加73年。

及其同事得以判断出该地区[*]，及阿拉斯加东南沿海地带可能是末次冰盛期（LGM）的生物避难所。在那段时期，北美洲北部大部分地区均被巨大的冰川覆盖。在末次冰期行将结束之时，随着地球变暖，冰川消融，美洲幸存下来的动物和通过白令陆桥（Bering Land Bridge）进入美洲的物种逐渐在北美洲北部再次繁衍开来。直到大约 1 万年前，白令陆桥依然连接着亚洲和北美大陆。

这个名为舒卡卡阿（Shuká Káa）的洞穴因为意外发现了古人类的痕迹而变得意义重大，对在该地区生活了数千年之久的特林吉特人（Tlingit）和海达人（Haida）而言更是如此。早在一周前，考古学家特里 · 法菲尔德（Terry Fifield）就接到报告说，该地出土了一件打磨得相当锋利的石矛尖。不过当时人们只将其视为一个孤立的发现。然而，当找到人类下颌骨时，希顿便立刻意识到，那片考古现场蕴藏的宝藏远比之前预想的更加令人期待。他叫停挖掘工作，并通过无线电向林业部门汇报。次日早上，法菲尔德乘坐直升机飞往遗迹所在地，展开现场调查。根据《美洲原住民墓葬保护与归偿法》（NAGPRA）的规定，法菲尔德将这名男子的遗骨带回林业局，并于第二天致电克拉沃克和克雷格（Klawock and Craig）部落理事会诸理事，告知这一发现。

接下来的一周，法菲尔德和部落领导人在阿拉斯加特林吉特和

---

* 虽然可能不是洞穴本身的原因，但在大约 17 100 年到 14 500 年前，此处似乎没有任何动物的骸骨被保存下来。

海达印第安部落中央理事会（CCTHTA）法律专家的帮助下，召开了一次由克拉沃克部落主持的协商会议，并邀请 5 名克拉沃克和克雷格部落成员参与，共同决定下一步行动方案。*

当地民众一开始莫衷一是。有些人认为不应该再打扰人类骸骨。但其他人则希望通过这位古人来揭示该地区族群的历史。特里·法菲尔德在电子邮件中告诉我："我还记得人们最初的谈话内容。理事会成员想知道他是谁，是否与自己有血缘关系，他又是如何生存的。正是对这名男子的好奇促成了我们一开始的合作。"

当地居民经过多轮商议和争论后，最终同意科学家继续挖掘并研究这具遗骸。双方约定，如果证明该洞穴是神圣的墓地，那么就必须立即停止发掘工作。居民还要求学者们与他们分享研究成果之后，才能公开发表；在科研过程中，每一个环节都要与当地的族群领导人协商。民众将在研究工作结束后，重新安葬他们的先祖。

参与这个项目的科学家对上述要求全盘接受，并根据发掘进展，定期向部落人士汇报最新发现。特里·法菲尔德作为学者代表出席部落理事会的相关会议。只要有记者或影视制片人策划对这处遗迹进行报道，他都会首先寻求理事会的许可。丹佛自然历史博物馆的考古学家 E. 詹姆斯·迪克森（E. James Dixon）发起了一项由美

---

* 卡萨安（OVK）和海达堡（HCA）两地的海达人部落理事会应邀参加了 1996 年 7 月的初步协商。他们后来让位于以特林吉特人为主的克拉沃克和克雷格族群，因为后者的传统土地更靠近遗迹。此后，考古学家便与克拉沃克和克雷格部落的代表合作。

国国家科学基金会（National Science Foundation）资助的研究项目，致力于对该洞穴进行发掘，同时还提供资金帮助部落成员直接参与这项工作。随后几年，负责该地区运营的阿拉斯加原住民区域公司*（Alaska Native Regional Corporation）——西拉斯卡公司（Sealaska Corporation）提供额外经费，资助在此项目中实习的学生。

当地民众、考古学家和林业部门之间的合作卓有成效。经过 5 个季度的田野考古调查，人们在洞穴内又发现了 7 块人骨和 2 颗人类牙齿，都属于同一个人。他的骨骼被食肉动物撕碎，散落在一条大约 50 英尺（1 英尺约合 0.3 米）长，由一眼小喷泉的流水扰动而形成的沉积通道内。在考古学家和当地民众看来，很明显，这并非一处专门安葬遗体的墓地。发掘古人骸骨不仅有助于人们更多地了解过去，还能让族群为他举办一场体面的葬礼。**

考古学家根据该男子的骨盆和牙齿特征，确定他死亡时才 20 岁出头。对牙齿的化学分析显示，此人以食用海产品为生。现场采集到的古器物表明，他（或者其他将这些手工制品遗留在此的人）从事优质石材的长途贸易。这些石头经过专门设计，可制作成狩猎工具，可在恶劣的北极环境中狩猎。对骨骼进行放射性碳年代测定后，结果令人大吃一惊：他已经超过一万岁了，是阿拉斯加地区最

---

* 阿拉斯加原住民区域公司成立于 1971 年。当时美国国会通过一项法案，解决了阿拉斯加原住民提出的土地和财产索赔要求，并成立了 13 家区域公司来管理这些资产。——译者注

** 他于 2008 年 9 月 25 日下葬。

古老的人类之一。*

特林吉特人一直声称，他们的祖先是航海民族，从史前时代起就生活在这个地区。这个被特林吉特人称为“Shuká Káa”（“先于我们的人”）的男人横空出世，正好与他们的口述历史相匹配：特林吉特人是一支适应沿海生活、从事长途贸易的古老族群的后裔。随着项目进一步推进，人们越来越确信这个古人可能就是特林吉特人的祖先，或者至少与他们祖先的生活方式相似。

遗骸考古的工作结束了，但舒卡卡阿人的故事仍在继续。在2008年安葬遗骸之前，部落允许遗传学家从其骨骼中提取一小部分样本进行DNA分析。初步检测显示，此人所属的母系血统在当代原住民族群中非常罕见。这表明目前居住在本地区的原住民可能不是舒卡卡阿人的直系后裔。

但这个故事在过去几年中又峰回路转。古基因组学领域掀起了一场技术革命。科学家利用少量骨骼或组织样本，即可重建古人的完整核基因组。这项进步使得研究人员（再次获得部落许可后）以远高于早前实验的精度，重新检测舒卡卡阿人的DNA。包括了染色体中所有DNA数据的完整核基因组表明，舒卡卡阿人所属的族群正是当今西北海岸诸部落的祖先。这又一次证明了他们的口述历

---

* 他是当时（1996年）已知年龄最大的美洲人。此后，人们发现安葬在阿拉斯加中部塔纳诺河谷（Tanana）夏沙纳（Xaasaa Na，也译上阳河）遗址的儿童可以追溯到大约11 500年前。我们将在第六章谈论这个案例。

史所言非虚。[2]

自舒卡卡阿人的基因图谱发表以来，特林吉特部落继续利用遗传学作为研究其氏族和半偶族亲属系统的工具*，(并根据 DNA 所揭示的信息) 在其他地域搜寻他们的族系，将考古学证据、部落一脉相承的口述历史[3]完美统一起来。

对于考古学家来说，舒卡卡阿人为驳倒一个过时的理论提供了一项重要证据。该理论称，人类从陆路迁徙到美洲的时代不算久远，大约在 1.3 万年前。这可能就是你在学校听到的故事。

但在过去几十年里，我们了解到这个理论并不准确，它甚至没法解释考古学家和遗传学家所发现的大量新证据。

旧理论显然漏洞百出，不过人类最初是如何到达美洲的，仍是一个有待解答的谜题。遍布美洲各地的人类遗址已经在考古学家的发掘下相互关联起来。我们将跟随他们的研究，查看遗传学证据，检视 DNA 是如何挑战和改变我们对美洲原住民历史的认知的，同时特别关注那些只有通过考古记录，以间接手段才能分析理解的事件。我们将与这两个学科的学者一道，努力把林林总总的线索整合为一套新模型，以解释人类最初抵达美洲的历程。正如本书后文所言，当今许多考古学家和遗传学家相信，人类出现在美洲的时间比

---

* 部落被划分为两个单系继嗣群，即半偶族。部落中两个半偶族的男女之间相互通婚。在特林吉特人的社会中有两个半偶族，即乌鸦和鹰 / 狼，包含许多氏族。氏族成员是由母系血统决定的。

以前认为的要早得多：也许在1.7万年至1.6万年前，甚至是3万年至2.5万年前，而且人类在这片大陆的迁徙过程相当复杂。

美洲原住民族对自身起源有着各式各样的口述版本。在我们根据西方*的科学方法研究模型并得出结论的同时，也要承认他们的观点同样重要。这些传统认知，如特林吉特部落对他们的起源，以及他们与舒卡卡阿人关系的看法，传达出一些关键信息，即他们是如何形成民族认同，并与这片土地休戚与共的。他们未必会接受本书所展示的模型。

* * *

那些非美洲原住民出身的学者在撰写美洲历史时，往往以欧洲人殖民新大陆为主线。克里斯托弗·哥伦布抵达圣萨尔瓦多（San Salvador），清教徒建立普利茅斯（Plymouth）殖民地，埃尔南·科尔特斯（Hernán Cortés）征服阿兹特克（Aztecs）。在这些故事中，美洲原住民经常被排挤到故事边缘，成为背景板、旁观者、牺牲品或竞争对手。原住民与旧世界接触之前的历史远远未得到重视。的

---

* 我不太喜欢这个词，毕竟在地理上，还有谁比美洲原住民的位置更靠西呢？但我想把它与具有独立起源、历史和认识论的美洲原住民的科学区分开来。“西方科学”和“原住民科学”并不相互排斥，也非对立，但二者之间存在重大差异。本书主要是以西方科学视角行文，读者需要明白，当我使用“科学”一词时，其含义就是“西方科学”。

确，大众对那段历史有一定认识，但（充其量）都是些陈词滥调，或厚颜无耻的伪科学。[4] 除了一些罕见案例外，美洲原住民主要以口头而非书面形式保存他们的历史故事，不过在欧洲殖民者眼中，这些传统的口述记录无法与他们自己的历史研究相提并论。

在这种研究框架下，原住民族被视为古代居民而非现代社会公民，并因此遭学术界排斥或遗忘，与公开学术交流无缘。非原住民学者往往忽视原住民群体中流传的知识，最终导致整个原住民群体在社会中消融或边缘化。原住民艺术家、政治家、作家、学者、传统技能传承人的贡献得不到认可。白人将原住民的知识、宗教习俗、独特服饰据为己有，开发成了商品售卖。某些学者将传统知识另做一番解读，重新包装为他自己的研究成果，却绝口不提原住民专家的贡献。

如此无视绝非偶然。自美洲殖民时代以来，为了给后来的移居者腾出空间，原住民被逐出家园，沦为奴隶，或在他们的领地上被就地清除。对殖民者而言，为了合法地将原住民的财产据为已有，伎俩之一就是宣称那里是无主之地。幸存的原住民则被描述成落后的“野蛮人”，需要初来乍到的民族提供帮助，实现“文明化”。大范围否认和抹杀原住民历史是新移民为了攫取土地而谋划的关键一着，旨在削弱原住民世世代代所拥有的土地所有权的合法性。可悲的是，这种将历史边缘化的做法一直延续到今天。正如本书后文写到的那样，为剥夺原住民权利，DNA 技术也越来越多地被用作一种话术工具。

现在，人们对美洲原住民历史有了更为深入的了解，对 1492 年之前的历史也同等重视。虽然仅凭这些还不足以解决问题，但毕竟迈出了重要一步。

* * *

本书讲述的是宏大而庞杂的美洲原住民历史中一小节精彩纷呈的片段：人类首次登陆美洲的时间。近年来，得益于从考古记录和古人类（如舒卡卡阿人）基因组中了解到的信息，科学家们对这一时间的认识发生了根本变化。

我们正置身于一场人类历史科学研究的革命大潮之中。遗传学家和考古学家数十年来一直紧密合作，探索隐藏在现代和古代人类 DNA 中的历史。由于近期 DNA 复原和分析技术取得了长足进步，我们得以对过去的历史提出更有价值的问题，解答难题的能力也显著提高。新的研究成果层出不穷，一部分令人瞠目结舌，另一些则证实了某些关于远古历史的经典观点确凿无疑。知识日新月异，甚至连专家都难以紧跟每一项新发现。

有一套经典理论描述了人类走出非洲、散布全球的最后几个环节，但对于美洲，这场革命彻底颠覆了该理论。正如我前面提到的，科学家曾经认为，人类是在末次冰期之后，大约 1.3 万年前从东北亚通过白令陆桥到达阿拉斯加西北部，开始聚居于美洲的。然后，他们再从阿拉斯加出发，穿过北美洲北部两片巨大冰原之间的走廊，一路向南。这群无所畏惧的旅行者在途中发明了新的石器制造技术，帮助他们在陌生环境中繁衍生息。这些技术，包括制造一种被命名为克洛维斯尖状器（Clovis point）的独特石器，在1.3万年前广泛出现于北美大陆。传统理论为解释这一现象，提出制造这些石器的人类一旦通过冰原，便在整个美洲以极快的速度迁徙。

我们今天知道，这套主导美国考古学界几十年的理论是错误的。早在克洛维斯石器出现之前，人类便已经在美洲生活了数千年之久。为了重新回答人类是如何来到这里的，科学家仍然需要跑遍整个大陆，从佛罗里达某个烂泥塘的深处，从西伯利亚一颗牙齿的基因组序列中，从得克萨斯烈日下的土层里收集线索，再一点一滴拼凑起这个过程。

然而，就像电影《妙探寻凶》* （*Clue*）所讲述的故事一样，同一事实可以存在多种解释。对不同的学术派别而言，同样的证据将推导出完全迥异的结论。我们将在本书中检视这些线索，并探讨各种解释方式。讨论将主要集中于DNA信息，以及它们是如何支持或质疑人们对考古记录所做的推理。画面正逐渐清晰，但仍有许多未解之谜。

---

* 《妙探寻凶》拍摄于1985年，讲述了一个关于庄园谋杀案的故事。特别之处在于，对于同样的案发过程和线索，影片最后给出了三种截然不同的结局。——译者注

* * *

舒卡卡阿人和其他首批抵达美洲的古代族群不仅仅是远古历史的一部分，也是一个关于当下的故事：不同人群以舒卡卡阿人为纽带，走到一起，展开了无与伦比的研究合作。这表明，只要尊重部落权益和价值观、理解原住民认知，以及保持一颗科学好奇心，原住民、科学家和政府机构就能通力合作，取得莫大的成就。可惜，在美国人类学和遗传学的发展历程中，这样的伙伴关系只是个例，而非常态。幸运的是，我们将会看到，情况正在发生改变。

因此，虽然本书讲述的是科学家对于美洲原住民起源这一课题有了怎样的认识变化，但与此同时，我们也必须仔细审视科学家得出这些结论的过程及手段。这段历史并不令人愉快。一些科学家曾经居高临下，赤裸裸地残酷对待美洲原住民，视之为草芥。他们热衷于揭示原住民族的历史，却不惜损害其利益而从中受惠。这是当代人类学家、考古学家和遗传学家需要直面的历史遗留问题。如果否认那些过去被我们摒弃、忽略，或抹除的人类史，那么古人类科学研究就不可能有真正的进展。我们在探寻知识之旅中必须自我反省，不可脱离科学所处的社会环境而奢谈进步。

本书的三个主题分别是从遗传学和考古学层面重塑历史，我们如何获得这些知识，以及该领域研究所引出的涉及多方面的文化问题。它们不可避免地交织在一起，要理解本书主旨，就不能孤立地看待以上主题。但是，正如在古生物 DNA 领域出现的革命性研究手段使我们能够理解书写在DNA链中的全新历史一样，我也希望通过舒卡卡阿人这个案例，以及倾听科学家、原住民学者和族群领袖的意见，转变历史研究的方式方法。

我将在本书第一部分回顾欧洲人探寻美洲原住民起源的过程，并分析他们对此的浓烈兴趣其实源自殖民主义。在第一章，我将讨论欧洲人在面对《圣经》中未曾提及的族群时，所采取的应对措施。美洲原住民既威胁到了他们的生存，也是建立殖民地的绊脚石。欧洲人之所以试图了解其起源，部分是出于好奇心，部分则是希望将危机消弭于无形。美国当代考古学和生物人类学即发端于此种早期探索，种族分类和优生学思想也源于这段时期。我们将毫不退缩，坚定探查这些不同的学科根源是如何交织在一起的，以及它们对后续美洲原住民起源研究的影响。我们还将检视“筑丘人”假说和其他试图混淆“原住民是第一批登陆美洲的族群”这一事实的歪理邪说，并且批驳当今数种有关原住民起源的错误理论。*

我将在第二章介绍在20世纪考古学中占主导地位的美洲原住民起源理论——“克洛维斯第一”（Clovis First）模型，以及最终将之驳倒的考古学证据。然后，我们将研究人类抵达美洲并四散迁徙

* 欧洲殖民者来到美洲初期就发现此地存在大量大型土丘遗迹。殖民者出于对原住民的歧视和偏见，认为这些土丘与尚处于原始社会的印第安人无关，是由更早迁徙到美洲的某个已消失的种族修建的，如维京人、犹太人，甚至中国人。这种理论相当阴险：既然印第安原住民不是这片土地的原始主人，那么殖民者也就有理由把土地抢占过来。——译者注

的其他理论及依据。在第三章，我们将仔细探究阿拉斯加早期历史的考古记录。阿拉斯加被认为是人类进入北美的门户，但那里的考古遗迹却可以追溯到更新世晚期和全新世早期*，似乎与美洲其他遗址所显示的历史相矛盾。一些考古学家认为，来自阿拉斯加的证据可以为“克洛维斯第一”模型的新版本提供支持；我们将检视并评估这个模型。

在本书第二部分，我们将重点关注古基因组学——一门从生物基因组中探寻历史的学科——是如何改变大众对遥远过去的认知的。第四章的内容会从通过基因组测序而有新发现的中美洲和南美洲历史开始。在第五章，我将带领读者进入我们设在堪萨斯大学的实验室，介绍如何利用古 DNA 展开研究，解释我们是如何从样本中提取古基因组片段以揭示族群历史的。

第三部分将讲述遗传学告诉我们的故事。我会描述从古今美洲和亚洲原住民基因组中获得的信息，以及它们如何与美洲族群的考古学证据相互印证。我将尝试利用一系列生动的小故事来描述建立在遗传学和考古学证据上的理论模型，以展现我们对生活在亚洲和白令地区（第六章）、南美洲（第七章）和北美洲北极地区、加勒比地区（第八章）的古人所进行的研究的成果。然后，我们将在第九章回到“科学家是如何获取数据的”这一主题，着重探讨过时的

---

* 更新世始于大约 258 万年前，持续至 1.17 万年前。全新世是最近的地质年代，始于约公元前 9700 年。——译者注

模型和陈旧的研究方法如何持续伤害原住民族群。最后，本书将以一个充满希望的章节结束，因为我们看到原住民，还有与其族群合作的非原住民科研人员一同努力，开拓出了更符合伦理道德的研究方式。舒卡卡阿人研究项目正是这样的范例。

* * *

我本人并非美洲原住民，曾曾祖辈是来自波兰、爱尔兰、英国的移民。他们在 20 世纪初抵达美国，为自己和孩子们寻求更美好的生活。我不知道我的祖先是否知晓殖民者长期抢夺原住民的土地，破坏他们的文化，甚至犯下种族灭绝的罪行……但我一清二楚。我也意识到，在我这个领域有人大言不惭自称是研究其他民族起源、生活、文化和历史的专家，却有时使用卑劣的方法来获取所需数据。此种恶行同样由来已久。我在本书开篇即挑明了上述两个事实，这一点很重要。

我是一名科学家，本书是从科学角度讲述过去的事情。书中遗传学和考古学所揭示的故事将美洲原住民与全球范围内更为宏大的人类演化、环境适应和迁徙活动联系到了一起。这种大迁徙的观点，无论大迁徙发生的年代多么久远，都与一些（当然不是所有）部落原有的认知相冲突。他们确信自己一直生活在这片土地上，而非来自其他地方。一些原住民将他们的起源故事视为某种隐喻，认为其有助于本民族洞悉族群在宇宙中的位置，理清与他族的关系，不过这种思想仍然可以与西方科学并行。事实上，一些美洲原住民考古学家已经证明了传统的口述历史在诠释考古记录中能够发挥重要作用，并呼吁对这些传统进行仔细的分析研究，整合所有可能帮助我们了解远古历史的线索。[5]还有些原住民从字面意义上解读族群起源故事，认为那就是事实：他们祖祖辈辈一直生活在这片土地上，绝非来自他乡。[6]我承认确实存在这样的冲突，但不会去试图解决它（如果有可能或有必要彻底解决的话）。我在本书中以西方科学的视角讲述历史，但对许多原住民族群来说，这并不完整，也不是唯一的版本。

我坚信：人们对古代历史的理解五花八门，综合起来看，如同一片茂密的森林。每棵树都对应着一组特定的观点，代表着你为构建历史所优先考虑的证据。[7]

即使在名义上采用相同研究方法的科学家之间，对美洲族群历史的理解也存在着巨大差异。试举一例，正如我们稍后将讨论的那样，一些考古学家在评估早期遗址（早于1.3万年前）的材料时相当保守。他们采取了一套十分严格的标准来界定何为有效的考古遗迹。这种研究框架导致他们以一种非常挑剔的眼光看待历史。我钦佩考古学家的严谨，但他们的方法与我的有所不同。对我而言，我的那棵学术之树根植于以遗传学为基础的证据。

诚然，对将原住民传统知识和口述历史视为优先证据的人而言，这两种知识体系有着天壤之别。

萨万娜·马丁（Savannah Martin）是我的同事，也是西莱茨印

第安人部落联盟（the Confederated Tribes of Siletz Indians）的一员。她重点研究健康差异和精神压力方面的课题，曾这样向我解释她的观点："研究我的民族的历史有很多种不同方式。作为一个拥有自己的创世/起源故事的原住民生物人类学家，我需要权衡其中的异同点。"

就像森林里有许多不同种类的树木，所以才更健康、更美丽一样，我相信这些不同的观点可以共存，一起为历史研究发挥作用。你会看到，很多树木的枝干和根系彼此缠绕，不可分离。

我如何在本书中描写原住民

在克里斯托弗·哥伦布开启欧洲大规模殖民的闸门（以及随之而来的暴行）之前，美洲有数千个不同的部族。直至今日，仅在美国境内，就有574个联邦承认的部落，还有些部落得到各州政府认可；也有尚未获得"官方"法律地位，但可能（去或不去）寻求成为（或终止后恢复）主权实体的部落；还有许多人虽然不是部落成员，但通过血缘和文化与族群产生了羁绊。在美洲其他地区，有更多部族、部落和群体没有获得主权或自治权，但每一个都有其独一无二的特性、传统和历史。

从基因上讲，美洲原住民不是一个"民族"或"种族"，就像他们不是一个同质文化，也不说同一种语言一样。然而，在谈论美洲民族时，受语言所限，我只好经常使用诸如“原住民”“美洲原住民”“原住民族”等术语。当代的部落成员亦使用这些名称。他们在不同场合也称自己为“美洲印第安人”、“印第安人”、“美洲原住民”、“原住民”和“第一批民族”。考古学家经常使用术语“第一批美洲人”或“古美洲人”。他们这样做通常是为了避免使用“印第安人”这个词，因为该词是克里斯托弗·哥伦布为了支持他一开始声称的已经抵达印度的观点而生造出来的。很多美洲原住民族认为这个词不仅大错特错，而且相当无礼。(值得注意的是，有些人对此没有意见，更喜欢这个称呼，反而将“美洲原住民”视为殖民词汇。）我的一些原住民同事对“古美洲人”、“古印第安人”和“第一批美洲人”等术语并不感冒。在他们的建议下，对于同欧洲人接触或遭殖民化之前生活在西半球的民族，我倾向于使用“第一批民族”。我也会用这些术语来指代当代美洲原住民从这些民族继承的基因组部分。我将毫不犹豫地拒绝使用一个在语言学和考古学中指称“北极群体”的特定术语，因为我的许多同事和族群合作伙伴视其为侮辱。*[8]

---

* 并不是所有北极地区的古老民族都觉得“爱斯基摩”这个称呼及其变体有问题。对很多人而言，该词是他们自我认同的一种方式。然而，有些人则认为这是一种侮辱，甚至要求他人不要拼读出来。因纽特极地理事会（the Inuit Circumpolar Council）是代表从格陵兰岛（Greenland）到楚科奇（Chukotka）的北极原住民群体的机构。在本书中，我会和许多同事一样，根据理事会的要求避免使用这个词。谈及居住在该地区的广大原住民时，我将使用因纽特人、北极民族和阿拉斯加原住民等术语，并在适当的地方使用更具体的专有名词［如“因纽皮雅特人”（Iñupiat）］。

正如我们将注意到的，与欧洲人接触对原住民的基因产生了深远影响。今天已经不存在“美洲原住民基因”了。当代美洲原住民族的血统呈现多样化，在遗传学层面上，既有来自“第一批民族”的祖先基因，也包括了世界各地的人类基因。本书将在后文讨论，为何现代遗传学和血统检测不能全面系统地回答“谁是美洲原住民”这个问题。

一般来说，谈论美洲现存原住民族的常用方式是尽可能具体化，例如，“X 的成员”或“Y 的公民”，其中 X 或 Y 代指某某部落、部族、队群（band）或群组（group）。本书会经常出现这样的情况。

* * *

美洲的民族构成不仅仅是只有学者和知识分子才重视的深奥科学和历史问题，它还是一个关于坚韧、同情、勇敢、冒险和伤感的故事。当美国正在进行一场关于民族身份认同的艰难对话时，西半球原住民族群的历史，以及他们如何受到外来者的影响，就更需要为世人所悉知和承认。其中一个出发点便是破解“第一批民族”在这里生活了多久。

ORIGIN

第一部分

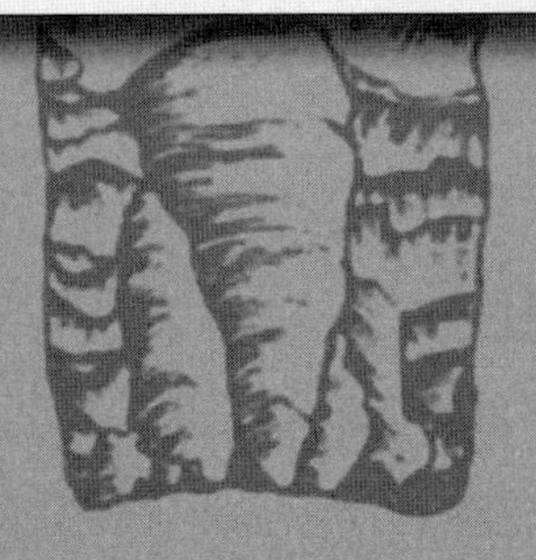

第一章

7月的一个下午，我正走在俄亥俄州格兰维尔镇（Granville Town）一条绿树成荫的街道上。每个院落都种满了精心修剪的树篱、蕨类植物和鲜花。这片郊区车辆稀少，因此，路边没有人行道，不至于破坏这些景观。花园里和通往大宅的石头小路边，不起眼地插着园林绿化公司和推销家庭安全系统的广告牌。邮箱上张扬地装饰着美国国旗和支持俄亥俄州立大学的横幅。

我听到一只红衣凤头鸟在歌唱，走到静谧的绿松树下时，看到它扑闪着红色翅膀飞走了。我能听到远处割草机传来的声音，还有微弱的高尔夫球杆击球所发出的独特的撞击声。我闻到微风送来的夏日气息：刚割除的青草，金银花的香气，有人在附近炭烤食物。我觉得自己正在美国中西部理想化的上流社区（主要居民是白人）中穿行。

向地平线望去，可以看到浣熊溪谷（Raccoon Creek Valley）另一边的悬崖顶部。街道略微向下倾斜，但仍位于溪流上方相当高的地方。我继续沿着街道前进，树木开始变得稀疏。在一座长满草的山前，道路一分为二。乍看上去，这里就像藏匿在精心规划的社区一角的公园，与其他社区一样，也是由业主委员会负责维护打理。这座山头是孩子们玩耍的好去处，也许有人会携家带口来此野餐，这里也能吸引人们偷偷溜出来，在此安静地读几小时书，晒晒太阳。如果是冬天，你可能会看到孩子们在下雪天坐着雪橇滑下来。山坡的角度刚刚好，很适合肆意滑降。山坡上长着几棵大树，但其他地方都是光秃秃的。站在山顶上一定能完美俯瞰浣熊溪谷的景色。

当我走近时，我注意到无处不在的狗粪袋发放箱，敦促人们清理宠物粪便。旁边则是我要找的东西：一处历史遗迹介绍牌。如果你和我一样，就会发现有些东西让人无法抗拒，尤其是格兰维尔这样的小镇（严格来说，应该称其为“村庄”），那里随处可见受到精心保护的历史建筑。

那块介绍牌上写道：“这座山上有俄亥俄州史前人类建造的两座大型动物象形丘之一。”这个土丘长约 250 英尺，宽 76 英尺，高 4 英尺，被称为“短吻鳄丘”(Alligator Mound)。

如果没有这块介绍牌，你可能根本认不出这是一座古老的土丘——原住民祖先的圣地。假如你站在山顶上，或者通过在线地图仔细观察这片区域，土丘的形状就会更加明显，但站在街道上，我看到的只有貌似自然隆起的土坡。

短吻鳄丘的历史比格兰维尔镇内所有的历史建筑都要久远。

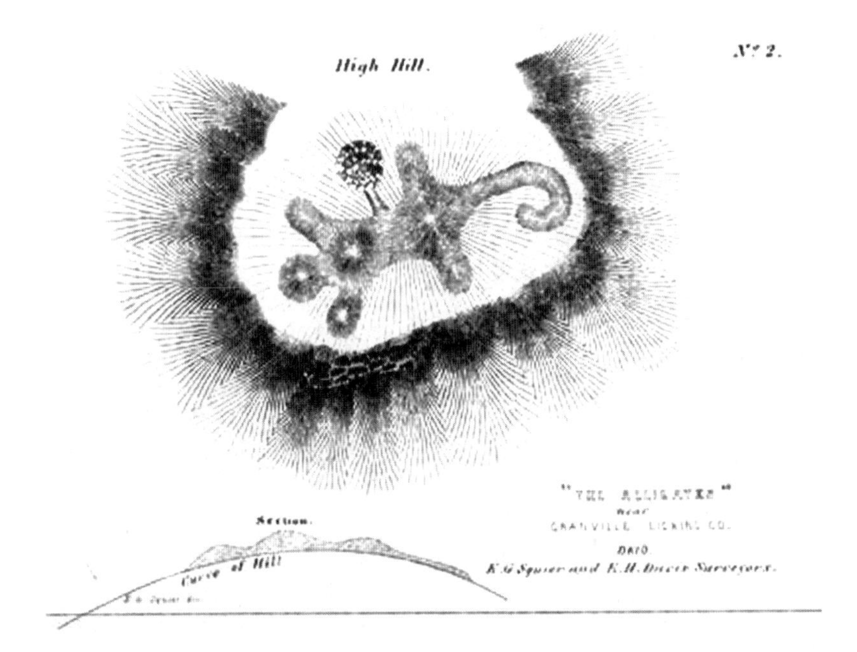

短吻鳄丘，位于俄亥俄州利金县（Licking County）。摘自《密西西比河谷遗迹》（*Ancient Monuments of the Mississippi Valley*，1848），作者为伊弗雷姆·斯奎尔、爱德温·戴维斯，史密森尼学会出版。

19 世纪，伊弗雷姆·斯奎尔（Ephraim Squier）和爱德温·戴维斯（Edwin Davis）共同绘制了这座土丘的俯视图和侧视图，并在报告中描述说，土丘的形状像“某种动物，可能是短吻鳄”[1]，尽管很明显不应该是短吻鳄（中西部地区也没有短吻鳄分布）。斯奎尔和戴维斯注意到，“祭坛”，即一个覆盖着石头、高出地面的环形空间，通过一道土堤从那动物的躯干上延伸出来，上面有燃烧的痕迹。（我首次看到这个土丘时，尚未读过任何关于它的描述，当时觉得祭坛和堤道是这只动物身上多出来的一条怪腿。）斯奎尔和戴维斯指出，短吻鳄丘是遍布县内的众多“工程”* 之一。由于它位于断崖之上，所以整个地区都能看到。

短吻鳄丘和巨蛇丘

俄亥俄州历史联合会考古馆馆长兼考古学和自然史部门负责人、考古学家布拉德·莱佩尔（Brad Lepper）在一篇关于短吻鳄丘的论文中写道：“短吻鳄丘这个历史名称可能包含了某条线索，可识别其代表的生物形象。”[2] 他与论文合著者托德·弗罗金（Tod Frolking）将这座土丘解读为象征着“水下黑豹”。它与雷鸟、长角水蛇是东部林地部落神庙中经常描绘的三种动物灵魂。

他们指出，如果欧洲殖民者询问美洲原住民，这个土丘描绘的是什么，那么这种长着大牙、拖着长尾巴的水下生物就很可能会让他们相信是危险的短吻鳄。

水下黑豹与河流、湖泊和地狱有关，大约从距今 1040 年前开始出现在北美东部地区的艺术作品中。该土丘大约建造于距今 830 年前。

短吻鳄丘是俄亥俄州两处动物象形丘之一。另一座距此

---

* “工程”是土方工程或古人用泥土修建的建筑（如墓冢土丘）简称。

地东南约80英里（1英里约合1.6千米），同样坐落在可俯瞰小溪的悬崖上。位于俄亥俄州皮布尔斯（Peebles）的巨蛇丘（Serpent Mound）是一项庞大的土方工程，从盘绕的尾部到张开的嘴巴，蜿蜒1300多英尺。这条蛇似乎正在吞噬一个椭圆形的土堆。在夏至日，蛇头完美地对准了夕阳。

19世纪80年代末，哈佛大学考古学家弗雷德里克·帕特南（Frederic Putnam）首先将巨蛇丘解读为一条嘴里含着蛋的蛇。帕特南试图将这一特征与欧洲文化联系起来。但莱佩尔及其同事在2018年发表研究成果，重构了土丘的原始尺寸，并摒弃以欧洲为中心的视角，重新做出解释。他们的发现推翻了早前的解读，表明巨蛇丘描绘的是代吉哈苏人（Dhegiha Siouan）创世故事中一个至关重要的时刻：世界上第一个女人和巨蛇结合。她就此获得了巨蛇的力量，创造了地球上的生命。[3]

在如今的高档社区中邂逅像短吻鳄丘这样一处古老而神圣的地方，就如同在街边排水沟的垃圾里找到一枚钻戒，令人感到很不和谐。每次我参观某个土丘，都会因看到神圣场所和世俗之物并列出现而感到不安。冬天，当在短吻鳄丘的斜坡上注意到雪橇留下的痕迹时，我便担心人们会不会正在用雪橇破坏土丘。建造这个土

巨蛇丘。

丘的古人会如何看待在山坡上玩耍的孩子呢？他们的后代对这种随意打扰祖先圣地的行为有何看法？解读土丘遗迹的工作包含了哪些人的声音？当我来到距圣路易斯市（St. Louis）不远处的卡霍基亚（Cahokia）遗址，站在 100 英尺高的僧侣丘（Monk's Mound）上，听到刺耳的汽车轰鸣声从附近的 55 号和 255 号州际公路传来时，我不禁陷入了沉思。那些在此举行宗教仪式的部落领袖会作何感想？

巨蛇丘和短吻鳄丘只是许多古代土丘建筑中的两座。它们用泥土建造，曾经遍布被考古学家称为“东部林地”的区域。这片土地位于密西西比河以东，及亚北极以南的北美地区。这些土方工程形式不同，建造方式多样。有些如巨蛇丘和短吻鳄丘，描绘的是某种动物或生物。有些则是高墙，将大片土地以极其精确的几何形状围起来，通常与冬至、夏至，或其他天文上的时间点相对应。有些工程呈高大的圆锥形，位于可俯瞰河谷的悬崖顶部或河漫滩上。有些工程则是金字塔形，顶部平整，用作祭祀活动或上层人士的居所。还有一些又长又低矮，类似于现代高尔夫球场上高低起伏的发球区和草地。

土丘通常聚集出现，大致反映出好几代人会选择相同的特殊位置筑丘，因为那里可能相当神圣，具有历史意义，或仅仅是方便而已。对于我们这些受过考古专业训练的人来说，只要看到土丘，就会想起曾经有成千上万的人在此生活、相爱、战斗、出生和死亡。

当初土丘建筑遍布整个“东部林地”，如今尚未因耕犁、开发或掠夺而破坏的土丘已所剩无几。在北美东部，很多土丘与购物中心、高速公路、房屋和公园挨得很近，然而许多人（非原住民）却几乎没有意识到它们的存在。* 如果有某位非原住民能够察觉到它们，我希望他们对这些神奇的古老土丘产生和我一样的敬畏之情和好奇之心：它们是谁建造的？目的是什么？当初建造它们时，周围的环境是什么样子？

---

* 对很多人而言，经济发展带来的利益在大多数时候都比保护土丘更重要。

使用土丘的民族有何历史？*

* * *

当许多欧洲人最初意识到美洲原住民不是中国人或印度人，而是一个《圣经》中未曾提及的民族时，他们感到无比震惊。** 欧洲人也很好奇，到底是谁建造了这些壮观的大地艺术品。当时它们主要集中在大陆东端，这证明那里的人口十分稠密。

尽管有一些关于美洲原住民工程技术和使用土丘的第一手书面说明材料，以及原住民自己的记录，证明是他们的祖先建造了这些工程，但人们依然普遍不相信。欧洲人费尽心机编造各种神话来解释土丘的成因。大多数故事围绕“一个消失的民族”，描述这个“先进”民族被当代美洲原住民灭绝。殖民者为了开垦土地而毫不顾及在土丘中发现的骨头和手工艺品，对他们来说，这显然是那个“消失的民族”的遗迹。[4]

对于神秘土丘建造者的确切身份，欧洲人也众说纷纭。由于注意到卡霍基亚的平台型大土丘类似于墨西哥的构筑物，因此许多人认为筑丘人是托尔特克人（Toltecs）。当然，他们本身就是原住

* 显然，美洲原住民完全了解自己祖先的历史。我请他们原谅，因为我是为更多不了解这些历史的读者写作这本书。

** 他们也对亚欧大陆上没有的动植物感到困惑。

民族。

此外，因在俄亥俄州发现的呈几何构图的土方工程与西欧新石器时代早期的古墓存在些许相似之处，所以又有人推测它们与来自西欧地区的古代民族有关。也许筑丘人的年代还要更近一些。他们是威尔士王子马多克（Madoc）率领的水手，或是修道士圣布伦丹（St. Brendan）带领的爱尔兰水手后裔。*

还有一些人认为土丘出自腓尼基人或中国水手，以及罗马人或失落的亚特兰蒂斯大陆上的幸存者。19 世纪成立的耶稣基督后期圣徒教会（The Church of Jesus Christ of Latter-Day Saints）相信，美洲原住民的祖先是拉曼人（Lamanites）后裔。《摩门经》记载，拉曼人消灭了虔诚的尼腓人（Nephites），于是受到诅咒，披上“一层黑皮肤”作为惩罚。**1901 年，德国浸信会弟兄会（German Baptist Brethren Church）长老艾德蒙·兰登·韦斯特（Edmund Landon West）提出，俄亥俄，或者更准确地说，巨蛇丘是《圣经》中描述的伊甸园所在地。[5]

18 世纪和 19 世纪的“筑丘人”理论强调，土丘建造者不是欧洲人遇到的美洲原住民的祖先。这套方便的说辞让殖民者相信，“印

---

* 在民间传说中，马多克为了逃离家族的自相残杀，航海到了美洲，比哥伦布还早了 300 多年。圣布伦丹是爱尔兰早期圣徒，一部爱尔兰文学作品记载他和其他几位修士航行大西洋，并到达“上帝应许给圣徒的地方”。——译者注

** 耶稣基督后期圣徒教会即摩门教。在《摩门经》中，拉曼人和尼腓人是聚居于美洲的民族。——译者注

第安人”是美洲的后来者，因此并不合法地拥有那些欧洲人也想占据的土地。有些殖民者得寸进尺，通过循环论证，认为“消失的民族”就是欧洲人。

无论是谁先来到美洲，人们都一致认为，“印第安人”肯定不具备足够的智慧来创造那些欧洲人在摧毁土丘时所掠夺的非凡艺术品。通过宣扬筑丘人神话，他们将原住民与其祖先、成就和土地的联系割裂开来，强行制造一个缺口，以便于在美洲历史中插入新殖民者及其后代的故事。[6]

但并非所有欧洲人和欧裔美洲人都接受这套说法。何塞·德·阿科斯塔（José de Acosta）是一名耶稣会牧师，1572—1587 年生活在南美和墨西哥多地。他在《印第安自然与道德史》一书中阐述了自己关于美洲原住民起源的理论。其基本假设是，美洲原住民是亚当和夏娃的后裔。至少在天主教教会内，关于美洲原住民是不是人类的问题已经得到了解决。教皇保罗三世在 1537 年《赞美上帝》的通谕中，已经对此确认。他告知天主教徒，印第安人和其他《圣经》中没有专门提及的“未知”民族是“真正的人类”，不应该受到奴役；关键是必须以任何必要的方式促使他们转变信仰。但这并不意味着他们受到了殖民者的人道对待。欧洲人对原住民施加了无数暴行，其中就包括奴役。

顺着上述思路，这些原住民既然是人类，那么就一定是亚当和夏娃的后代；他们一定是在大洪水中幸存下来的，或者更有可能是挪亚的后代，因为《圣经》写到挪亚一族遍布全球。阿科斯塔就此推断，他们必定是来自“旧世界”，而且由于《圣经》详细记载了地球年表，所以那肯定不是很久以前的事。他认为，他们，以及西半球的非凡动物是穿越亚洲和北美洲之间的某条陆地通道抵达美洲的，并非乘船横渡大洋。我们今天知道，这条陆地通道就是白令陆桥，存在于大约5万年至1.1万年前，是西伯利亚上扬斯克山脉（Verkhoyansk Range）和加拿大马更些河（Mackenzie River）之间的一片低地，在末次冰期没有结冰。

当然，16世纪的阿科斯塔从来没有到访过北极地区，也没有收集任何实地数据。相反，阿科斯塔的理论来自哲学思辨，引用《圣经》、天主教圣人和哲学家的著作，而不是实验数据。[7]尽管如此，他还是在当代考古学或遗传学研究方法发明前几个世纪就得出了关于美洲大陆人类（和非人类）起源的主流科学理论。他的思想远远领先于当时的其他欧洲学者，但在此后几个世纪里却几乎没有受到重视。有关筑丘人的无稽之谈反而大行其道。

* * *

另一套关于土丘成因的说法出现得稍晚，来自一位更知名的人物。托马斯·杰斐逊在他唯一出版的著作《弗吉尼亚州笔记》中，讲述了一段童年往事。他目睹了一群印第安人来到一座土丘，祭拜他们的祖先。杰斐逊在书中用了整整一章的篇幅，对盛行于欧洲知识分子中的一种科学理论予以毫不留情的驳斥。他认为这种理论对新成立的美国构成了生存威胁。当时著名的学者布丰伯爵（Compte de Buffon）曾断言，美洲动植物和原住民与旧世界的动植物和人相比发育迟缓，虚弱无力。这让自然主义统一论大行其道。他认为，新世界的植物和居民也许已经退化了，因为整个新大陆充满湿气，温度也更低，这使得鹿长得更小，植物生长不良，人变得更脆弱、更怯懦、更无能。

按照同样的逻辑，印第安人、美洲植物和动物的遭遇也会不可避免地发生在美洲殖民者身上。他们会退化、衰弱、萎缩，他们激进的自治实验永远不会开花结果。布丰在其皇皇巨著《自然史》中写道："（美洲）生命体本质上就不那么活跃，也不强大。"

"退化理论"令许多美国开国元勋感到震惊和愤怒，认为这是对他们所珍视的国家的无情打击。* 对杰斐逊来说，这就是莫大的侮辱，是对美国的嘲弄，完全是一派胡言。他的政治伙伴也以各种极具特色的方式予以反击。詹姆斯·麦迪逊从制定宪法的工作中抽出时间，专门整理布丰作品中的错误，还给杰斐逊寄去了一份关于美国鼬鼠的冗长而详细的描述报告，以便与欧洲鼬鼠进行比较。在巴黎，本杰明·富兰克林在"退化理论"的拥趸之一纪尧姆·托马斯·雷纳尔（Guillaume Thomas Raynal）的家中，举办了一次晚宴。富兰克林请法国和美国宾客都站起来比一比相对身高，以检测"哪

---

* 大多数人并不太关心关于美洲原住民的话题。

一方面的自然属性退化了”。(美国宾客比法国宾客高得多，尽管富兰克林自嘲是个例外。)*

杰斐逊本人将这场斗争提升到了一个完全不同的层次。他送给布丰一只公驼鹿标本，以证明美洲动物同样体型巨大，还在《弗吉尼亚州笔记》中专列一章强有力地反驳《自然史》。《弗吉尼亚州笔记》虽然名字很不起眼，却用确凿可靠的数据巧妙而激昂地驳斥“退化理论”：对体型硕大的美洲动植物进行测量和详细描述，证明其各方面指标远超最接近它们的欧洲同类生物。(杰斐逊还将乳齿象——他称之为猛犸——作为现存物种并罗列数据，这未免有欺骗之嫌，不过他相信这种巨兽确实正生活在美洲某处。[8])

杰斐逊妙笔生花，描写美洲原住民的章节尤其富有激情。布丰曾把“新世界的野蛮人”描述为虚弱、冷酷、懦弱的人，杰斐逊则滔滔不绝地对每一点予以批驳。他指出，恰恰相反，“部落依赖勇气生存，原住民也勇敢非凡……他们对孩子们充满感情，小心照料，宅心仁厚……他们之间存在着牢固的友谊，彼此忠诚，绝无背叛”。他写下这段文字并非因为对美洲原住民有广泛了解，而是基于别人收集的语言和文化证据，以此反驳布丰。

---

* 法国启蒙时代作家和学者雷纳尔在他主持编写的多卷本著述《东西印度欧洲人殖民地和贸易的哲学与政治史》中，提出了美洲退化的观点。这套书曾风靡一时，但毕竟错得离谱，因此雷纳尔的学术成就和后世知名度远不如同时代的卢梭、孟德斯鸠、伏尔泰等人。富兰克林的身高虽然比其他开国元勋如华盛顿、托马斯·杰斐逊矮，但较约翰·亚当斯、詹姆斯·麦迪逊还要略高一些。——译者注

杰斐逊为印第安人辩护不一定出于无私，也未必是摆脱了殖民主义窠臼。就像他对奴隶制的看法一样*，杰斐逊对美洲原住民的看法也自相矛盾。

他是《独立宣言》的起草者之一。该文件将美洲原住民称为“残忍的印第安野蛮人”，但他又在其他作品中断言，他个人认为他们都是与欧洲人平等的人类，至少有这样的潜力；应该使其融入白人社会，而不是一除了之。（他没有考虑另一种可能性：白人应该离开，而原住民留在他们自己的土地上，按照自己的传统方式生活。）杰斐逊对美洲原住民的看法在启蒙时代相当普遍。让-雅克·卢梭就很好地阐述了“高贵的野蛮人”这一浪漫概念，并将原住民族描绘为原始、亲近自然、不受文明污染的族群。这种对印第安人的认知已经融入了美国的建国神话中。毕竟，正如考古学家戴维·赫斯特·托马斯（David Hurst Thomas）所指出的那样，那些在波士顿倾茶事件中扮作莫霍克人（Mohawks）的参与

---

* 我在此提醒读者，尽管杰斐逊反对奴隶制，但他却拥有 600 多个奴隶，并与一位名叫萨利·海明斯的女奴生了孩子。杰斐逊强行与她发生性关系时，海明斯年仅 14 岁（https://www.washingtonpost.com/outlook/sally-hemings-wasnt-thomas-jeffersons-mistress-she-was-his-property/2017/07/06/db5844d4-625d-11e7-8adc-fea80e32bf47_story.html），他还深信种族之间存在基本的生理差异，认为黑人天生就比白人低劣。杰斐逊在学术上，特别是考古学领域，有着深远的贡献。不可否认他确实才华横溢，但我们也不能忽视他是如何做出这些贡献的。杰斐逊之所以能够全身心地投入业余爱好和学术研究中，是因为他从莫纳坎人（Monacan）那里偷来了土地，并奴役非洲人。他对考古学做出了贡献，也同样亵渎了莫纳坎人的祖先遗骸。

者已经把“印第安人视作无畏、坚强、充满个人勇气、勇于挑战绝望的象征”[9]。

杰斐逊终于凭借博物学证据驳倒了“退化理论”，成功地令其最终无人问津。杰斐逊推翻了由欧洲最重要的一位知识分子建立的主流科学理论，但他在揭示真相的过程中，还做了一件更了不起的事情。杰斐逊在一份早期手稿中补充了一些附录内容，描述了他在弗吉尼亚州自家庄园附近挖掘一座土丘的过程，此举本质上开创了美国科学考古的先河。

杰斐逊决定发掘这座土丘，是为了查明其建造原因和方式。当时人们普遍认为，土丘里埋葬着在战斗中牺牲的将士。杰斐逊，或者更有可能是他的奴隶，在土丘中心挖了一条沟槽，露出了层次分明的石层和土层，里面埋有骨骼及古代器物。杰斐逊检视了土丘的每一地层，确认了地质学家尼古拉斯·斯泰诺（Nicolaus Steno）在1669年阐明的“叠加原理”：底层是最古老的地层，其上每一层的年代逐次靠后。杰斐逊还检查了从每一地层中提取出来的人骨和人工制品。他指出，这些遗骸上没有暴力痕迹，而且它们在土丘内的位置也清楚地表明，大多数人并不是在死后不久被首次安葬的，而是在软组织腐烂后，有人将骨骼收集起来重新下葬。他估计，这座土丘埋葬了近1000人，涵盖各个年龄段。杰斐逊声称，综合以上事实分析，可知该土丘并不是战死士兵的坟墓，而是村落的公共墓地。据此推断，在美国东部发现的数千座土丘也应如此。[10]

谁建造了杰斐逊发掘的土丘？

杰斐逊发掘的土丘今天被称为“里瓦纳丘”（Rivanna），是已知的至少13座建在弗吉尼亚内陆的土丘之一。这些土丘大多建在河漫滩上，因各种自然侵蚀，以及人类耕作、修筑和劫掠而毁。里瓦纳丘已经不复存在，其确切位置也不清楚。但考古学家杰弗里·汉特曼（Jeffrey Hantman）和莫纳坎部落成员通过鉴定，确认埋葬在这些土丘内的古人正是莫纳坎人的祖先。

几千年来，莫纳坎人——一个讲苏族语言的部落联盟——一直生活在一片山麓地带，位于今日的弗吉尼亚州境内。莫纳坎的领土几乎涵盖了这个州的一半面积，地下蕴藏着丰富的铜矿。他们与居住在沿海地区的波瓦坦联盟（Powhatan）和西部的其他部落进行大规模贸易活动。他们在河流冲刷的河漫滩上建立村庄，在附近种植玉米、豆类、南瓜和向日葵。他们在村庄里轮流耕作，居住在狩猎营地中。他们举行繁复的仪式，将亲人安葬在巨大的土丘内。

莫纳坎人与欧洲人的第一次接触可能是间接的。与北美其他部落类似，他们也因殖民者带来的病毒和细菌罹患肺结核、天花、流感，进而大量死亡。这些传染病就像池塘里的涟漪一样在原住民中扩散开来。* 即使是与欧洲人没有直接接触的内陆部落也受到了严重影响。

1607 年，英国殖民者聚居詹姆斯敦（Jamestown）后不久，他们的贸易伙伴波瓦坦人就提醒说，内陆部落不欢迎外人，因此，波瓦坦人拒绝带领英国远征队进入内陆。

英国人对莫纳坎人仅有的几次造访鲜有记载。但从历史记录和考古研究中得到的总体印象是，莫纳坎人总是尽可能避免与英国人接触。一个名叫阿莫洛克（Amoroleck）的马纳霍克人（Manahoac）对约翰·史密斯（John Smith）** 说，莫纳坎人认为英国人“来自地狱，要从他们手中抢走整个世界”。

莫纳坎人一语成谶。也许他们从波瓦坦联盟内的某个部落成员那里打探到了一些关于西班牙殖民者的情报。此人在历史上名为“唐·路易斯”（Don Luis）。他曾与西班

* 然而，正如历史学家、切罗基人（Cherokee）保罗·凯尔顿（Paul Kelton）在他的著作《切罗基医学，殖民病菌：一个原住民族对抗天花的斗争》（俄克拉何马大学出版社：2009 年）中所指出的：殖民者对原住民发动战争，奴役人民，窃取土地，给原住民族群造成了大规模动荡和破坏，使之更容易感染传染病。因此，他认为所谓的“处女地”假说不足以解释美洲原住民人口为何急剧减少；传染病只应被视为导致人口崩溃的诸多相互关联的因素之一。通过与其他一些在该领域工作的学者合作，凯尔顿还分析了切罗基人对流行病的反应，推翻了历史上将美洲原住民描绘为疾病被动受害者的形象。

** 约翰·史密斯（1580—1631），北美殖民时期作家，17 世纪早期建立了英国在弗吉尼亚的第一个永久殖民地詹姆斯敦。——译者注

牙殖民者和传教士一起前往墨西哥、古巴和西班牙，旅行了大约10年。唐·路易斯多次利用自己掌握的信息和特殊地位保护同胞。他在为一支西班牙远征军做向导时，故意带他们远离自己的家乡；只有在船上没有士兵，仅有耶稣会传教士的情况下，他才返回故土。唐·路易斯后来还帮助自己部落的战士杀死了那些传教士。此举引来西班牙人的报复性杀戮，但此后他们也放弃了在弗吉尼亚海岸地带探险殖民。唐·路易斯似乎还警告整个波瓦坦联盟，甚至更远的部落，告知他们殖民者的所作所为和企图。波瓦坦，可能还有莫纳坎和其他部落联盟，后来也多次通过和平或暴力方式与各类欧洲人，包括军队、宗教团体、探险考察队，以及企图建立殖民地如罗诺克（Roanoke）的队伍有过接触。

然而，这些策略也影响了英国殖民者对莫纳坎人的认知。英国人对内陆民族了解有限，导致了各种错误的假想。比如，约翰·史密斯将莫纳坎人描述为“主要以打猎和采集浆果为生的野蛮人”，当殖民者占领了莫纳坎人的领地时，他们把这里称为“无主之地”。而事实上，他们在地图上把许多土地标记为“印第安人田地”或“印第安人菜园”，这表明所谓“无主之地”只是为了满足他们的目的而编造的说辞。随着时间的推移，莫纳坎人逐渐淡出了欧美历史记载。杰斐逊的挖掘工作对任何一名考古学专业的学生来说，都耳熟能详，但很少有人知道埋葬在土丘里的人是谁。

随着殖民地数量的增加，不同部落做出了不同的应对。莫纳坎人选择了多种策略，但主要还是与殖民者保持距离。在欧裔美洲人逐步蚕食土地之际，莫纳坎人要么就地分散，躲到偏远的地方，要么迁移出去，加入其他部落。也许正是这种策略帮助莫纳坎人生存至今。在面对巨大的逆境时，他们表现出了非凡的韧性。今天，联邦政府承认莫纳坎族有超过 2300 名族人，并成立保护项目，允许他们在弗吉尼亚州阿默斯特县（Amherst County）贝尔山及周边祖祖辈辈传承的家园上复垦土地，传承文化。

莫纳坎部落已经与考古学家和生物人类学家建立合作，以更好地了解埋葬在弗吉尼亚土丘中的祖先的历史。

研究证实，杰斐逊的许多记录非常精确。与他所观察到的一致，莫纳坎人是逐渐加高土丘的，每举行一次葬礼活动，就会增加一层土石（从 11 世纪至 15 世纪）。一些土丘中安葬了大量遗骸，如拉皮丹溪（Rapidan Creek）遗址中估计有 1000~2000 人。[11]

虽然这不是他的主要关注点，但托马斯·杰斐逊在《弗吉尼亚州笔记》一书中将考古工作中的详细记录与人种学和语言学证据结合起来，论证建造这些土丘的古代民族就是欧洲人第一次到达北美东部时所遇到的族群。杰斐逊认为，数千种“印第安”语言一定花了非常长的时间才发展出来，而且大多数源自东北亚。他甚至提出了一条可能的起源路线。

> 后来从堪察加海岸航行到加利福尼亚海岸的库克船长也通过他的发现证明了这个猜想，就算亚洲和美洲两块大陆完全分开，中间也不过是一道很窄的海峡。因此，无论在哪一边，聚居者都可以穿行到另一边。美洲印第安人和东亚人之间的相似之处促使我们猜测，前者是后者的后裔，或反之，除了因纽特人。由于具有相似的生存环境和语言同一性，因纽特人一定来自格陵兰岛，而这些人又可能来自旧大陆的北部地区。[12]

尽管杰斐逊收集了相当可观的证据，但这一论点直到一个世纪后才被科学界接受。在18世纪，“筑丘人”假说已成为北美史前史的主流理论，也是根深蒂固的公众认知。[13] 直到19世纪，学者和古器物研究者仍在争论筑丘人的身份，他们中的大多数同意筑丘人不是美洲原住民的祖先。杰斐逊出版他那本书仅仅40年后，安德鲁·杰克逊（Andrew Jackson）总统便明确将“筑丘人”假说作为签署1830年《印第安人迁移法》（Indian Removal Act）的部分依据。

我们从遍布西部广大地区的遗迹和堡垒中，看到了一个曾经强大的未知民族。这个民族惨遭灭绝或已经消失了，为现存的野蛮部落腾出了生存空间。[14]

就这样，天命论与种族划分的概念紧密地联系在了一起。当有人问我为什么对有线电视台所谓的“历史”节目宣传“失落的文明”和“筑丘人”概念如此愤怒时，我只能提醒他们：在杰克逊签署《印第安人迁移法》之后数年内，超过6万名美洲原住民被驱逐出他们的土地，并被强制迁移到密西西比河以西。数以千计的人，包括儿童和老人，死于美国政府之手。而这些谬误理论正是政府将其行为正当化的理由之一。

* * *

随着考古学在19世纪下半叶慢慢开始职业化，大多数考古学家摒弃了“筑丘人”假说。随后对土丘和村庄遗址的考古研究不断深入，海量证据证明这些土丘就是美洲原住民的祖先所建造的。借助原住民历史记录、考古学和生物人类学的综合证据，“筑丘人是谁”这个问题已经无可置疑地得到了解决。很多修筑土丘的族群现在已经能与某些特定的古老文化联系在一起。

杰斐逊采用挖掘和观察这样的直接方式，比现代考古学和体质人类学或好或坏的科学方法早了一个多世纪，因此，他也经常被誉为“美国考古学之父”。他适时创造了一种多学科交融的实证手段来研究历史。通过这种方法，我们从古人遗骸和他们留下来的人造器物中获悉大量信息，并随着时间推移而越积越多。但是杰斐逊也把原住民的遗体当作“标本”，视其为研究对象，而不是值得尊重的先人遗骸。正如考古学家戴维·赫斯特·托马斯所指出的那样，这也成为美国科学历史中丑陋的一幕。[15]

“对我来说，他就是个抢劫犯”

1914年7月，著名古文物专家、美国科学促进会成员、美国人类学协会终身会员乔治·古斯塔夫·海伊（George Gustav Heye）因盗墓罪指控而受审。

海伊收藏了大量美洲本土文物，其活动确实对诸多坟墓造成了破坏。海伊及其合作伙伴，美国自然历史博物馆的乔治·H. 佩珀（George H. Pepper）率领工作人员一直在发掘一个土丘，搜寻古器物。这座“老明尼斯克墓地”（old Minisink Graveyard）位于美国新泽西州萨塞克斯县（Sussex County）特拉华河（Delaware River）岸边，靠近蒙塔古镇（Montague Town），是考古学家和当地人都熟知的芒西–莱纳佩人（Munsee Lenape）的安息之所。他们是特拉华和莫希干（Mohican）印第安人的祖先。

海伊的行为在那时并不罕见。那个年代的“科学人”（men of

science）通常可以毫无顾忌地从美洲原住民墓地中拿取物品和骨骼。他们用自己的资金建立庞大的收藏库，将藏品用于教学、科研，或在博物馆、大学、世界各地的博览会上展出。这些藏品将在人类学和考古学领域发挥至关重要的学术、专业教学和公共教育等作用，并一直持续到今日。1916 年，海伊创立美国印第安人博物馆，将自己收集的文物，以及其基金会资助的考古学家们的工作成果收藏于内。[*] 这些博物馆藏品有着巨大的科研价值，但收集过程也对原住民族造成了不可估量的伤害。[**]

海伊和同时代的人并不认为古人的后嗣有理由反对他们掠夺、侵吞、亵渎其祖先的遗体。这在很大程度上是因为他们优先考虑科研目的，况且他们还认为，随着遗址和墓地因移民开发农业和人口扩张而遭到破坏，“抢救”正在“消失的印第安人”的遗体和物品是他们的责任。[16]

一般情况下，打扰美洲原住民墓地的平静并不会受到惩罚。海

---

* 美国印第安人博物馆的大约 75 万件藏品最终被转移到美国印第安人国家博物馆。我曾有机会参观过他们的文化资源中心。在转移藏品期间，继嗣族群帮助博物馆管理员照料文物，提供建议。在那里，许多文物安置在公众视野之外，得到了精心呵护和尊重。尽管还有很多工作要做，但多亏了继嗣族群和学者们的不懈努力，以及博物馆角色定位的改变，博物馆如今的管理工作比之 19 世纪已经有了长足的进步。

** 在另一个方面，这个问题仍然很有意义。漫威电影《黑豹》中就有精彩的一幕表现了这一问题。黑豹的表弟和竞争对手克尔芒戈质问一名白人馆长，她的博物馆是用什么手段在 19 世纪从非洲国家“获得”无价文物的。这一幕既尖锐地指出了博物馆成立之初的历史旧账，也呼吁人们解决现今不公正的现象。

伊是极少数因此而被捕的人。海伊和佩珀在他们的发掘报告开头就对这段历史进行了一番讨论，并指出这一案件的司法过程“将对未来美洲考古学研究者产生影响”[17]。他们被指控违反了《新泽西刑法》第148条，该条款禁止“以解剖、出售为目的，或出于纯粹的有意漠视，而将任何死者的尸体从墓穴或棺椁中移出”。海伊被苏塞克斯县特别法庭定罪，罚款100美元。* 1914年，新泽西州最高法院又推翻了此项判决。该法庭指出，由于海伊移出遗骸并非出于解剖、出售的目的，或“纯粹的有意漠视”，而是为了科学研究，因此其行为不属于《新泽西刑法》第148条的禁止范围。然而，尽管新泽西州最高法院不认为他对遗体存在“有意漠视”，但也指出，“原告的错误行为可能有损斯文”[18]。

讽刺的是，海伊对从老明尼斯克墓地挖掘到的人类遗骸实际上没有任何特别的兴趣。他对坟墓里的随葬品要重视得多。有报道称，此前在该墓地出土了雕刻精美的装饰品，海伊希望借此丰富自己的收藏。

由于海伊对从坟墓中挖出的骸骨不感兴趣，于是他把它们转交给了阿莱斯·赫尔德利奇卡（Aleš Hrdlička）。他是一门新兴学科——体质人类学领域的著名学者，也是华盛顿特区史密森尼自然历史博物馆的馆长。赫尔德利奇卡本人曾监督制作大量来自世界各

---

*　大约相当于今天的2600美元。

地的骨骼标本。据估计，史密森尼自然历史博物馆收藏的骸骨时至今日约有33 000具。[19]美国各地许多机构也建立了类似的藏品库。

这些骸骨来自像海伊这样的考古学家（他们将挖掘工作中出土的骸骨捐献了出来），来自希望赚钱的业余收藏家，来自原先的拥有者（或希望在死后捐献遗体的个人），来自其他机构（如将解剖训练列为学生课程之一的医学院），来自民族学家（他们在世界各地进行研究时偶然获得了一些骸骨）。其他骸骨来自部落和个人，他们允许赫尔德利奇卡从他们的安葬地收集人类骸骨；也有的来自赫尔德利奇卡利用史密森尼学会资金赞助的或他自己领导的探险队。与博物馆收藏的文物一样，这些来自世界各地的人类骨骼藏品为生物人类学提供了大量研究样本，为我们了解过去的族群、人类骨骼差异、人类发展、疾病，以及该领域涵盖的无数其他课题做出了无可估量的贡献。例如，学者们通过史密森尼学会的特里藏品库（Terry Collection）、霍华德大学的科布藏品库（Cobb Collection）、克利夫兰自然历史博物馆的哈曼-托德藏品库（Hamann-Todd Collection）等，研发出识别年龄、身材、性别和血统的方法，在法医学领域大显身手。[20]藏品还帮助研究人员了解疾病和创伤如何对骨骼造成损害，从而更好地重现古人的生活。

但是，许多人对存放和继续利用这些遗骸所产生的伦理问题提出了担忧，特别是考虑到骸骨的收集过程并不恰当，而且它们所代表的人群对此也很敏感。[21]

许多美洲原住民族不同意让祖先的遗体受到打扰，并认为将它们用于教学和研究侵犯了他们尊崇死者的传统信仰，也冒犯了神圣的人类遗骸。尼什那比族（Anishinaabe）学者德翁德尔·斯迈尔斯（Deondre Smiles）在一篇最近发表的文章中写道："他们将美洲原住民的遗骨视作研究对象，只要能产生科学成果就有利用价值。没有人关心挖掘遗骸可能会给族群造成深重的心理创伤和情感伤害，更不用说拒不归还了。还有人未经族群完全同意，甚至在族群不知情的情况下就从族群那里收集材料和数据。"[22]

在所有人看来，即使以20世纪早期的标准来衡量，赫尔德利奇卡也只是一个平庸的考古学家。他的挖掘笔记记得很马虎，没有记录足够的环境细节；他只为丰富自己的藏品而收拣颅骨，却随意丢弃其他文物，破坏了经过安葬仪式而保存下来的原住民祖先遗骸。与大多数同时代人一样，赫尔德利奇卡并不在乎继嗣族群尊崇其祖先遗体的愿望和他们的感情，对自己的所作所为在考古学及体质人类学领域所造成的破坏无动于衷或一无所知。他一方面抱怨早年的欧洲聚居者在"参观"墓地时洗劫了一番，还破坏了现场，另一方面却这样评价他自己的颅骨藏品："科学研究凌驾于一切之上，这真是很不寻常。"[23]

虽然没有20世纪早期特拉华人和莫希干人对海伊、赫尔德利奇卡的挖掘活动持何种反应的记录，但可以肯定的是，他们看到祖先被人从土中挖出来，就算是出于科学目的，也绝不会认可。当然，现今的部落成员也是如此。

"对我来说，他（海伊）就是个抢劫犯。"斯托克布里奇–芒西队群（Stockbridge-Munsee Band）的谢里·怀特（Sherry White）对我说，“如果现在还有人这么干，就要去蹲监狱。”怀特已担任斯托克布里奇–芒西队群的部落历史守护官 20 多年。他与特拉华部落和俄克拉何马州阿纳达科（Anadarko）的特拉华族成员合作，将部落祖先的遗骸和随葬品从赫尔德利奇卡的藏品中移出来，物归原主。他们现在被重新安葬在一个安全的秘密地点，终于得以安息了。*

人类学的人种研究遗毒

海伊被无罪释放使得赫尔德利奇卡无所顾忌地研究来自芒西墓地的遗骨。他于次年出版了一本关于这些遗骸的专著，名为《莱纳佩人或特拉华人以及普通东部印第安人的体质人类学》。[24]

在这本专著中，他首先简要讨论了缺乏这一族群的疾病和病理资料的现状，然后转到真正的重点：测量和比较。

赫尔德利奇卡将这些颅骨分为几种“类型”，并指出大多数颅骨属于“中长头型”，但少数个体为一种附加类型，即“短头型”。这种分类反映了体质人类学家研究过去和现在人类差异的基本架构是“人种”。

---

* 在最初的返还过程中，人们遗漏了一些随葬品。斯托克布里奇–芒西部落、特拉华部落和特拉华部族目前正在努力争取索回，并打算将它们与之前重新安葬的物品埋在一起。

人类可被划分为几个类别，并相应地有高下之分，这种观念在早期考古学和人类学研究中可谓根深蒂固。[25] 由于人种分类法相当直观，因此很容易随手拿来解释人类的差异：根据其不完善的逻辑，既然我们能够轻易“察觉”人与人之间的差别，那么这些不同之处（无论多么肤浅），似乎正反映出我们这个物种的一些本质性的自然属性，而且从古至今一直如此。科学家把人种分类视为先验真理，并寻找实证方法予以证明（这相当讽刺，他们必须找到假设已经存在的东西）。在体质人类学中，演化和深时 * 观念已经取代了《圣经》的字面意义，但人种分类和贵贱之分仍然存在。

18 世纪，瑞典医生和植物学家卡尔·林奈在他的《自然分类》（1735 年）一书中正式把人类作为独立生物体进行了描述。林奈除了开发出生物学家至今仍在使用的生物分类系统外，还根据人类的身体特征、性格气质、文化习俗、行为模式，把人分为四种“类型”：亚美利加人、欧罗巴人、亚细亚人和阿非利加人。** 每类人种

---

* 深时是一个地质学的时间概念，以百万年为单位对地质事件计年，尺度上远远大于个人的日常感知。在 18 世纪最初提出时，很多人还笃信《圣经》的相关表述，以为世界只有几千年历史。因此，深时概念还从哲学层面对人类的世界观产生了冲击，具有深刻的意义。——译者注

** 这种分类在《自然分类》第十版（1758 年）中还是恰当的。他将其归类为“亚种”。在第一版中，这些分类群是不那么固定的“变种”：欧罗巴白种人，亚美利加红种人，亚细亚黄种人，阿非利加黑种人。这些概念似乎更多地反映地理和肤色，而不是本质特性。他还描述了一种名为“畸形人”（Monstrosus）的类别，涵盖了由环境塑造的各种族群以及神话中的生物，还有一种“野蛮人”（Ferus），包括野孩子。

的全体成员都具有一种"自然本性"。根据林奈的说法，亚美利加人是"表演型"(性格外向、雄心勃勃、精力充沛的领导者)，同时也固执狂热；他们"在自己身上画红线条，受传统约束"。林奈分类方案的层级框架契合了"存在之链"(Great Chain of Being) 或由亚里士多德首次设想的"自然等级"(scala naturae) 的概念*。

林奈的继承者们竭尽全力，试图回答该理论尚未解决的问题。哪些特征最适合对人类分类？哪种分类模式最有效？

没有人质疑人类是否应该被分为不同类别，或按照人种的所谓先天特质排出高下有何不妥。对早期欧洲科学家来说，很明显，欧罗巴人居于顶端，阿非利加人位于最末。其他人种——包括美洲原住民——则介于两者之间。

测量颅骨尺寸成为一种流行手段，可以很快地将不同民族划分到各个种族类型中去。这套方法被称为"颅骨测量法"。

医生和博物学家约翰·布卢门巴赫 (Johann Blumenbach) 就是最坚定的支持者之一。布卢门巴赫于 1752 年出生在德国哥达(Gotha)，在论文《论人类自然史》(1775 年) 中，他将人类分为高加索人种、蒙古人种、美洲人种、马来人种、埃塞俄比亚人种，

* 亚里士多德在其著作《动物志》中提出了生物排序的思想（"自然等级"），如动物比植物高级，恒温动物比变温动物高级，胎生比卵生高级等。到了中世纪，天主教在"自然等级"的基础上提出了"存在之链"，认为这是所有事物和生命的等级结构，反映了上帝的旨意，且不可改变。链条顶端稳居上帝，然后是天使、人类、动物和植物，直至矿物。——译者注

并试图将这些不同分组与《圣经》中的创造论协调起来。由于《圣经》中并没有提及美洲原住民这个神秘族群，因此，敬畏上帝的欧洲天主教自然哲学家们不得不费尽心思解决这个谜题。在《圣经·旧约全书》中，挪亚一家在大洪水中幸存下来，地球上的所有族群都是他儿子们的后代。“闪”（Shem）是亚洲（蒙古）人种的祖先；“含”（Ham）是非洲（埃塞俄比亚）人种的祖先；“雅弗”（Japheth）是欧洲（高加索）人种的祖先。

许多学者认为美洲原住民可能是闪的后裔，因为他们的体质特征与亚洲人相似。其他人则认为他们甚至可能就不是人类。布卢门巴赫是最早将颅骨测量这一科学方法应用于人种分类的科学家。他还是人类同源说的支持者，即上帝只创造了一个单一人种——高加索人种*，其他不同人种类型则是人迁徙到新环境很多代后，从高加索人种“退化”而来的结果。因此，通过颅骨研究，人们就可以探索人类的历史。

布卢门巴赫将美洲原住民归入蒙古人种，并认为他们是分几拨移民到美洲的亚洲人的后代。

虽然布卢门巴赫并不认为非高加索人种就智力低下，但他的确相信高加索人种凭借他们的颅骨比例，成为“最完美”的种族。他的类型论为后世医学和人类学研究奠定了基础，但也埋下了诸多

* 据布卢门巴赫说，之所以这样命名，是因为挪亚方舟一定是在高加索山脉落地的，而且该地区的人类是世界上最美丽的人种，有着最和谐的颅骨比例。

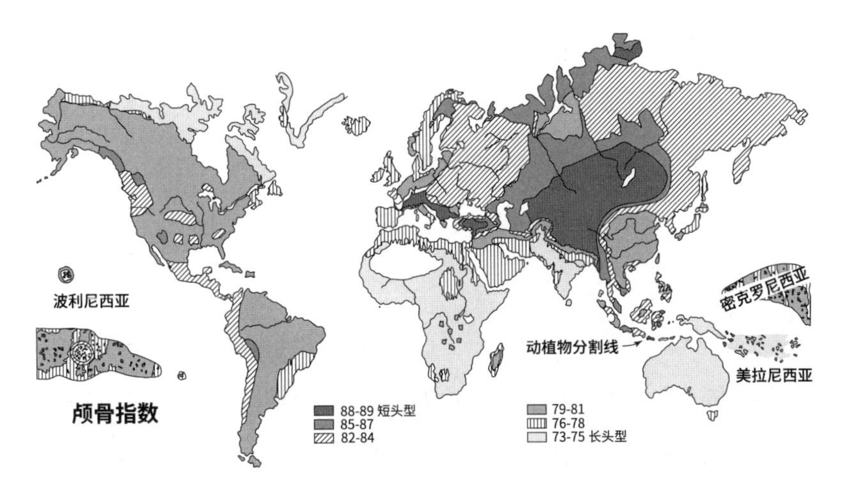

世界颅骨指数（1896年），摘自《大众科学月刊》（*Popular Science Monthly*）第50卷。

隐患。

布卢门巴赫理论的主要继承者是费城医生和学者塞缪尔·乔治·莫顿（Samuel George Morton，1799—1851），赫尔德利奇卡称其为“体质人类学之父”。莫顿认为颅骨对研究人种科学特别有用。它们具有双重功效，不仅能显现一个人的种族属性，还能揭示他的智力水平。19世纪，人们普遍认为颅骨容积一定直接反映智力水平：脑容量越大，人就越聪明。（我们现在知道，这并非事实。）

莫顿以布卢门巴赫的方法论为基础，对颅骨进行了大规模的人种分类研究，认为除了容积外，颅骨形状也是一个重要的种族标志。颅骨指数——颅骨最大宽度与最大长度的比值——应运而生，成为将人分为不同种族的最简单和最流行的手段。所有族群都属于三类人种之一：长头型人种、短头型人种，以及中头型人种。这三种类型分别对应于尼格罗人、蒙古人和高加索人。

莫顿推断，计算平均颅骨大小是评估种族间智力差异的最佳方式，并开发了一套测量颅骨容积的系统方法。其主要手段是用芥菜籽（后来又用铅粒）填充颅骨，再记录填充每个颅骨所需的芥菜籽数量。

根据测量结果，莫顿对布卢门巴赫人种分类下的各人种进行了智力排名，高加索人种居首，埃塞俄比亚人种垫底。莫顿关于非高加索人种天然低劣的研究结论被明目张胆地用来为奴隶制辩护，也成了冠冕堂皇地从美洲原住民手里窃取土地的理由。[26]

但莫顿在种族起源问题上与布卢门巴赫的意见相左。莫顿相信多源发生说，将人类之间的差异解释为是每个人种独立产生的，而非挪亚的儿子们（最初是高加索人种）的后裔散布全球后，最终形成的结果。他确信，每个人种的颅骨大小和形状的差异可一直追溯到上古时代，不过大洪水发生的年代距离现代太近，无法解释所有这些差异的形成原因。如果人种特征固定不变的话，那便意味着不同人种实际上是独立物种。

与莫顿同时代的博物学家让·路易斯·鲁道夫·阿加西（Jean Louis Rodolphe Agassiz）概括了多源发生说的另一层重要含义。阿加西假定，不同物种是在不同地区为适应当地气候而创造出来的，因此不会——也不可能——离开它们原来的家园很远。阿加西判断人类也是如此：每类人种都单独产生于自己所在的大陆，迁移只是人类历史上的例外事件，而不是常态。

因此，了解每个人种的起源就可以帮助科学家掌握全人类的历史。莫顿本人对印第安人的种族起源特别感兴趣。在他最著名的作品《美洲人颅骨》一书中，他对美洲原住民进行了形态学研究，提出美洲原住民的特点是：

> 肤色棕褐，头发顺直，又长又黑，胡须稀疏。眼睛为黑色，眼窝深陷，眉毛低，颧骨高，大鹰钩鼻子，大嘴巴，厚嘴唇，身材结实。小颅骨，顶结节间隙宽，颅顶突出，枕骨平坦。美洲人的心理特点是不愿修身养性，求知慢，浮躁，报复心强，好战，拒绝航海冒险。[27]

在21世纪的读者看来，这一描述实在离谱，首先当然是内容偏执，此外还把体质和非体质特征莫名其妙地结合起来。今天，科学界普遍接受的人种分类方式主要是基于体质特征：皮肤颜色、头发颜色、眼睛和鼻子的形状。像"不愿修身养性"这样的"术语"对现代读者来说非常奇怪（尽管如果你多接触一些种族主义的观点，你肯定还会遇到关于智商和性格之类的无耻说法）。

但是对于一个有兴趣研究人类学的19世纪医生而言，这种将体质和非体质特征混合分析的做法是认识如何把人类划归为不同种族，以及这些种族是如何分出优劣的最重要的方式。这套方法便成为由包括赫尔德利奇卡在内的一小群学者创立的新学科——美国体质人类学的核心要素。[28]

体质人类学的早期关注点受到了当时社会和政治因素的强烈影响。在 20 世纪上半叶，优生学——一种通过控制生育来“改进”人类的运动——在美国社会方兴未艾。一些——尽管不是全部——体质人类学的早期创始人认为他们的工作对优生学至关重要。[29]

一旦演化论取代了《圣经》中关于人类起源的故事，那么人种分类也要随之改变以适应演化论。于是，“野蛮人种”被视为人类演化早期阶段的代表，研究他们有助于重建人类的“进步”历程。

赫尔德利奇卡和持同一观点的同事假设颅骨形状，特别是颅骨指数，是一个非常稳定、固定不变的先祖标记，并且有助于刻画人种特征。然而，其他颅骨测量学研究却破坏了这一理论。哥伦比亚大学人类学教授弗朗茨·博厄斯（Franz Boas）发现，美国的东欧移民之子与其母国同龄孩子之间的颅骨指数实际上并不相同。[30] 这证明了环境对本应固定的特征产生了影响，从而削弱了人种分类在体质人类学研究中的实用性。不过第二次世界大战期间，体质人类学家和遗传学家助纣为虐，为阿道夫·希特勒实施恐怖的“最终解决方案”[31]* 提供理论依据。直到战后，这种人种分类框架才被这门学科（大体上全盘）抛弃。[32]

黑人医生、解剖学家和体质人类学家威廉·蒙塔古·科布（William Montague Cobb，1904—1990）的研究也同样驳斥了同时

* 1942 年 1 月，纳粹高层在德国万湖召开会议，确定进一步对犹太人实施系统的种族屠杀，该方针全称“最后解决犹太人问题”。——译者注

代的科学家（包括赫尔德利奇卡）的论点。1929 年在霍华德大学获得医学博士学位后（大约同一时间，美国体质人类学家协会成立），科布开始在俄亥俄州的西储大学（Western Reserve University）与 T. 温盖特 · 托德（T. Wingate Todd）研究体质人类学。托德的研究表明，在大脑发育方面各人种没有先天差异，并强烈反对体质人类学界部分人士所表现出的种族主义。他在骨骼发育和功能解剖学方面对科布进行了培训。科布后来在霍华德大学建立了一个藏品丰富、高度重视教学和研究的骨骼库（当前由法蒂玛 · 杰克逊负责管理）。他发表了大量有关功能解剖学的文章，同时也研究并发表论文反对人种类型学说。在其最著名的作品之一《人种与赛跑运动员》一文中，科布批驳了一种流行观点，即非裔美国短跑运动员、跳远运动员和其他运动员与其他种族的运动员相比，由于解剖结构上的差异而具有先天优势。他写道："从遗传学上讲，我们知道他们的构成并不一样。但所有的尼格罗人冠军都没有一项共同的体质特征（包括肤色），可以确定他们是尼格罗人……事实上，如果所有黑人和白人冠军选手不加区别地站在一起接受检查，除了那些受制于美国舆论的人之外，任何人都会赞同人种与运动员的能力毫无关系。[33]

尽管体质人类学家中的反种族主义人士付出了巨大努力，但该学科在 20 世纪初还是为人种分类学说提供了"科学支持"。现在，这种分类牢牢地扎根于公众思维之中，遗毒深远，导致很多针对非裔美国人、原住民和其他有色人种的歧视和暴力。

许多体质人类学家则利用形态学数据，竭力抓住生物种族这一概念不放手。今天，遗传学为我们提供了有关人类差异极其详细的描述，揭示出类型论的浅薄。[34] 20 世纪早期遗传学研究表明，在线粒体和 Y 染色体层面上，早期体质人类学家经常使用的人种分类并不符合实际遗传差异模式。我们现在已经拥有了全基因组测序能力，只要能够采集到基因，就可以获得任何人的遗传谱系信息。研究证明：虽然各个族群在遗传上存在差异，但这种差异并不遵循布卢门巴赫、莫顿或其他人提出的人种类型模式。如果这种说法让你感到吃惊，那只是因为这些概念已经在我们的社会文化中固化了。

人类 DNA 有 99.9% 是相同的。正是这微小的差别——只有 0.1%——与广义上被称为“环境”* 的东西一起，导致我们的外貌或表型发生了显著改变。大部分遗传差异以一种被称为渐变群（梯度变异）的模式分布，或随地理距离的变化而逐渐变化。仔细想想，这是很有道理的。比之相距甚远的族群，住得较近的族群更有可能相互通婚，产下后代。因此，不同的等位基因，也就是基因样式，按照被遗传学家称为地理隔离的模式逐渐分散开来。一些性状和潜在基因显示出在特定环境中自然选择所产生的影响。例如，在高海拔地区，自然选择增加了遗传基因变异的区域频率，从而帮助人类

---

* 指任何影响一个人表型的非遗传因素：从影响胚胎发育的因素到青春期营养，再到成年后的压力水平。

克服缺氧。由于人类多次迁徙，几乎每次都引起基因混杂，因此，迁移模式也变得愈发扑朔迷离。与支撑早期体质人类学家研究的类型框架相反，古DNA表明，纵观整个人类历史，没有人在基因层面是“纯粹的”。[35]

自然选择、遗传漂变、变异、基因流所组成的演化力量与我们的迁移史（或反之，在一个地区持续聚居的历史）、文化习俗叠加起来，共同形成我们今天所看到的人类差异模式。到目前为止，遗传和表型上的多样性在生活于非洲的族群中最为丰富。我们人类就是从这块大陆发源而来的。族群所在地距离非洲越远，通常其基因多样性便越少。我们这个物种在迁徙途中留下的基因遗产正反映了人类对新环境的适应。按白人、黑人、亚洲人（或高加索人、尼格罗人和蒙古人）分类并不能准确反映这些复杂的情况。[36]

但是，不能仅仅因为人种并不是科学意义上准确区分人类差异的方法，而否认这个概念的“真实性”。尽管它诞生于特定的文化历史阶段，但对我们所有人而言都是真实存在的，并塑造着我们的生活。[37]美洲原住民及其祖先蒙受的可怕遭遇就是一个例子。

美洲原住民的起源

跟随莫顿的研究思路，赫尔德利奇卡认为，对人类骨骼，尤其是颅骨的研究，可以回答美洲原住民人种起源这一众说纷纭的问题。他和包括哈佛大学欧内斯特·胡顿（Earnest Hooton）在内的同事们认为，这套方法可以在考古学的基础上，补充新的研究手段。这就需要对遍布大陆的多个部落的数千具骸骨进行广泛研究，以了解它们的差异，并找出其中的亲缘关系。

因此，各博物馆和大学急于建立具有研究性质的大型藏品库，通过收集所有种族的代表性骨骼进行测量，从而确定其种族起源。[38]

赫尔德利奇卡就是这样获得并测量了芒西人的骨骼的。他制作了一张又一张测量表和分类表，标注上鼻根点凹陷（鼻脊凹陷）程度、上颌形状、肱骨（上臂骨）长度、股骨双髁长度等数据。他煞费苦心地将这些观察结果与"黑人"、"白人"和其他部落的"印第安人"进行比较。他的结论是，芒西墓地安葬的古人确实与其他莱纳佩人和东部部落属于同一种族，但少数几个短头型个体很可能是从另一个部落，大概是肖尼人，嫁到这个族群的。他还非常肯定地指出，墓地里有一个欧洲白人，但没有给出得出此结论的证据。

莱纳佩人或特拉华人体质人类学项目是赫尔德利奇卡经手的典型案例。他和其他体质人类学家对遍及北美洲、中美洲和南美洲的数千具骨骼进行了研究，试图破解美洲原住民起源之谜。[39]

赫尔德利奇卡和其他体质人类学家的颅骨研究显示，美洲原住民与亚洲族群存在普遍联系。对当代美洲原住民表型差异（头发、皮肤、眼睛颜色）的研究也支持了这一观点。赫尔德利奇卡对牙齿进行形态学研究后发现，美洲原住民与东亚人具有一个共同的特殊特征，即铲形门齿。牙齿人类学家后来进行的研究更具体地将美洲原住民与东北亚人联系起来。他们在几个特定的牙齿特征上具有相当高的相似频率。[40]

在1916年的一篇论文中[41]，赫尔德利奇卡对美洲原住民多样性的体质人类学调查状况进行了总结，并基于生物性状提出了起源论点：

1. 美洲原住民体质虽然各不相同，但差异并不大；他们显然拥有同一起源；

2. 没有证据表明他们在美洲大陆上独立演化，因为没有发现史前遗迹，而且美洲大陆上也没有“高级类人猿”可供演化，只有猴子。所有来自世界其他地区的化石和考古学证据都否定了人类起源于美洲的观点；

3. 因为“史前人类”拥有“原始的迁徙手段”，所以“他们只可能来自旧世界最靠近美洲的地方”，也就是东北亚。这是合乎逻辑的推断；

4. 美洲原住民的所有体质特征都与亚洲人相似，这进一步支持了这一理论；

5. 因为美洲原住民并没有体质一致性，而是分为几个“亚型”，所以有可能是多次从亚洲迁移而来。

这让我们绕了一圈，又回到了原点。对20世纪初的体质人类学家来说，何塞·德·阿科斯塔最初在16世纪受《圣经》启发所提出的设想实际上得到了多条生物学证据的支持。赫尔德利奇卡本人认为，美洲原住民是通过一座从西伯利亚延伸到北美的陆桥抵达目的地的。他在阿拉斯加进行了大量田野调查，试图验证这一观点。

遗传拼图

在科学家能够扩增和测定 DNA 序列，从基因中直接“读取”信息的技术发明之前，想了解人类的遗传差异，就不得不通过观察血型和其他蛋白质变体（被称为多态性）等“经典”遗传标记来推断。这些标记在不同人群中发生频率各不相同。这种差异很容易检测出来，这让遗传学家得以建立不同族群间存在遗传差异的概念。[42]

第一代人类遗传学家从遍布美洲的多个族群，包括属于 53 个不同部落的北美原住民身上提取了这些经典遗传标记的数据。[43] 此时，尽管他们获取研究对象知情同意的方式五花八门，但许多第一代人类遗传学家在工作时会征求个人和整个族群的许可。我们将在第九章进一步讨论遗传学研究的伦理历史。

他们的研究共同揭示了美洲原住民具有美洲特有的遗传变异形式，并广泛分布于北美、中美和南美洲人群之中。这些变异必然存在于美洲人共同的祖先族群中。研究还表明，美洲原住民在遗传上与西伯利亚群组和东亚群组最为相似。

* * *

经典遗传标记就像一个复杂拼图的边缘碎片，可以帮助科学家大致拼凑出美洲原住民历史的轮廓，但整幅图依然模糊不清。考古学和语言学证据也将美洲原住民与遥远过去的东北亚联系起来。

从 20 世纪 80 年代末、90 年代初开始，人类遗传学家从分子生物学中引进工具，填补了拼图中的一些空白。在第五章中，我将带领大家了解 DNA 检索和测序过程，以确定实验体的线粒体 DNA 谱系或单倍群（单体群）特征。在这些方法被发明之前，研究人员以一种粗略的方式确定某人属于哪个单倍群：酶解反应可以根据此人的 DNA 序列在不同位置剪切分子，从而提取出他的线粒体 DNA 和 Y 染色体 DNA。由此产生的片段会在琼脂糖凝胶上以特定的模式呈现出来。这种方法被称为限制性片段长度多态性分析（RFLP），广泛应用于对北美洲、中美洲和南美洲原住民的 DNA 样本的研究。后来，分子生物学引入更精细的 DNA 扩增和直接测序技术，大块拼图才逐渐填补进去。

美洲人线粒体和 Y 染色体谱系

从母系遗传而来的线粒体和来自父系的 Y 染色体类似于家谱：不同谱系之间通过继承一个共同祖先（如“祖父

母”）的血统而联系起来。遗传学家将血统关系密切的群组，即家族，划分为单倍群。有几个起源于美洲大陆的线粒体和Y染色体单倍群只见于美洲原住民的继嗣身上。就像同一个家庭的成员可能在体质特征上彼此相似一样，属于同一单倍群的血统在其序列中的某些特定位置具有一组相同“突变”（被称为单核苷酸多态性，或SNPs），可以用来把血统划分为单倍群。就像你和你的祖母不会完全一样，在一个单倍群中，除了单倍群界定的突变之外，也可能会发生其他变异；DNA碱基也会随着世代延续而变化。

在与欧洲人接触之前，所有美洲原住民族都可以分别沿着母系继承线粒体DNA，沿着父系继承Y染色体，直至追溯到几个创始单倍群。（今日美洲原住民的基因相当多样化，他们可能携带有世界上其他地方常见的线粒体和Y染色体谱系。）

这些创始单倍群是西伯利亚现存单倍群的直接继嗣。在创始族群与其他族群隔绝期间，以及族群分散到美洲大陆之后，还产生了其他变异。线粒体和Y染色体谱系在美洲并非随机分布，而是反映了族群的发展历史，也可以借此确定诸如人口迁徙、基因流或地区内长期连续性的事件。人们认为所谓的“泛美”线粒体单倍群（A2、B2、C1b、C1c、C1d、C1d1、D1、D4h3a）在最初的创始单倍群分散到北美和南美时就已经存在了，而且 D4h3a（主要发现于美洲大陆太平洋海岸沿线）和 X2a（仅在北美发现）是沿海和内陆两条迁移路线的标记。

与欧洲人接触前，“第一批民族”中存在的线粒体单倍群包括：

北极地区以南：A2；

B2；

X2a，也可能为 X2g；

C1b，C1c，C1d，C1d1，C4c；

D1，D4h3a；

北极圈内民族：C1b，A2a，A2b，D2a，D4b1a2a1a。

遗传学家有时用“A、B、C、D、X”作为这些单倍群的简称。这反映了一段时间内，他们尚不能区分 A2a 和 A2b 这样的亚单倍群。北极圈外族群中所有常见的线粒体谱系都可以追溯至大约 18 400 年至 15 000 年前的共同祖先。这种密切的一致性表明，它们都存在于最初的创始族群中。西伯利亚人和美洲原住民族群中的线粒体谱系显示，他们的祖先在大约 25 000 年至 18 400 年前相互隔离开来。根据这种基因差异，我们可以估计，在创始族群中，具有生育能力的女性约为 2000 人。这并非实际族群人口数，仅仅是对繁殖个体（在这里是女性）的数量估计。实际族群规模应该比这大，但总数很难估算。北极地区的谱系显示出最近一次人类扩张与古因纽特人和新因纽特人的迁徙过程相一致（见第八章）。

美洲原住民的Y染色体创始单倍群包括Q-M3（及其亚单倍群，包括Q-CTS1780）和C3-MPB373（也可能是C-P39/Z30536）。其他在美洲原住民族群中发现的单倍群，如R1b，可能是与欧洲人接触后混杂的结果。[44]

遗传数据所揭示的图景尚不完整，缺乏许多细节，但足以明确回答本章开头提出的问题，并且与越来越多的考古学和语言学证据一道，显示美洲原住民与东北亚族群有着千丝万缕的联系。许多美洲原住民拥有线粒体（A、B、C、D、X）和Y染色体单倍群（C和Q），显然与亚洲的单倍群有共同祖先。这些谱系与亚洲谱系分离后，也发生了其他遗传变异。

当代美洲原住民的线粒体和Y染色体DNA共同发出了一个明确信号，他们是从亚洲东北部一个更大的群组中分离出来的族群的后代，然后便与其他族群隔离了数千年。

古DNA研究人员在古代美洲原住民体内找到了相同谱系，从而证实了这一模型。他们没有发现原住民在与欧洲人接触之前，还有其他祖先的证据。这一结果有力驳斥了存在已久的“筑丘人”假说（尽管现在已经边缘化，详见本章补充条目“欧洲对古代北美有过影响？”），早前基于牙齿和骨骼特征的重建研究将美洲原住民的祖先与西伯利亚人的祖先联系起来，现在也得到了证实。

欧洲对古代北美有过影响？

关于人类如何到达美洲这个问题，除了主流考古学模型之外，还有其他各种起源假说。这些理论可谓稀奇古怪、五花八门、异想天开，比如第一批抵达美洲的人是古代宇航员，史密森尼自然历史博物馆馆长在保险库中秘密隐藏了巨人骨架，荒谬的想法可谓无所不包。（我去过这些场馆，可以向你保证，没有什么巨人骨架或隐藏的秘密。）虽然关于远古历史的那些边缘学说经常伪装成科学理论出现，但并不遵循科学范式，仅仅是“筑丘人”假说的新版本。欧洲人借此将美洲原住民取得的成就和灿烂文化安装到他人头上。例如，通俗作家格雷厄姆·汉考克（Graham Hancock）声称，有一个古老的“失落”文明（具有通灵能力）向美洲原住民传授了修筑南北美洲土方工程的技术。根据汉考克的说法，该文明在新仙女木时期被陨石摧毁。这其实就是把伊格内修斯·唐纳利（Ignatius Donnelly）的观点重新拿来加工了一下。唐纳利将这些土方工程归功于毁于彗星的古亚特兰蒂斯文明。[45]

不幸的是，依然还有极少数研究者拥护远古时期欧洲人曾介入美洲原住民历史的理论。故事是这样的，2 万年前，克洛维斯人的祖先抛下他们的洞穴和狩猎场，从 4000 多英里外的大西洋彼岸来此寻找新土地。这群先民在大约 20 000 年至 18 500 年前的旧石器时代晚期生活在西欧。他们使用“打过剥落法”打造石质叶状矛尖，还能制作薄而锋利的石叶。考古学家将在法国和西班牙遗址中发现的这些石叶和其他文化特征称为梭鲁特工艺文化丛（Solutrean technocomplex）。根据这一理论，梭鲁特人在冰盛期开始了一场伟大的旅程。他们跨过大洋，将石叶制造技术带到了北美。5000 年后，克洛维斯人也用同样的工艺打造抛射尖状器（也译“投射尖状器”）。[46]

很容易理解为什么这个故事会受到普通公众（非原住民）的欢迎。这是一个关于人类勇气和冒险精神的非凡史诗，一个与解剖学意义上的现代智人最初走出非洲，或人类首次在北极圈内探险同样激动人心的事件。梭鲁特人毅然决然地踏上征程，穿越危机四伏的海洋，成为抵达美洲的第一批人类。它吸引了全世界人民的想象力，证明人类在面对千难万险时，拥有无比的智慧和强大的生存能力。

但这完全不是事实。

今天所称的“梭鲁特人”假说认为，梭鲁特人和克洛维斯人制作的尖状器都使用打过剥落工艺，外观上相似，证明这两种文化之间存在祖先–继嗣关系。以这个案例为出发点，该理论的支持者们前溯寻找连接这两种文化的更多证据，并证明人类在冰盛期完成跨大西洋旅行是可行的。研究成果足以造就一个非常引人入胜的故事，然而，一旦试图用考古学和遗传学证据来匹配“梭鲁特人”假说，它就会土崩瓦解。

从梭鲁特人跨越大西洋到克洛维斯尖状器首次在北美出现，中间相隔几千年。在这段时间里，人们必须以完全相同的方式制作尖状器，而这是极不可能的。我们从考古记录中一再看到，人类技术动态发展，不是静止的，在如此长的时间里不会一成不变。更重要的是，在美洲还没有发现任何可以追溯到中间时期（大约 20 000 年前至 13 000 年前之间）的梭鲁特人遗址，且遗址出土梭鲁特或克洛维斯样式的尖状器。人们也发现了这一时期的其他遗址，但从中出土的石器看起来与梭鲁特尖状器毫无相似之处。[47]

没有证据表明梭鲁特人使用或制造过船只。我们也没有找到梭鲁特人和克洛维斯人之间有任何其他方面的文化联系。如果确实曾经有过迁徙，那么我们当然有理由期待出现这样的关联。考古学家认为，克洛维斯人更有可能是独立开发出打过剥落工艺的，因此不需要诉诸复杂的迁徙假说来解释。[48]

不过还是遗传学给予了“梭鲁特人”假说决定性一击。如果克洛维斯人是西南欧人的后裔，那么我们可以做出一个简单的预测：在古代美洲原住民身上应该至少能找到这种血统的痕迹，但是我们一无所获。

对古代美洲原住民（包括唯一已知的与克洛维斯古器物一起埋葬的古人）进行的全基因组测序表明，他们的祖先来自西伯利亚。正如本书将在第五章至第八章讨论的，我们基于古代基因组绘制了一张看起来复杂，但非常明确的演化图，描绘了西伯利亚/东亚原始族群进入美洲的历程。我们完全没有发现任何人类跨大西洋迁徙的遗传学证据。[49]

是否有可能人类从欧洲移民美洲却没有留下任何遗传痕迹呢？确实有可能。我们知道这种情况在历史上的确曾经发生过：公元1000年左右，北欧水手在文兰（Vinland）建立了一个聚居点，在那里与一个被他们称为斯克林斯人（Skraelings）的民族作战、交流和贸易。斯克林斯人实际上是前哥伦布时期的因纽特人（我们将在第八章中详细讨论），他们则称北欧水手为卡夫鲁纳特人（Kavdlunait）。考古学家已经确定文兰位于纽芬兰岛（Newfoundland）北部的兰塞奥兹牧草地（L'Anse aux Meadows）遗址。他们在这个遗址中发现了确信由北欧人制造的物品，以及包括锻造坊和修船坊在内的8幢建筑，对该遗址所进行的最近的年代测定表明，北欧人可能只是偶尔在此活动，持续时间约为200年。[50]

这个北欧人的前哨站没有留下任何遗传痕迹；从这一地区的人类骸骨中没有发现任何古北欧人的DNA，也没有任何证据表明当代居民中存在哪怕一丁点儿前哥伦布时期流入的基因。卡夫鲁纳特人和因纽特人之间要么没有实质性的性行为，要么没有产生后代，要么他们的血统没能延续至今（而且由于采样偏差，我们根本没有检测到任何古代基因流）。有些人可能会争辩说，与此案例类比，同样的事情也可能发生在梭鲁特人身上。

但是——请特别注意——我们有确凿无疑的证据表明北欧人曾抵达北美，而且这些证据来自多个方面。在考古记录中，不同类型的物质文化将兰塞奥兹牧草地遗址与格陵兰岛的北欧人联系在一起。北欧人在该遗址有明确的驻留历史，甚至在美洲原住民和北欧人中间都有关于这次相遇的口述记录。梭鲁特人和克洛维斯人的联系则建立在一种工具的相似性上，没有任何其他文化关联，仅仅是一堆“可能发生”的猜想。但科学不是建立在“可能”和“也许”的基础上的。模型必须基于现有的证据来开发，而不是你希望拥有的证据。“梭鲁特人”假说缺乏足够证据，无法成为解释克洛维斯人起源的严肃理论。我敢说，这一点得到了所有研究美洲原住民历史、学术能力可靠的遗传学家，以及绝大多数考古学家的一致认可。

“梭鲁特人”假说的一些支持者认为，在一些北美古代和当代原住民身上发现的线粒体单倍群X2a可能是欧洲谱系的一个标志。如今，单倍群X的谱系广泛分布于欧洲、亚洲、北非和北美。我们可以重现它们的演化关系——就像你编制家谱一样。存在于美洲的谱系（X2a和X2g）并不是在欧洲发现的谱系（X2b、X2d和X2c）的后代。相反，它们拥有一个来自亚欧大陆、非常古老的共同祖先（X2）。X2a的年代与美洲原住民的其他单倍群（A、B、C、D）相当，但如果它是来自欧洲的某次单独迁徙，就绝不会出现这样的情况。最后，在美洲发现的最古老的X2a谱系是从“上古遗者”，也被称为“肯纳威克人”（Kennewick Man）的骸骨中找到的。这位古人生活的年代距今大约9000年，来自西海岸（而不是像“梭鲁特人”假说预测的那样来自东海岸）。科学家已经将其基因组完整测序，结果显示他没有来自欧洲的祖先。肯纳威克人不可能只从梭鲁特人那里继承线粒体基因组，而从白令人（Beringians）身上继承其余部分。因此，在没有其他证据的情况下，不能证明X2a

一定是在欧洲演化的假设。[51]

为了解释原住民技术水平或文化成就，没有必要把欧洲人拉进来。遗传学、口述历史和考古学所显示的真实历史已经足够激动人心了。

但是，即使是线粒体和Y染色体序列，也只是帮助我们一窥历史。基因组革命才刚刚开始填补缺失的部分，前面还有很长的路要走。遗传学家有了从古人骸骨获取全基因组的能力后，便可以确认早前就已经相当确定的事情：古代美洲人与当代美洲原住民之间存在明确的祖先-继嗣关系，而且他们的祖先谱系可以追溯到数千年前，最终在旧石器时代与今天的东亚人和西伯利亚人通过拓展表亲谱系而连接起来。但在深入讲解这个故事之前，我们必须首先了解考古记录述说的最早一批美洲民族的情况。我们将在下一章开始探索。

第二章

请想象一下，如果你生活在一堵比芝加哥威利斯大厦（Willis Tower）还要高 6 倍的冰墙附近，那会是一番怎样的情形。这堵冰墙在极盛期有近两英里厚，比《权力的游戏》中的“绝境长城”还要高得多，也更难以穿越。* 它自东向西连绵不绝，一直延伸到不管是你，还是你认识的人都未曾去过的地方。看到这堵墙你会怎么想？你会不会想知道另一边有什么？你是否会认为这就是世界的边缘？

我们现在知道，这样一堵墙曾经存在过。在威斯康星冰期（1.1 万年至 8 万年前），一片冰原从东海岸延伸到西海岸，覆盖了今天加拿大和美国北部的大部分地区。这片冰原是由两片较小的冰原融合而成的，东边的洛朗蒂德冰原（Laurentide）和西边的科迪

---

* 在原著和电视剧集的描述中，绝境长城有近 700 英尺高。

勒拉冰原（Cordilleran）都大致从海岸线延伸到洛基山脉。洛朗蒂德冰原向南延展至今天的芝加哥以南，科迪勒拉冰原则向南延伸至西雅图。在北方，冰原覆盖了加拿大，直到今天的不列颠哥伦比亚省和艾伯塔省边界。

我们不知道古人是如何看待这堵巨大的冰墙的，但它应该是标志性景观。冰墙会阻止任何东西，无论是人类、植物抑或动物，从任何方向在加拿大和大平原*之间移动。人类世世代代都在它的阴影下生活和死亡。几千年来，它一直是一道不可逾越的屏障。[1]

1908年9月

当乔治·麦克琼金（George McJunkin）和朋友比尔·戈登（Bill Gordon）穿越牧场时，他的心思压根就不在考古学上。然而，马儿正带着他小心翼翼地走在洪水冲过野马河谷（Wild Horse Arroyo，也译“怀尔德霍斯河谷”）后沉积的碎石上，走向北美考古史上最重大的发现之一。由于干锡马龙河（Dry Cimarron River）突发洪水，冲散了畜群，因此，在过去几个星期里，麦克琼金和他管理的英裔、墨西哥裔牧场工人一直在缓慢而艰难地搜寻幸存下来的牲畜。

* 大平原地区又称北美大平原或北美大草原，位于北美洲中部。最北达加拿大草原三省，最南端包括了一小部分墨西哥领土。——译者注

这场洪水摧毁了新墨西哥州的福尔瑟姆镇（Folsom Town），夺走了17人的性命。麦克琼金下马检查一处破损的铁丝网，这时他可能会追忆那些逝去的灵魂——在汹涌的洪水冲向下游之前，没来得及逃出家园的邻居和朋友们。该镇的电话接线员莎拉·鲁克（Sarah Rook）也是罹难人员之一。她在那个可怕的夜晚一直坚守岗位，挨家挨户地给居民打电话，催促他们撤离。她至少挽救了40名镇民的生命。人们后来在峡谷下游12英里处发现了她的遗体，她手里还握着头戴式耳机。[2]

就在麦克琼金抢修围栏时，河谷底部的一堆骨头吸引了他的注意力。他马上意识到这些骨头不可能来自死于洪水的牛群。遗骸看起来很古老且干燥，不是刚刚腐烂的样子。对于牛骨来说，它们的形状也很奇怪。这激起了麦克琼金的好奇心，他立即停下维修工作，开始调查。

麦克琼金见多识广，与马、牛打了几十年交道，加之狩猎野牛积累了丰富经验，因此对动物骨骼了如指掌。经过仔细检查，他确定这些遗骸绝对不是牧场牛群的骨头，而是野牛的……并且比他见过的任何生物都大得多。有可能是一种未知类型的野牛。这个想法让麦克琼金激动起来，他从现场拿走了一些骨头，试图唤起其他人的关注，帮助调查这项发现。

麦克琼金之所以能认识到这些骸骨的重要性，是因为他当过牛仔，猎杀过野牛，还是一个受过良好教育（尽管是自学成才）的博物学爱好者。然而，没有人对此感兴趣。这很可能是因为他是黑人。乔治·麦克琼金出生在得克萨斯州的一个奴隶家庭，自南北战争结束后一直以自由人的身份生活。

作为奴隶的孩子，麦克琼金曾在铁匠铺与他的父亲一起工作。当他在14岁获得自由身时，麦克琼金已经成长为一名经验丰富的骑手，并能说流利的西班牙语。麦克琼金离开家，过起了赶牛的牛仔生活，并用驯马专长同别人交换，学会了阅读。一有机会，麦克琼金就拿起他能找到的每一本书，如饥似渴地读。各个族裔的牛仔伙伴都对他尊敬有加。麦克琼金后来还升任克劳福特牧场（Crowfoot Ranch）的工头。[3]

他拥有相关知识经验，并对科学和自然抱有强烈兴趣，因此恰好能够在正确的地方认识到这项发现的重要意义：这些部分矿化的骨头是一种在更新世已灭绝动物的遗骸。

遗憾的是，当他的发现终于在考古学界引起轩然大波时，麦克琼金已经去世。一个在附近城镇做铁匠，也是业余博物学家的白人卡尔·施瓦赫姆（Carl Schwachheim）曾经从麦克琼金那里听说过有关遗骸的事。在麦克琼金死后几年，他对遗址进行了考察。

施瓦赫姆和朋友弗雷德·豪沃思（Fred Howarth）的研究后来又引起了丹佛市科罗拉多自然历史博物馆馆长杰西·菲金斯（Jesse Figgins）和古生物学家哈罗德·库克（Harold Cook）的兴趣。终于，这群人启动了一系列正式发掘工作。1926年5月，他们发现了一个石质尖状器，有力地证明人类曾与已灭绝的北美野牛同期存在。[4]

乔治·麦克琼金，可能拍摄于1907年前后。

* * *

福尔瑟姆遗址彻底颠覆了美国考古学的基础。在20世纪20年代之前，以阿莱斯·赫尔德利奇卡和杰西·菲金斯两人为代表的学者之间发生过激烈的争论。前者认为考古学和骨骼证据表明，人类是在最近5000年内进入美洲的，而后者则认为人类抵达美洲的时间要早得多，也许早在20万年前。有多早呢？这并不容易确定。

由于精确测定遗址年代的放射性碳定年法直到1948年才问世（1951年应用于福尔瑟姆遗址）[5]，考古学家不得不通过各种间接方式来推断遗址年龄。其中一个方法便是类型学方法：理论上，粗糙的石器一定比精细的石器更加古老。另一种更有说服力的方法是，（在未受干扰的地层中）评估是否存在任何人工制品与更新世时期已经灭绝的动物（如猛犸象）直接相关。赫尔德利奇卡的方法则是根据颅骨形状确定年代：来自美洲的人类颅骨是否与那些已知极其古老的人类颅骨相似，如与当代人类明显不同的尼安德特人（Neanderthal）或克罗马农人（Cro-Magnon）？

考古学家和古文物学家提出了许多关于美洲古代遗址的论点，但都被诸如赫尔德利奇卡和威廉·亨利·霍姆斯（William Henry Holmes）这样的学者根据上述评判标准驳回了。但大家还是有一个共同假设，即所有迹象都表明，人类是最近才出现在美洲的。

正是在这样的学术氛围中，菲金斯把在福尔瑟姆遗址发现的尖状器拿给赫尔德利奇卡鉴别。这位著名的体质人类学家礼貌地表示感兴趣，但又对该尖状器缺乏相关出土环境信息表示担忧，因为它在地层中的原始位置尚不明确。他建议菲金斯把今后在该遗址发现的任何尖状器都留在原地，以便由另一组学者进行评估。1927 年，菲金斯在一头已灭绝的北美野牛的肋骨之间又找到了一个石质尖状器。他听从了赫尔德利奇卡的建议，给多个机构的古生物学家和考古学家发报，召集他们到现场考察。学者们一致认为，尖状器和生物之间的联系无可质疑。尽管北美野牛显然属于已经灭绝的物种，但他们并不完全确定该物种何时绝迹；他们还需要一位地质学家来确认包含北美野牛和尖状器的地层是否属于更新世晚期。[6]

地质考古学

地质考古学是应用地质学原理和方法来解决考古问题的一门学科。

19世纪末和20世纪初，美洲的早期地质考古学家在放射性碳定年法出现之前，通过大量工作将地层与气候事件关联起来，从而为考古遗址确定年代。

当时的地质考古学家在研究某一特定遗址时，会使用相当精妙的方式来解决复杂问题。首先，他们要了解该遗址在古代所处的自然环境和周边景观。这种环境背景可以告诉我们很多关于古人的重点信息以及选择倾向。例如，地质考古学家会问：为什么人们选择居住于这样一个特定的地方？这里靠近水源吗？是否可以获得（或控制）某些植物、可制作工具的石料或动物资源？是否有某些地质特征可以保护人们不受天气（或敌对群体）的伤害？

地质考古学的另一个目标是重建遗址的形成过程。地质考古学家会“研读”沉积物和土壤剖面图，从而构建出遗址的地层序列。然后，他们把这个序列与周围地区和其他遗址中的地层序列进行对比。这样的地层背景资料可以提供诸如何人居住在该遗址、他们何时在此、有何活动等基本信息。例如，通过重建某一遗址的发展历程，地质考古学家不仅可以告诉我们它在形成300年后被废弃了，还可能揭示其被废弃的原因。他们也许能够将废弃与长期干旱导致当地河流干涸联系起来。再结合其他证据，人们便可以合理推断，正是环境变化迫使居民迁移到别处。

地质考古学家还能够解释人造器物是如何在一个特定的地点沉积下来的。比如，他们能够知道一个与众不同的抛射尖状器是留在了其制造地点，还是被扔进了垃圾堆，抑或是被湍急的河流带到了遥远的地方。以上三种情况都对破解该古器物的形成年代和历史有着重要意义。

地质考古学对于归纳在哪儿可能发现特定年代的遗址也起到了至关重要的作用。当前，考古学界特别关注的一个领域是确定前克洛维斯遗址的潜在位置。西海岸许多最古老的遗址可能在末次冰盛期后，随着海平面上升而沉入水下。但地质考古学家目前正在寻找地壳均衡回弹的区域。这是一种冰川退去后的地质现象，原先被冰川压住的岩石层会因此抬升。他们希望这样的沉积床可能包含某些远古族群的线索。这群人乘坐小船沿西海岸迁徙，所居住地区的基岩层后来又由于地壳上升重新回到海平面上。[7]

北美洲的“更新世人”就此浮出水面。

但并非所有人都相信。值得注意的是，《科学美国人》杂志在

1928 年刊登了宣布这一发现的文章，其编辑还特意注释说："在这篇引人注目的文章前两段，作者库克先生提出了关于美洲古人类存在的主张——编辑认为，该主张需要得到比现有证据更多的实证支持。经与库克先生友好协商，本刊编辑发表声明，对文中内容不承担任何责任。"[8]

然而，一旦考古学家认可了第一个证据，更多的证据便接踵而至。乔治·麦克琼金发现的福尔瑟姆遗址后来又出土了几十具已灭绝的北美野牛遗骸，其中许多都嵌有矛尖。它推翻了人类是数千年前才出现在美洲的既定教条，同时也让考古学家们得以了解如何根据地形地貌来确定早期美洲人类遗址的位置。通过寻找已灭绝的动物遗骸，考古学家发现了越来越多猎杀它们的人类的活动证据。[9]

福尔瑟姆遗址对美国人类学产生了深远影响。正是因为它的横空出世，导致在最早抵达美洲的先民和当前已知的史前史晚期之间，出现了一大段历史空白[10]。渐渐地，人们理出了一条时间线。在新墨西哥州克洛维斯镇附近的黑水 1 号遗址的挖掘工作中，考古学家发现了许多已灭绝的巨型动物——剑齿虎、懒兽、恐狼、猛犸象的遗骸，还有表明人类在该地区进行过狩猎和宰杀活动的抛射尖状器。在福尔瑟姆地层之下，他们又找到了一件更古老的抛射尖状器，由更早居住于此的人类制造。考古学家根据附近的镇名将它们命名为克洛维斯尖状器，并且很快就在整个北美的更新世地层中发现了更多此类石器。

从 20 世纪 50 年代开始，放射性碳定年法得到应用，使得建立绝对年表成为可能，一个解释美洲人类起源的新模型也随之成形。这个模型提到，克洛维斯人在大约 12 900 年前的北美考古记录中突然出现，并明显有着广泛分布，而不超过 1000 年之后，很多美洲巨型动物，如猛犸象、披毛犀、麝牛等，便纷纷灭绝。[11]

“克洛维斯第一”模型

“美洲没有比克洛维斯文化更早的遗址了。”考古学者在教室前宣布。他的脸晒得黝黑，布满了深深的皱纹，证明他几十年来一直顶着烈日，在户外从事发掘工作。这和他不容置疑的语气一道，成为某种权威的标志。我，一个年轻的本科生，正激动地上我的第一门高级考古学课程。我完全信服了，以最快的速度记下他的断言，因为我知道自己得在几周后的蓝皮书考试*中复述这些内容：

> 宾夕法尼亚州梅多克罗夫特（Meadowcroft）的前克洛维斯层已经受到污染……太平洋沿岸没有克洛维斯时代的遗址……智利西部的蒙特韦尔迪（Monte Verde）工具群是从上游年代更

* 美国高校的一种考试形式，教师会让学生写一篇或几篇短文，或作简答题。——译者注

近的遗址中冲下来的一堆混合人工制品……所有所谓的前克洛维斯"证据"都来源可疑，不足为信……*

教授根本就没瞥一眼笔记，便滔滔不绝地背出了我们应该学习的克洛维斯时代的主要遗址。

默里泉（Murray Springs），亚利桑那州古人类屠杀猛犸象和野牛的遗址。奥布里（Aubrey），得克萨斯州的居住区遗址。安齐克（Anzick），蒙大拿州唯一已知的克洛维斯时代墓葬……

他告诉我们，与所谓的前克洛维斯遗址不同，这些遗址是存在许多文化上同质的族群的确凿证据。他们一定是第一批美洲人。

他们的祖先来自西伯利亚，以狩猎猛犸象和冰期的其他大型动物为生。他们生活在由大家庭组合而成的队群中，跟随他们的猎物在这片土地上四处游荡。当陆桥形成后，他们追赶着巨兽穿过陆桥，进入到新土地。阿拉斯加的环境很像西伯利亚，于是他们迅速向南迁徙，直至遇到冰墙，冰墙阻止了人类进一步扩张。他们会认为那是世界的边缘吗？就算是，这种信念也没有持续多久。

---

* 污染，指的是样本中混杂了某些含碳物质，导致放射性碳定年结果不准确。工具群是考古学术语，指在同一地点和同一时间发现的一组古人制造的工具。——译者注

在更新世晚期快结束的某个时候，大约在 14 000 年到 11 000 年前[12]，全球气温上升到足以使冰墙融化。冰原开始形成一条从南北两端慢慢向中间延伸的走廊。一旦走廊开通，动植物和人类就可以自由穿越这条无冰通道。人类在动物后面紧追不舍。一旦越过冰原南部边缘，他们就会进入一个完全无人居住的新世界。

这群男人*发明了一种新式狩猎武器，很快就适应了新环境。优雅、致命、薄薄的克洛维斯尖状器正是成功猎杀美洲巨型动物所需要的工具。这项创新技术跟着它的制造者传播开来；随着族群在北美扩散，人口数量激增。他们只用了几百年时间就遍布美洲其他地区。

克洛维斯尖状器

克洛维斯文化迅速崛起，但昙花一现。克洛维斯尖状器首次出现后约 200 年，就从考古记录中消失了。[13] 北美游牧猎人精通致命的克洛维斯尖状器的制造和使用，仅仅 1000 年后，所有巨型动物

---

* 考古学家戴维·基尔比（David Kilby）和 J. M. 阿多瓦西奥均证实了我的印象，即尽管考古学文献上都提及了女性，但直到 20 世纪 90 年代，依然没有人认真讨论她们的角色，或作为理论的一部分来严肃考虑，因为她们“显然”既不制造也不使用石器。此后，对古代女性的细致讨论才开始普遍起来。我曾与其他考古学家就这个问题交换过看法。他们对女性被排除在研究之外的说法有异议，认为只是没有去专门研究罢了。

(约 70 种) 都被赶尽杀绝。随着猎物开始匮乏，人类很快就学会了新的生活方式。仅凭肉眼就能发现，考古记录上原本具备一致性的克洛维斯尖状器呈现出地域多样性。各地人类以独有的方式适应当地环境。考古学家将从大约 13 000 年前到大约 8000 年前生活在美洲的狩猎–采集者统一命名为古印第安人（PaleoIndians），有时也称其为古美洲人（PaleoAmericans）。*

这个美洲原住民起源的理论盛行了近 50 年，可能正是你在学校学到的内容。一些考古学家称之为“闪电战”模式，以此来描述人类从西伯利亚一路冲到南美洲的惊人速度。还有些人把该理论称为“克洛维斯第一”模型，反映出考古学界普遍认为克洛维斯人是进入美洲的最早族群。** 大多数考古学家同意，这是一个优雅的理

* 这两个术语我都不喜欢，但考古学家在历史上就是用它们来描述这一时期的人类的。

** 他们将人类造成更新世巨兽灭绝的假说称为“过度狩猎”假说。此假说不是“克洛维斯第一”模型的必要组成部分，但它已经与“内陆迁徙路线”假说联系在了一起，因为它展现出一幅狩猎巨型动物的猎人们蜂拥而至，快速穿越北美大地的图景，符合人们的想象。这一假说最早由保罗·马丁（Paul Martin）于 1973 年提出，目前仍存在激烈争论。许多考古学家和古生态学家认为，更新世末期的气候变化才是导致巨型动物灭绝的主因，而且考古记录显示，人类只猎杀了一部分巨兽，并非全部。在此种观点的基础上，有人还补充说，古代美洲原住民部落的狩猎–采集者在捕猎野生动物时，远比“过度狩猎”假说所描绘的负责任得多，而且还会管理、照料猎物。

论，巧妙地解释了几乎所有的考古和环境证据。*

但是，新证据不断出现，却并不完全符合这个模型。即使更精确的年代测定方法将克洛维斯人的最早出现时间锁定在 13 200 年前，“克洛维斯第一”模型依然不能让所有人完全信服。不时有特立独行的考古学家站出来，展示一个不符合该模型的遗址。其发现的证据表明，在克洛维斯时代之前，美洲就有人类存在。大多数资深考古学家像我的教授一样，自认为已经知晓了人类聚居美洲的历程，因此，这些所谓的前克洛维斯遗址令他们相当头疼。就像恼人的小石头钻进跑鞋一样，他们不得不总是停下来，清除这些干扰后继续自己的研究。我这一代学生即被灌输了这样的信念：每一个号称属于前克洛维斯时代的遗址都有一个或多个致命缺陷。我的一位同事告诉我，学术界当时的态度基本上是：“我们知道答案了，别用数据烦我们。”

---

* 但不是全部。一些考古学家认为，对所有前克洛维斯遗址的苛刻审查十分可笑，本质是重复霍姆斯和赫尔德利奇卡的态度，就是对一切超过 5000 年历史的证据都不予考虑。但大多数考古界人士已经不再纠结于克洛维斯人是否“第一个”到达美洲了。他们可能是，但如果不是，终究会有一处遗址能通过严格审查。其他考古学家看到“克洛维斯第一”假说如此流行，不免担心它正从一个可检验的假说走向虚幻的教条。他们颇有先见之明。

梅多克罗夫特遗址

当詹姆斯·阿多瓦西奥（James Adovasio）在宾夕法尼亚州的36WH297遗址开启田野考古课堂时，他最不想做的事情就是挑战“克洛维斯第一”假说。梅多克罗夫特岩棚*位于克罗斯溪（Cross Creek）北岸裸露于地面的砂岩上，为心痒难耐的考古学专业的年轻学生提供了绝佳的实习地点，让他们得以学习如何使用当时最先进的考古方案在洞穴环境的复杂地层中进行发掘工作。

随着挖掘不断向下深入，阿多瓦西奥和学生们找到了炉灶、石器和动物骨骼的残迹。他们甚至还惊讶地发现了用树皮条编织、保存尚好的篮子碎片。这正是阿多瓦西奥擅长的研究领域。他们慢慢将时间拨回从前：500年前，1000年前，然后是5000年前的历史。这处岩棚曾经是远古人类安营扎寨的舒适场所。他们在周边树林捕猎白尾鹿，收集坚果，以及朴树和藜属植物的果实。

梅多克罗夫特遗址是一处完美的田野考古教学基地，但在1974年夏天，还意味着更多：它揭开了“克洛维斯第一”这座大厦上一条深深的裂缝，并成为一个延续至今的

---

* 岩棚是悬崖或悬崖底部的一种浅洞穴，与溶洞相比，面积和长度都很小。——译者注

考古项目。阿多瓦西奥和学生们挖掘到的地层可追溯到古代期（Archaic period）*早期，距今超过1万年；这在该地区的岩棚中相当罕见，但也不是没有先例。在古代期地层下面有一层岩石，洞穴探察者称之为塌陷层，是由于岩棚顶坍塌而形成的。再往下的地层最终被确定为早于克洛维斯地层，从里面出土了一件两面开刃的矛尖，这是人类活动的明确证据。

阿多瓦西奥在他的著作《第一批美洲人》中描述说，在找到这个矛尖后，“我们立即赶到镇上人气最旺的酒吧，一口气喝掉了10桶啤酒”。他和学生们知道，他们在这个朴实无华的岩棚里发现了一些意义重大的东西。只是他们当时可能没有意识到，这一发现最终会把学术界搅得天翻地覆。

这个地层——准确的说法是IIa层——出土了植物、动物和石器的遗存，年代为16 000年前，比当时已知最早的克洛维斯遗址还要早3000年至4000年。**阿多瓦西奥看到

---

* Archaic period一般指古希腊古典时代之前的古风时期，从公元前800年至公元前480年。本书语境中，特指北美的一段史前时代。——译者注

** 今天，我们承认最早的克洛维斯遗址可以追溯到大约13 200年至12 900年前（放射性碳定年约为距今11 050年至10 800年），但在20世纪70年代，“克洛维斯第一”假说制造的“屏障”还要更近些，大约为12 000年至11 500年前。要了解关于年代测定和我在本书中讨论的更多信息，请参阅本章尾注列出的参考文献。

实验室提交的年代测定报告后，说了声“见鬼”。不过他相信这些证据无误。

这是一项突破性发现，但前提是要经得起其他考古学家的仔细审查。而且他也知道，即将到来的同行评议将无比激烈。

IIa 地层中存在无可置疑的人类活动迹象：这一地层出土了几十件石器，包括抛射尖状器、小石叶、单面砍砸器和刮削器等，都是用从远方运来的原材料制作而成的。

阿多瓦西奥和学生们对该遗址的发掘可谓一丝不苟，即使是最苛刻的批评者也找不出任何瑕疵，或地层学上的错误。于是火力就全部集中到了年代测定本身上。批评者争辩说，测定出来的年代过长。一些人（就像我的那位教授）坚持认为，既然多家实验室，包括隶属史密森尼学会的权威实验室，已经证实数据无误，那么必然是样本受到了污染。最有可能的污染源来自遗址现场附近的煤层，或者是在洞穴深处发现的一些镜质体（石化）木片。煤污染物会无限制放大放射性碳年代的测定值。因此，如果样本中混有煤，则 IIa 层底部三分之二处出土样本的年代就会看起来比实际更为古老。

阿多瓦西奥的焦躁情绪逐年增长，从他多年来持续发表的文章中就可见一斑。他指出，离现场最近的实际煤层大约有半英里之遥。岩棚里的镜质体木片是在20多英尺外、IIa层上方两英尺处发现的。批评者又质疑，污染物可能通过地下水渗入岩棚。阿多瓦西奥则反驳，这在地质学上是不可能的，遗址出土的所有样本中也没有检测到煤颗粒（不溶于水）的痕迹，而且污染物必须足够多才能达到质疑者所说的效果。他估计污染物重量必须超过样本总重量的35%，才能令年代测定发生如此大的偏差。渗入说怎么可能解释得通？他反问道，除了那些年代测定为前克洛维斯时代的遗址外，批评者凭什么认定其他遗址未受污染，年代测定都准确无疑？

还有批评者注意到考察报告中提到的某些动植物遗存，如白尾鹿、橡树、山核桃树等，来自IIa层底部三分之二处（前克洛维斯层），据此认为它们不可能追溯到16 000年前：当时就有一条冰川位于遗址以北50英里左右，温带落叶林怎么会离冰川这么近？

荒谬绝伦，阿多瓦西奥答复说。虽然气候重建模型显示，在冰川边缘只能有冰冻苔原存在，但没有考虑到海拔对温度的影响。在海拔863英尺的地方，梅多克罗夫特遗址所在区域很容易形成一小片独立生态系统，落叶树甚至能生长在冰川附近。

争论没完没了，持续了几十年，还变得越来越尖锐，充满了火药味。阅读这一时期的论文令人相当不适（我在本章尾注中引用了其中一些片段，你可以自己看）。很明显，这不仅仅是证据之争，还有更多利害关系掺和进来。

我不是考古学家，所以无法公正地评价那些批评或反驳的声音。很明显，对该遗址持怀疑态度的批评者一门心思相信年代测定有缺陷。现在已经有了很多可能属于前克洛维斯时代的遗址。但是，即使我身处当年那段时期，也可以感觉到阿多瓦西奥是完全正确的。

梅多克罗夫特遗址可以说是“克洛维斯第一”教条的受害者。它在 20 世纪 70 年代被发现，早于其他前克洛维斯遗址，因此看起来像是一个异类，从而降低了可信度。现在，科学家承认的前克洛维斯时代遗址数量已经相当多了，其中有弗吉尼亚州的仙人掌山（Cactus Hill）、俄勒冈州的佩斯利岩洞（Paisley Caves）、得克萨斯州的酪乳溪（Buttermilk Creek）等，因此很难否定梅多克罗夫特遗址的前克洛维斯地层。今天，科研人员用更精细的方法重新测定样本，得到了更多年代信息，进而对该遗址的测定结果信心倍增，不过阿多瓦西奥坚持认为自己当年已经做得够好了，收集的证据足以说明一切。[14]

我在课堂上还了解到，在 20 世纪 80 年代，学者们将语言学、形态学和非常早期的遗传学证据都整合进传统模型中，创造了一个极为流行的综合理论，即“三拨移民”假说。该模型基于语系，将所有美洲原住民分为三组——美洲语系（Amerind）、纳-德内语系（Na-Dene）、因纽特-阿留申语系（Inuit-Aleut）*，认为他们依次独立进入美洲大陆。所谓的美洲语系族群就是克洛维斯人的后裔，其他人类则是后来者。

在上完这门课几年后，我成为一名研究生，这时才发现那位教授大错特错。这要从我的研究生导师弗雷德里卡·克斯特尔（Frederika Kaestle）和我的一次谈话说起。当时她不经意地提到，大多数遗传学家根本不相信“克洛维斯第一”假说。“这些线粒体单倍群的溯祖（coalesce）时间要远远早于 13 000 年。无论如何，美洲有很多比克洛维斯更早的遗址。看看蒙特韦尔迪和梅多克罗夫特遗址就知道了！”我什么也没说，不想暴露自己有多么困惑。

我从克斯特尔那里了解到，早在 20 世纪 90 年代末我上高中的时候，遗传学家们就几乎一致否定了“克洛维斯第一”假说。遗传学家对当代原住民族的线粒体和 Y 染色体谱系测序后，确定了西半球所有原住民族的祖先血统，他们称之为“创始”谱系。（详见第

---

* 正如引言中所述，我对此术语做了些更改，以免我的一些同事和朋友认为这是侮辱。

一章补充条目“美洲人线粒体和Y染色体谱系”。)

当“第一批民族”进入美洲后，这些祖先谱系的年代分子钟便“固定”了。线粒体基因组和Y染色体将分别沿着母系血统和父系血统代代相传，有时它们的一个DNA碱基会自发改变：从A变为G，或从C变为T。改变后的DNA碱基（有时也被称为“突变”或“变异”基因）也会遗传下去。随着时间推移，人口扩张，族群在美洲大陆迁移，这些谱系出现了更多突变和变化，就像树枝一样向外蔓延。20世纪90年代，遗传学家花费了大量时间研究不同的线粒体之“树”(他们称其为“单倍群”)，并利用分子钟向前追溯，以确定所有这些谱系的共同祖先，也就是树干的年代。用遗传学家的话来说，我们把两个谱系推演到它们共同祖先所处的那个时间点的过程被称为“溯祖”。这是一个帮助我们了解生物遗传史上诸多秘密的强大工具。

当然，事情并没有那么简单。将溯祖结果与实际年代联系起来需要很多假设。遗传学家必须假定分子钟“滴嗒”前进——或者说积累突变——的速率是恒定的。目前已经有很多论文探讨这个假设是否准确，以及速率到底多少。根据公认的积累突变的速率，在美洲“第一批民族”中发现的所有线粒体单倍群的溯祖年代估计在2万年至1.5万年前，或3万年至2万年前（详见第一章补充条目“美洲人线粒体和Y染色体谱系”以了解最近的，也更精确的估计)。这两种情况都不符合首批人类是在13 000年前左右抵达美洲的“克洛维斯第一”假说。

* * *

当遗传学家正在努力计算年代，并争论到底只有一次移民还是数次时，考古学家们则发现越来越多令人信服的证据，证明人类早在克洛维斯时代前便已存在于美洲。

“三拨移民”假说之兴衰

令人沮丧的是，来自不同学科领域的远古历史研究证据很难被整合到一起，并相互验证。1986 年，当时的人类遗传学还是一门非常年轻的学科。一个由语言学家约瑟夫·格林伯格（Joseph Greenberg）、克里斯蒂·特纳二世（Christy Turner II）和人类语言学家斯蒂芬·泽古拉（Stephen Zegura）组成的三人研究小组试图调和当时可资利用的语言学、遗传学和牙科学证据，建立一个关于美洲人类迁徙的统一模型。他们的模型基于这样的假设，即聚居在美洲的族群是在更新世末期之后，来自亚洲的解剖学意义上的现代人类。

聪明的读者会注意到，本书没有过多地讨论语言学。这当然不是因为我认为语言学证据不足以告诉我们很多关于人类历史的信息。恰恰相反，美洲语系极具多样性，表明人类在西半球已经生存了很长一段时间。

语言学家普遍认为，他们所能重建（构拟）的历史有时间限制。语言人类学家马克·西科利（Mark Sicoli）告诉我："语言学往往不会谈论与美洲民族有关的大跨度时深。"*

这是由大多数语言学家通常用来重建历史的方法所决定的。传统上，他们依靠对不同语言中含义相似的词进行发音比较，来判断它们是否有共同的起源（这些词被称为同源词**）。类似于遗传学，学者假设两种语言的词汇相似度能反映出它们的关联性。

但同样，也有大量的复杂因素掩盖了真正的历史关系。例如，人们经常从其他语言中借用词汇。这些词便被称为假同源词，它们表面看起来同源，实则风马牛不相及。***在某一时间点后，事情就会变成一团糨糊，以至于任何关于历史关系的推论都不可靠。西科利对我说："可信的资料在大约 9000 年到 7000 年前耗尽；语言发生了天翻地覆的变化，我们不可能通过比较共同保留的原始词汇来探查全新

* 时深，一种文化、语言或一组语言经历的独立发展时期。——译者注

** 然而，并非所有同源词都有相同含义，如德语中的 tier 泛指某类动物，而英语中的 deer 指的是一种特定的动物。

*** 例如英语单词 much 和西班牙语单词 mucho。虽然这两个词看起来很像，意思也相近，但它们在历史上来自不同的词。

世早期之前的真实历史。”

美洲原住民的语言存在令人难以置信的多样性。据估计，在前哥伦布时代，西半球有超过1000种语言（这个数字还可能低估了）。

格林伯格试图把所有的语言按彼此之间的关系分成三大语系：因纽特–阿留申语系、纳–德内语系和被他们称为美洲语系的第三组语系。作者在论文中断言，这些语系同基于牙齿特征和基因的生物学分类一一对应。他们提出美洲经历了三次移民浪潮：第一次是说美洲语系的族群，第二次是纳–德内人，第三次是因纽特–阿留申人。

这篇论文立即遭到其他语言学家的猛烈抨击。格林伯格的假设，以及引起争议的原因，倒不是他利用语言学资料“发现”了后来的北极族群迁徙。在格林伯格之前，人们便已经通过北极族群自己的口述历史、考古记录、生物数据和语言学资料弄得一清二楚。相反，格林伯格的假设之所以引发争议，是因为他把除了阿萨巴斯卡人（Athabaskans）和北极族群的语言之外的所有其他语言都归入美洲语系范畴。约翰娜·尼科尔斯（Johanna Nicols）在一篇著名的评论文章中反驳道，归类为“美洲语系”的诸多语言具有很强的多样性，需要3.5万年的时间来发展，而不是格林伯格为了契合“克洛维斯第一”假说而假定的

1.2万年。

他用来构建这种语系分类的方法在同行看来，也有很大问题。格林伯格没有区分同源性和其他可能导致词语相似的因素。批评者认为，这就是对其分类方案形成致命打击的根本错误。此外，所谓的语言学、遗传学和形态学分类之间的“对应关系”在涉及具体细节时也会被打破。根据牙齿特征确定的大西北海岸群组（Greater Northwest Coast Group）并不符合纳–德内语系分类。它还包含了说因纽特–阿留申语系语言的人和其他被格林伯格归为讲美洲语系语言的人。基因数据也不匹配。

尽管存在上述缺陷，但一些遗传学家还是急切地应用“三拨移民”假说使之成为标准模型。几十年来，所有对美洲族群的遗传学研究都用新证据检验这一模型。1987年至2004年，差不多每100篇关于美洲原住民族群遗传变异的论文中，有80篇受到这个模型的影响（或提到该模型）。

然而，线粒体和Y染色体DNA研究最终还是形成了另一套清晰的模式，与这种语系分类并不对应。尽管有一个遗传学团队在2012年重新对“三拨移民”假说进行了简明扼要又有点儿似是而非的辩护，但该理论已被基因组数据彻底证伪。

这是一个非常好的例子，说明多个学科是如何携手工作，相互检验对方的假说的。正如遗传学家埃默科·绍特马里（Emöke Szathmáry）在回应格林伯格等人的论文时所写的："但愿总有富有创造性的人提出新模型，但愿总有科学家通过检测，让我们得以选择最可能正确的理论。"[15]

在几个前克洛维斯候选遗址中，最重要的是智利的蒙特韦尔迪。20 世纪 70 年代，该遗址出土了一种类似大象但已灭绝的动物——嵌齿象的骨头，而且其上有切割痕迹，于是考古学家汤姆·迪勒海（Tom Dillehay）进场开始了发掘工作。他和发掘团队找到的东西超乎想象。由于蒙特韦尔迪遗址埋在泥炭沼泽下，那儿几乎奇迹般地保存了一大批有机物和无机物：仍然打着结的绳索、小木屋残骸、食物残渣（包括野生马铃薯！）、仍然留有软组织的猛犸象遗骸、药用植物残留物，最人引人注目的是一个年轻人在黏土层中留下的足迹。14 600 年前！蒙特韦尔迪的考古发现比北美最早出现的克洛维斯遗址还要早 1000 多年。[16]

许多考古学家因为蒙特韦尔迪遗址与"克洛维斯第一"假说的年代不相符而将其否定，而且那里的人造石器看起来一点儿也不像克洛维斯尖状器，更重要的是，它整体上就让人觉得怪怪的。迪勒海坚持自己的发现。1997 年，一群知名考古学家来到该遗址，评估它是否确实是一处有效的考古现场，并判断地层的放射性碳定年结果是否准确。整个团队先前往肯塔基大学查看迪勒海的挖掘材料，然后全体来到遗址现场评估那里的地层情况。

据各种报道，这是一次气氛相当紧张、争论激烈的考察。但在最后，考古学家戴维·梅尔策（David Meltzer）将问题付诸表决：蒙特韦尔迪是一处有效的前克洛维斯居住地遗址吗？

专家们的回答是肯定的。[17]

蒙特韦尔迪遗址打破了“克洛维斯第一”假说制造的屏障，考古学家开始重新思考人类是如何在美洲聚居的问题。他们再次审视已知的前克洛维斯遗址，并开始承认诸多新发现的遗址具备有效性，包括俄勒冈州的佩斯利岩洞遗址（距今约 14 000 年）、佛罗里达州的佩奇-拉德森遗址（Page-Ladson，距今约 14 500 年）、华盛顿州的马尼斯乳齿象屠宰地（Manis，距今约 14 000 年）、秘鲁的瓦卡普里塔遗址（Huaca Prieta，距今约 14 500 年到 13 500 年）、得克萨斯州的酪乳溪文化遗址（距今约 15 000 年）、威斯康星州的舍费尔和赫比奥遗址（Schaefer and Hebior，距今约 14 500 年）、弗吉尼亚州的仙人掌山遗址（距今约 16 900 年到 15 000 年）、爱达荷州的库珀渡口遗址（Cooper's Ferry，距今约 16 000 年）、委内瑞拉的泰马泰马遗址（Taima-Taima，距今约 14 000 年）等。[18] 每处遗址都不乏批评者，有些人的言辞还相当严厉。然而，尽管我的考古学教授坚持相反的观点，但人们还是可以大致确定，所有考古学证据（我们将在第五至八章中详细研究来自遗传学的最新证据）表明，按最保守的估计，人类在 15 000 年到 14 000 年前就已经生活在美洲，更可能在 17 000 年到 16 000 年前，甚至还可能提前到 30 000 年到 20 000 年前（如果你接受来自中美洲和南美洲的一些遗址的证据）。[19]

克洛维斯人的起源？

克洛维斯尖状器在大约 1.3 万年前还无处可寻，但随后它们几乎同时出现在大片北美地区。克洛维斯文化究竟从何而来？很难说清楚克洛维斯尖状器是如何演变的，因为我们手头的证据相互矛盾。

遗址数量最多、凹槽尖状器最具多样性的地区是美国东南部。这使得一些考古学家认为，克洛维斯工艺要么发端于那里，要么是附近某处。请注意，佛罗里达州的佩奇-拉德森遗址早于克洛维斯文化，并且有克洛维斯时期人类活动的证据。遗憾的是，专家无法在东南地区建立一份完善的年代表，因为该地区没有找到任何年代测定可靠的克洛维斯尖状器。所有尖状器都是在地表发现的，没有地层背景。

另一处克洛维斯遗址较集中的地区是南部平原。但是，当你向北移动时，克洛维斯遗址的年代却趋向年轻。

得克萨斯州的弗里德金遗址（Debra L. Friedkin）是克

洛维斯人起源的关键证据之一。该遗址包含了一系列可追溯至15 500年至13 500年前，古代期晚期至前克洛维斯时代的工具。这些前克洛维斯地层展现出一道引人入胜的层次序列：有柄尖状器在最下层；紧接着在可追溯到大约14 000年前的地层中，出土了形状有些粗糙的抛射尖状器，其制作方法与克洛维斯尖状器类似，但没有其独特的凹槽；再上方就是出土克洛维斯尖状器的地层了。在每一层中，我们都可以看到古人以非常相似的方式制造其他种类的工具：用于去除野兽皮毛的刮削器、满足各种切分需求的石叶、砍砸器等。考古学家迈克尔·沃特斯（Michael Waters）认为，这些遗址包含了克洛维斯文化演变的线索：前克洛维斯工具（已归类为酪乳溪文化）是克洛维斯工具的技术源头。他告诉我："我注意到克洛维斯和前克洛维斯遗址之间存在广泛的联系。早期遗址表明，克洛维斯文化在美洲各地兴盛之前，两面器、石叶、骨质工具业已存在。克洛维斯文化可能正是从这些技术中诞生的。"

沃特斯对被划归为酪乳溪复合文化的遗址的重新解读，引起了一些考古学家的批评，他们质疑遗址的地层完整性或他获得的年代信息的可靠性。还有人以它们之间的技术差异太大、没有意义为由，对酪乳溪遗址（和其他前克洛维斯遗址）不予理会。他们争辩说，看看克洛维斯文化（和西部有柄文化）的技术传承是多么统一。而从所有前克洛维斯遗址的技术变化来看，这是不合理的。

但我们是否应该期望在早期（也许是最早期）遗址中找出这样的统一性呢？沃特斯不这么认为。“我希望它们在某种程度上是不同的，”他告诉我，“我不认为第一批民族的文化会像克洛维斯文化那样统一。特别是人们在适应环境的过程中，也许会发明新东西来应对新挑战。克洛维斯文化反而很不同寻常。”

沃特斯承认，他对克洛维斯起源的研究还有很长的路要走。“客观地说，除高尔特（Gault）和弗里德金遗址外，前克洛维斯器物并不多。所以我们的确只是看到一层潜在联系罢了。”但他相信，克洛维斯起源问题迟早会得以解决。“随着我们发掘出更多遗址，我们就会知道更多。看看克洛维斯，它是被发现多久后才被定义为文化的……差不多20年。”[20]

迁徙路径

前克洛维斯遗址测定的新年代引出了一连串新问题。我们知道，洛朗蒂德冰原和科迪勒拉冰原之间的无冰走廊至少在13 000

年前是开放的：有证据表明冰原南北的野牛种群之间就在这段时期发生了基因流；骨学证据显示马鹿在大约 12 800 年前通过走廊迁移；还有人类在 12 350 年前就在走廊中间地带活动的直接证据。[21] 但是，这条走廊的开放时间是否足够长呢？人类是否能够及时走出去，前往前克洛维斯遗址地区居住呢？这个问题在考古学家中间争议不断。有些人认为，这条走廊早在 15 000 年到 14 000 年前就开放了。[22] 这些考古学家倾向于对前克洛维斯遗址持更加谨慎的态度(其中一些人全盘否认前克洛维斯遗址)。另一些人，特别是那些接受历史长达 16 000 年或更久远的前克洛维斯遗址的考古学家认为，首批人类不可能取道这条路线，因为走廊尚未及时开放。这种观点得到了几份独立的遗传学证据支持，下面将对此进行讨论。

重要的是，从来没有任何考古学证据表明，来自白令地区的人类曾通过这条内陆走廊迁徙到了北美大平原或五大湖地区。* 在走廊内或冰墙下的遗址中，我们找不到人类在走廊最北端制造的各种工具，比如细石叶和一种被称为钦达丹（Chindadn）尖状器的矛头。** 走廊内唯一的考古学证据反而证明人们在向北移动：克洛维斯文化诞

---

* 白令地区是一片十分广阔的地域，东起加拿大境内的马更些河，西至俄罗斯西伯利亚中部的勒拿河，北端抵达北纬 72°的楚科奇海，南至堪察加半岛南端，包括了楚科奇海、白令海、白令海峡，俄罗斯的楚科奇半岛、堪察加半岛，以及美国的阿拉斯加和加拿大的育空地区。本书中多次出现的白令陆桥位于白令地区的中部。五大湖地区位于北美中东部，为五座相互连通的大型淡水湖。——译者注

** 我们将在下一章中进一步讨论这些问题。

生几千年后，人类从大平原北部北上来到了阿拉斯加 / 育空地区。[23]

太平冰湖（Lake Peace）是冰原消融后，在走廊中间形成的一座巨大湖泊，而查理湖（Charlie Lake）和斯普林湖（Spring Lake）则是该湖留存到现代的遗迹。一个研究小组从采样自两湖的沉积岩芯中提取并分析了微生物化石和花粉样本。通过对沉积岩芯每一层包含的所有 DNA 进行测序，研究人员生成了一幅过去各个时期，在该地区生活的动植物（以及微生物）的总体图景。这个分子时间胶囊揭示，即使整个无冰走廊在 13 000 年前就已经开启，也是直到大约 12 600 年前才有植被，大约 12 500 年前才有动物生活在里面。走廊的“可生存性”将决定人类的迁徙年代，因为他们在穿越这条 2000 千米长的走廊时需要食物。[24] 此外，正如古生态学家斯科特·埃利亚斯（Scott Elias）所指出的那样，随着巨大的冰原消融，数十亿加仑冰水被释放，走廊中间到处都是不计其数的岩石、泥屑、冰块和水塘。他告诉我：“如果这就是人类的迁徙路径，那实在是太可怕了。”

美洲原住民的基因组记录也反对这条无冰走廊路径。我们将在后面的章节中更多地讨论这个问题，但是来自古代和当代原住民族的全基因组表明，主要的族群分离事件几乎肯定与最初来到美洲大陆的人类迁徙活动有关。族群分离发生得极其迅速，很快就跨越了美洲大片土地，以至于学者们将其描述为“蛙跳式”南下。这与狩猎–采集者在陆地上缓慢扩散的模式不一致。相反，如果人类以一种更快的旅行方式——乘船迁徙的话，效果就会与之相吻合。

西部有柄工具传承模式

人们在北美各处都发现了以凹槽抛射尖状器和克洛维斯工具组中其他组件为标志的克洛维斯遗址。

位于西部山区（喀斯喀特/内华达山脉和落基山脉之间的地区）的早期遗址中，更常见的是另一种不同的工具组。在这一地区，遗址中出土了所谓的“西部有柄尖状器”。它们与安装在矛柄上的矛尖型两面抛射尖状器有着相当大的区别。该地区的古人还用石头制作月牙形刀具，这在所有克洛维斯遗址中都很罕见。这些工具由黑曜石或其他火山岩制成，不像克洛维斯尖状器，后者更多的是以高质量的燧石为原料。（然而，在大盆地地区*，许多克洛维斯尖状器是由黑曜石制成的。）

同样，在大盆地、科罗拉多高原和哥伦比亚/斯内克河流域的遗址中，克洛维斯尖状器要么是在地表被发现的，要么来自尚未确定年代的地层。虽然在俄勒冈州的佩斯利岩洞、爱达荷州的库珀渡口和内华达州的博纳维尔岩棚等遗址中，可进行放射性碳定年的西部有柄尖状器至少与已知年代最早的克洛维斯遗址同龄，甚至更古老，但很难得

* 大盆地位于美国西部，大部分是沙漠，植物稀少，面积约 54.4 万平方千米。美国本土最高峰和北美最低点均在此地区。——译者注

出这两类遗址的相对年代表。

西部有柄工具遗址与克洛维斯遗址区别很大，以至于很多考古学家不相信它们的创造者具有共同的文化背景和身份。有些人认为，西部有柄工具遗址是第一批沿着西海岸冰原南下的人类留下的痕迹，而克洛维斯遗址则是由稍后一批、基因上完全不同的族群留下的。然而，最近的一项发现推翻了这一假设。内华达州精灵岩洞（Spirit Cave）遗址与蒙大拿州安齐克遗址各有一具人类遗骸在基因上相似，而前者与西部有柄工具传承模式有关，后者与克洛维斯传承模式有关。虽然这只是两个个体，但两套基因组之间的亲缘关系与他们所在族群是各自独立起源的模式并不符合。这是一个很好的例子，说明文化传承和遗传学证据之间有时会出现不一致的情况，同时提醒我们，考古学对族群关系做出的每一项假设都需要用生物学数据来检验。[25]

1979年，加拿大考古学家克努特·弗拉德马克（Knut Fladmark）首次提出假设，认为乘船沿西海岸迁徙与通过无冰走廊相比，移动速度更快，出发也更早。[26]大约17 000年前，科迪勒拉冰原从太平洋退缩到海岸，这意味着人们有可能在沿海地区生活，以海藻、水禽、鱼类、贝类和海洋哺乳动物为食，并定期到内陆地区狩猎和采集末次冰盛期在冰原以南幸存的动植物。沿海迁徙理论引起了激烈

改编自《科学美国人》（*Scientific American*）的地图，绘图人为丹尼尔 · P. 霍夫曼（Daniel P. Huffman）

的争论，因为很多考古学家早已接受了“内陆迁徙路线”假说。

但是，在蒙特韦尔迪遗址证明了人类一定在 14 600 年前就已经迁移到南美洲之后，沿海迁徙理论便突然成为人类及时穿过冰原南下的最佳解释。[27]

不过美洲的第一批民族能够制造并驾驶船只吗？尽管缺乏直接的考古学证据，但并非不可能。我们知道，人类很早就发展出了航海技术，并应用于实践；从遗传学和一些考古学证据来看，人类在 7.5 万年到 6.2 万年前就已经乘坐船只抵达澳大利亚了。[28]

我们没有直接证据证明美洲最早的族群具有海洋适应能力。不过美洲古人类在 1.3 万年前便能制造和使用船只，因为在南加利福利亚外海，属于海峡群岛的圣罗莎岛（Santa Rosa Island）上，有一具遗骸可以追溯到那段时期。当时只能乘船才能到达这个地方，于是可以初步推断，他的祖先也在使用船只。[29]

沿海迁徙理论的一个重要内容是，海岸线附近的海洋资源比内陆迁徙路线上的食物要丰富得多。人类通过内陆向南迁徙，会连续遭遇陌生的生态系统（山脉、沙漠、平原）并需要适应新环境。反之，沿海岸线移动的族群能够稳定地获取他们已经熟悉的食物资源。无论纬度高低，海岸线附近的资源都大抵一致。人类从阿拉斯加东南部出发，沿着太平洋东岸南下至火地岛，沿途经历的生态系统比较类似。正是因为科学家认识到丰富的海藻资源具有营养价值，在人类沿海扩散的过程中可能发挥着重要作用，所以这种生态模型便被称为“海藻高速公路”假说。[30] 虽然还需要做更多工作来充分检验这一生态假说，但事实证明14 000多年前生活在蒙特韦尔迪的人类就以海藻为食物，我们在本书一开始讨论的舒卡卡阿人的饮食证据也支持这种假设。

走出日本？

鉴于本章概述的各种原因，考古学家和遗传学家已广泛接受“海藻高速公路”假说或沿海迁徙理论。接下来，我们将讨论另一种模型及其证据。一些考古学家为这次迁徙假设了一处起点——日本。

“走出日本”模型主要是基于在太平洋沿岸和北美西部内陆遗址中发现的西部有柄尖状器与在整个日本和东北亚发现的同类型工具有着惊人的相似之处。早期绳纹遗址可以追溯到大约16 000年至14 000年前。居住在这些地方的人猎杀猪、鱼、海豚和海龟。他们用研磨过的坚果和鸟蛋混合成“面粉”，再制作成“面包”；他们培育野生植物，包括各种豆类和一种小米。这群狩猎-采集者在大约15 000年前制造了世界上已知最早的陶器之一*，上面装饰有绳样图案（这就是绳纹文化的名字来源）。

* 我国仙人洞遗址出土的陶片可追溯到20 000年至19 000年前。——译者注

该模型的支持者认为，在末次冰盛期晚期，早期的绳文文化狩猎-采集者向北进入东北亚；此后，他们沿白令地区南海岸向东迁徙，并继续贴着阿拉斯加西海岸，顺着能提供海洋资源的“海藻高速公路”向美洲扩散。

生物距离分析

生物人类学家现在主要以DNA分析为手段，对古人类个体之间的生物关系进行评估。在此之前，他们完全依赖比较骨骼或牙齿的形态特征来探寻族群历史和生物关系。这类比较研究首先要假设某些体质特征具有潜在的遗传成分，并且任何具有类似体质特征的个体（或群组）比不具有类似特征的，更有可能存在生物关系。这种方法被称为生物距离分析（biological distance analysis，或简写为biodistance studies），具体包括度量特征（可连续测量的特征，如长、宽、高）和离散特征（人体上存在或缺失的特征，如颅骨多出一条骨缝）研究。

学者们认为，人类的身体特质之所以大不相同，是因为受到了遗传因素的强烈影响。因此，生物距离研究已广泛应用于生物人类学和法医学，分析方法也日趋成熟。然而，使用该方法必须非常小心。

“环境”是一个相当宽泛的术语，代指任何非遗传因素，如营养水平、压力高低、疾症频率、儿童发育状况等等。实践中，环境几乎必然会影响这些人体特征，所以对生物距离分析结果应该谨慎解读。我们在第九章讨论的所谓古美洲人形态学，就是一个从生物距离分析中得出假说的案例，目前已经被遗传学研究证伪。

利用古人类DNA来推断生物关系是一种更为精确和可靠的方法。然而，由于古人类基因组稀缺，要了解古代族群之间的联系，学者的主要工作仍然在形态学方面。

这一领域的研究人员为了规避这些局限，只有依靠那些已证明受基因强烈影响的形态学特征，如在基因分析中显示具有高度遗传性的牙齿。他们持之以恒地开发适当方法来研究这些特征，很多都考虑到了基因和环境的潜在影响。[31]

然而，“走出日本”模型并没有得到生物学证据的证实。对牙齿特征的生物距离分析表明，绳文人不太可能是美洲原住民的祖先，对绳文人和“第一批民族”的基因组研究也进一步支持了这一点。也许用文化扩散，即思想和技术的传播，可以更好地解释绳文文化和西部有柄尖状器文化之间惊人的相似之处。[32]

真正古老的遗址情况如何呢？

人类可能很早——在 20 万年到 5 万年前——就已经出现在美洲了。这种可能性长期以来一直让考古学家兴奋不已。正如我们在本章前面所讨论的，在放射性碳定年法发明之前，甚至在基于地层信息来制定有序年表之前，很多人就提出过“美洲冰川人”理论。[32] 这些说法遭到威廉·亨利·霍姆斯和阿莱斯·赫尔德利奇卡这类学者的坚决否认。

一些遗址的研究者声称可以证明美洲存在非常古老的人类，其中最著名的就是卡利科早期人类遗址（Calico Early Man Site）。该遗址位于加利福尼亚州的莫哈韦沙漠（Mojave Desert），有非常明显的人类活动证据，可以追溯到 1 万年前。但是，考古学家露丝·辛普森（Ruth Simpson）却在可能是 20 万年至 5 万年前的地层中发现了她认为更古老的人工器物。辛普森请著名古生物学家路易斯·利基（Louis Leakey）来协助探究这个遗址。利基是研究早期人类及石器制作的专家。他确认该遗址中许多碎石都是特意制造的工具，因为它们与他在奥杜瓦伊峡谷（Olduvai Gorge）看到的东西相似。然而，辛普森和利基的说法经不起推敲。这些石头发现于一条湍急河流的沉积层，因此石头很容易在水流的作用下碎裂。由于没有任何人类骨骼或更多人类活动的确凿证据，大多数考古学家并不认可针对卡利科早期人类遗址的最早年代推断。[34]

迄今为止，所有美国旧石器时代遗址的命运都是如此。然而，还是不断有人声称找到了极其古老的遗址。2017 年，史蒂文 · 霍伦（Steven Holen）领导的研究小组在权威期刊《自然》上发表文章，宣布在位于南加利福尼亚的一处遗址中出土了 13 万年前美洲存在人类的证据。[35]

如此古老的美洲人甚至比解剖学意义上的现代人，也就是你我这样的人类，在大约 10 万年前走出非洲的年代还要早。在此之前，其他不同种类的人类就已经生活在了整个亚欧大陆。直立人脑容量较小，颅骨形状与我们非常不同（可能反映了饮食结构差异），大约于 190 万年前在非洲演化，大约 180 万年前扩散到整个亚欧大陆。尼安德特人拥有比我们更大的大脑和更强壮的身体，大约 14 万年前从欧洲的直立人演化而来，也遍布亚欧大陆。至于丹尼索瓦人，目前我们还不知道他们的体质特征，因为大部分信息都来自他们的基因组。他们与尼安德特人拥有共同的祖先（可能是直立人），在大约 45 万年前演化而来，也生活在整个亚欧大陆。

解剖学意义上的现代人类早在 30 万年到 27 万年前就开始出现于非洲的化石记录中。他们逐渐演化，在大规模走出非洲之前也有一些小范围移动。考古学家在中国发现的一些现代人化石可以追溯到 12 万年前，在以色列发现了 19.4 万年至 17.7 万年前的现代人，在希腊发现了 21 万年前的现代人。[36]

读到这里，你可能已经意识到了，在研究远古历史时，调和不同的证据时间线是件很困难的工作。人类起源问题也是如此。一方面，我们有化石证据，再结合非洲智人中的尼安德特人基因，可知智人在 20 万年前的某个时候曾与欧洲的尼安德特人繁衍过后代。这似乎清楚地表明，人类很早就离开了非洲。但另一方面，当你观察所有古代和当代智人种群的基因组时，就会看到有明显的证据证明，他们从非洲迁出的时间要晚得多：仅在 10 万年至 6 万年前。[37] 有几种可能的解释（也许在希腊发现的智人化石实际上是尼安德特人？），其中一个理论按遗传学家艾尔温·斯卡利（Aylwyn Scally）的话说就是“人类是多次或断断续续地走出非洲的”。[38]

那么，这些可能的早期人类迁徙事件会不会也发生在西伯利亚方向上呢？人类穿过白令陆桥，从美洲北部南下，一直到加利福尼亚？又或者是另一种人类，如尼安德特人、直立人、丹尼索瓦人，已经到达过美洲？大多数考古学家和遗传学家对这两种可能性都持严重怀疑态度。从考古学角度来看，在美洲没有发现任何与早期人类哪怕有一丝相似之处的遗骸，也没有任何在年代上接近早期人类的化石。我们同样没有看到任何确定无疑的由这些早期人类制造的石器：没有直立人的阿舍利（Acheulian）手斧，或尼安德特人的莫斯特（Mousterian）刀和刮削器，或旧石器时代晚期现代智人和尼安德特人制造的奥瑞纳（Aurignacian）石叶。

在美洲极早期遗址中发现的东西要么不能作为人类存在的直接证据，要么就是些自然形成的石头，而一些考古学家却认为那是由人类制造的。在人类早期历史的大部分时间里，人们对一种叫作石核的石块进行处理，剥落的石片可以被制成各种类型的工具；石核本身也能进一步加工成工具。但是，你如何区分一块石片是人类从大石头上剥离下来的人造器物，还是在地质作用下自然脱落的呢？我遇到的每一个专业考古学家都不得不面对无数人带来的各式各样的石头，那些人坚持认为这些石头就是人造工具。* 人类非常善于发现某种模式，即使没有模式也要创造一个出来，而伪考古学家们正是基于这类数不胜数的所谓“证据”为其非主流理论辩护。

美洲任何早期考古遗址都要根据一套特定的标准来评估是否有效。一处遗址若要被学界接受，就必须在未受干扰的地层中拿出切实可靠且无可争议的人类存在的证据。[39] 换言之，遗址必须有一些明显由人类创造或使用过的物体（或人类遗骸本身）。该物体应该出土于未受干扰，或不曾与其他地层发生混合的地层中，并测定其年代。

更新世的环境制约了远古人类可能进入美洲的时间。在约 26 000 年至 19 000 年前，冰川正处于全盛时期，人类无法穿过白令地区迁徙。除非有尚未发现的路径可穿越冰墙，否则人类只能在 26 000 年前以后或 19 000 年前以后进入美洲。目前的证据更倾向于在 19 000 年前以后，但最近在南美发现的一些遗址可以追溯到 3 万年前，我的几个考古学同事认为它们很有说服力。白沙 2 号

* 尽管我一再强调自己不是考古学家，但总有人定期通过电子邮件给我发送石头的照片，声称这些石头是欧洲人在克洛维斯时代之前生活于美洲的证据。

遗址（White Sands Locality 2 site）的足迹提供了更有力的证据（如果23 000年至21 000年前的年代测定结果准确的话），说明至少在末次冰盛期就有人类生活在北美。假如最初的迁移发生的时间足够早，那么走内陆便可能是合理路径。[40]然而，在大多数情况下，我的大部分同事都对如此古老的遗址持怀疑态度。后文会就遗传学证据进行讨论，不过有相当多的遗传学家（我将在书中阐述其中一位的观点）对人类在末次冰盛期，乃至之前就已经抵达美洲的可能性持开放态度。我们乐观地期待能够调和考古学和遗传学记录的关键证据出现。第七章将讨论一些可以协调考古学和遗传学记录的潜在模型。

对于早期遗址，问题的关键往往是需要拿出来一个“无可争议的人类存在的证据”。一个石片到底是人类制造的工具，还是自然形成的？石头可能因很多原因破碎，包括像水流这样再普通不过的地质过程（如卡利科早期人类遗址）。即使是动物（如卷尾猴）也会砸碎岩石，从而使该岩石被误认为是人类的工具。[41]

非常早期的遗址（尤其是那些可以追溯到5万年前的遗址）需要以适用于任何其他考古观点的严格方式进行评估，但是许多遗址即使是对最包容的考古学家而言，其证据也难以接受。以切鲁蒂乳齿象遗址（Cerutti Mastodon site）为例。研究人员提出了大胆的论点，并发表在可以说是最知名的科学期刊上。他们在许多大型更新世动物的遗骸中发现了几块石头，其中一副年轻乳齿象的骨骼上有损伤痕迹。作者声称，这是人为造成的，而且这些石块曾用作锤石和砧板，表明 13.7 万年前人类曾在该遗址出现过。

大多数考古学界人士认为作者提出的人类存在证据问题重重。作者声称，该遗址出土的乳齿象骨骼之所以出现损伤，唯一可能的解释是人类为了吸取营养丰富的骨髓而打砸这些骨头。但是，他们为证明这一点而在象骨上进行的实验被指出存在缺陷，没有达到实验考古学可接受的标准。[42]

其他考古学家对“锤石”只能由人类制造并带到现场的说法提出疑问。还有人认为，存在许多其他可能性来解释乳齿象骨骼为何碎裂，比如该遗址靠近一处道路施工区（部分遗址区域位于施工区下方），施工人员在遗址发掘之前就使用了重型机械。

最后一条批评意见一针见血地指出了遗址所在地层的重要性。考古学家不可能对遗址中挖掘出来的每一件物品直接定年。除非确定发掘地层没有受到干扰，或者人工制品未曾移动，不是混进来的，否则就不能将器物与从同一地层中其他物品测得的年代可靠地联系起来。考古学家制定了遗址发掘报告的规范格式，从而便于其他考古学家评估证据。许多考古学家认为切鲁蒂遗址论文中的现场地层报告并不充分，主要原因是作者没能提供详细的地层关系图。[43]

霍伦和他的同事们对每一条批评意见都进行了激烈反驳[44]，但绝大多数考古学家根本不认为其反驳在技术层面上具有说服力。[45]

切鲁蒂遗址只是考古学界对极早期遗址评估的一个例子。有些人以“克洛维斯第一”假说式微为例，认为美国主流考古学家的强烈批评本身就是一处遗址有效的标志。[46]

这真是无稽之谈。每一项科学主张都必须根据自身优劣来决定是否成立。如果一个观点的证据没有达到可接受的标准，那么对其批驳就恰如其分，事实上也是必要的。

支持美洲有早期人类存在的考古学证据需要接受评估，除此之外，还必须谨慎检验该观点与其他学科的证据是否相符。例如，目前的遗传学模型并不能证明美洲大陆上的人类是从古人类（直立人、尼安德特人、丹尼索瓦人或其他未知人类）独立演化而来的。美洲原住民族及其祖先的基因组传递出明确的血统信号，他们都可以追溯到来自西伯利亚/东亚地区，旧石器时代晚期解剖学意义上的现代人类，并与生活在整个亚欧大陆的其他古人类有着相同的谱系痕迹。遗传学证据不符合切鲁蒂遗址论文作者提出的模型。[47] 但这些遗址给我们留下了一个可供检验的假设：如果诸如切鲁蒂这样的早期遗址是有效的，那么人们终究会发现其他年代类似的遗址。但到目前为止，我们还没有找到。

需要考虑新模型

如果目前还缺乏古人类活动的证据，那是否意味着在 16 000 年前或 15 000 年前，美洲就不存在人类呢？不一定。问题的关键是：哪些前克洛维斯遗址是美洲存在人类的有效证据？会不会有我们尚未发现的更早遗址呢？我们在遗传学和考古学领域还有很多难以调和的记录，未来可能会揭示更多新数据，从而使末次冰盛期，乃至之前的美洲人类活动证据协调一致。

白沙 2 号遗址就是一个很好的例证。在写这一章节时，介绍该遗址的论文还有几天就要出版了（作者友好地送给我一份预印本）。到了你读到本书的时候，考古学家们应该已经对证据进行了广泛审查和辩论。一些人将会同意这是一个足以改变既有理论的遗址：末次冰盛期的北美有人类居住，证据凿凿。其他人鉴于这处遗址的足迹清清楚楚，无可置疑，所以不会去批评人类活动证据不足，而是强调对该遗址所做的年代或地层测定存在技术缺陷。

批评者可能会反问，这样的遗址哪里还有？毕竟，考古学家已经把新墨西哥州翻了个遍。我们现在不是应该找到其他早期遗址了吗？

反驳者认为，那个时代的人口实在太少了，如果尚未更清晰地了解古人类的生活方式和地点，试图找到他们存在的证据可能会异常困难。也许就像福尔瑟姆遗址那样，白沙 2 号遗址不可磨灭的价值在于，它提示我们应该把考古研究的重点放在哪里。

也有可能在很早的时候，美洲确实有一批人类生存，但他们没能延续下来，为后世（或现代）族群贡献基因。我们不知道这种情况在人类历史上是否频繁发生，但通过对古代基因组的研究，已经找到了一些例子。例如，对于出土自西伯利亚西部乌斯季伊希姆遗址（Ust'-Ishim site）的 4.5 万年前的人类，以及来自阿拉斯加，被称为“古白令人”的人类，我们都没有找到其基因的直接后代。[48]

而且我们已有的考古学证据表明，美洲在 15 世纪 90 年代之前曾出现过北欧人，但如前所述，研究人员在任何古代或当今的美洲原住民基因组中都没有发现来自北欧群体的遗传痕迹。

简而言之，旧石器时代美洲存在古人类的观点遭到遗传学证据反对。来自切鲁蒂等极早期遗址的考古学证据没有说服力。而可追溯到末次冰盛期的白沙 2 号遗址等地的考古学证据就很难无视。也许人类在 25 000 年前就已经生活在美洲了。弄清楚这一发现如何与遗传学证据相匹配是一个亟待解决的新难题。但我认为，保持合理怀疑的态度的同时，我们必须从错误的“克洛维斯第一”范式中吸取教训，不能因为证据与我们碰巧支持的模型不符而不问青红皂白就否定它。[49] 我们不应该只是简单教条地提高一个类似的年代上限来取代“克洛维斯第一”。所有的科学家都必须承认，我们可能出错。很可能 5 年、10 年或 20 年后，本书就会像其他书一样过时。而这种可能性正是在此领域工作的意义所在。

第三章

想象一下，你正生活在更新世时期的白令地区东部。

你和你的队群，一个由几个大家庭组成的团体，一直遵循着世代相传的方式生活。现在是夏天，你把家安在河边，从那里捕捉水鸟和鱼，享用生长在山谷里的浆果和其他美味的植物。家族的猎人们每天都要去附近露出地面的岩石上收集珍贵的石头囤积起来，因为他们知道，离开这里前往冬季营地要走上好几周，而且那里很难找到合适的工具石。傍晚时分，石头相互撞击的尖锐声响在营地周围此起彼伏。猎人（以及模仿他们的孩子）会把收集到的石块打造成更轻便、更易于携带的形状，以便他们稍后能快速更换匕首和长矛上的小石叶。有一位猎人刚刚分娩，正在休息中（详见补充条目“狩猎–采集社会中的性别问题”）；一位擅长制作工具的少年被选中代替她完成这项重要任务。那天下午，他便骄傲地和其他工匠坐在一起工作，这让年纪更小的孩子们羡慕不已。他们只能加倍努力，笨拙地用价值较低的石块练习手艺。欢笑声四起；狗儿因以为有威胁袭来而吠叫；人们和声细语，争论新生儿长得最像谁；年轻的工匠们则发生了口角，都希望能坐在离猎人最近的地方看着他们。孩子们正兴奋地计划去看冰墙，那里离营地有好几天路程。一些年长成员已经同意带领他们出去探险。这是一个重要的教育机会，也能让孩子的父母喘口气。

* * *

如果“第一批民族”的祖先来自亚洲，那么考古学家坚信阿拉斯加一定是他们的必经之路。然而，尽管人们对该地区怀有浓厚的兴趣，但那里的早期考古记录却令遗传学家很难直截了当地解释迁徙过程。或者按我一个同事更直白的说法：“阿拉斯加的早期考古记录让我头痛不已。”

阿拉斯加是构成美洲人类聚居史的地理书挡。该地区在人类聚居美洲的最初及最后阶段都发挥了重要作用。我们将在本章仔细研究第一个书挡，以及阿拉斯加的考古记录是如何促使考古学家提出各种疯狂理论，来解释人类最早迁徙到美洲的历程的。

末次冰盛期，北极大部分地区，包括西伯利亚西部、斯堪的纳维亚半岛、格陵兰岛、加拿大几乎全境、阿留申群岛、阿拉斯加半岛和阿拉斯加东南部都被冰川覆盖。冰川的分布影响了人们在更新世末期的去向。比起向南，他们不太可能轻易进入加拿大和格陵兰岛，因为冰雪封住了道路。这些地区环境恶劣，所以直到美洲其他地区都有人居住后，人类才进入北纬 66° 34′（北极圈）以北地域。人们至少在 14 000 年前就已经生活在整个阿拉斯加低地，但直到 9000 年前才到达阿留申群岛，5000 年前到达加拿大和格陵兰海岸线及内陆。*

但在整个末次冰盛期，有一个北极地区没有结冰。白令地区东部，即今天的阿拉斯加，是白令陆桥末端一道无冰的死胡同。[1] 人们可以在那里生活，但他们是否去了呢？这是个让许多考古学家为之着迷的问题。

狩猎-采集社会中的性别问题

历史上，考古学家经常采用民族志类比（通过考察当今文化以了解过去的研究方法）来诠释美洲的考古记录。这促使人们普遍假设，狩猎在大多数部落都是男性的工作，女性则负责采集。但在过去几十年里，越来越多的考古学家指出，该假设和其他一些假设反映出当代西方社会对不同性别应扮演的角色的看法，在某种程度上也代表了做出这类解读的人们的倾向。

远古社会中的性别问题很复杂。在当代狩猎-采集社

---

* 我们将在后面的章节中讨论他们是如何迁移到这些地区并适应环境的。

会中，大部分狩猎活动由男性承担。但假设古代群体也是如此，就会变得难以自圆其说，因为女性和男性的墓穴中都陪葬有狩猎工具，比如抛射尖状器。例如，2013 年，在秘鲁的维拉马亚帕杰萨（Wilamaya Patjxa）考古遗址，人们发现了一个 9000 年前的墓葬遗址。形态学和分子生物学证据证实墓主人是一位 17 至 19 岁的女性。与她一同埋葬的还有一套完整的狩猎和屠宰大型猎物的工具组，包括抛射尖状器、小刀、急救包，以及用于兽皮加工和提取骨髓的刮削器、砍砸器。另一个埋在附近的人经鉴定为男性，身边也有类似的抛射尖状器陪葬，但工具组并不完整。如果假设陪葬物标志着这些人生前的工作性质，那么我们就可以合理地得出结论，不管这两个人生物性别如何，她（他）们都是狩猎大型动物的猎人。

请注意，我在这里很小心地使用“生物性别”这一短语。生物性别（sex）和社会性别（gender）是不同的，尽管人们很容易混淆并视之为同义词。在我的领域（生物人类学），许多学者以体质差异来定义性别：生殖解剖、第二性征、染色体。虽然这个话题超出了本书讨论范围，但有一点很重要，那就是在体质学或遗传学层面上，“男性”和“女性”个体并没有那么明显的划分：有些人的生殖解剖特征与这种性别二分法就不匹配，而且除了 XY= 男性、

XX= 女性之外，还有各种各样的染色体组合（以及呈现出的相关体质属性）。生物学要远比这复杂得多。

在人类学中，性别既指一个人的内在身份，也指人们在社会上构建、扮演的角色。社会性别和生物性别可能一致，也可能不一致。不论是古代还是现在，许多社会都承认男女之外还有多种性别，承认定义性别有多种方式。我们不能仅仅根据一个人的 DNA 或骨盆形状推断出她（他）的生物性别后，就自信满满地确定其社会性别。

我们不知道前文首先提到的那个维拉马亚帕杰萨人是否被她自己和族人视为女性。虽然根据骨骼特征和 DNA 判断，她在生物学上是女性，但这可能不是她认同的性别。就像世界上其他社会一样，当代和历史上的美洲原住民族有不同的性别观念，并不一定与基督教殖民者强加给他们的男 / 女二元性别相一致。（同样的问题也适用于遗址中的第二个人——我们怎么知道别人认为他是男人还是女人，或他自己的看法呢？）

下一个复杂的问题是如何确定一个人的社会角色或地位。一般情况下，考古学家通过他或她的陪葬品来确定一个人的"职业"。如果身边有长矛，他们就必定是猎人或战士。如果陪葬品是缝衣针，那他们肯定是裁缝。如果陪葬的是某种特定圣器，他们一定是牧师、萨满或圣人。如果陪葬的是奇珍异宝或昂贵物品，他们必然是社会高层或统治者，诸如此类。但这种方法可能会误导我们。人们会将各种各样的东西放入所爱之人的坟墓中，而不一定是逝者生前使用过的物品。给予一个人一系列随葬品可能是为了方便她（他）来世使用，而不是所有物品都必须反映此人的社会角色。例如，上阳河遗址出土的两个婴儿遗骸通过基因检测确定为女性，安齐克遗址的幼童在基因上是男性，但她（他）们都拥有长矛作为随葬品。这些孩子并没有实际投掷长矛去猎杀更新世的猛犸象，所以在她（他）们的墓葬中加入长矛必然有其他意义。也许部落成员的社会身份是预先赋予而不是自己争取的，她（他）们成年后将按计划成为战士或猎人。也许她（他）们的家人认为孩子在来世会用到这些物品，或者它们仅仅只是象征物或某种圣器。我们在解读这些墓葬时必须谨慎。不管怎样，对于带有狩猎工具的墓葬，如果墓葬主人在生物学上是男性，就说他是大型动物狩猎者，而另一处埋有同样物品的墓葬，仅仅因为逝者在生物学上是女性，便认为她不是猎手，这样的解释显然很荒谬。在解读考古记录时，我们要时刻注意避免偏见。

为了更全面地了解生物学层面上的女性个体有多大可能成为捕杀大型动物的狩猎者，撰写维拉马亚帕杰萨墓葬群报告的作者对整个美洲的遗址进行了系统研究，试图理清性别和随葬器物之间的关系。在随葬有猎杀大型动物工具组的27个更新世晚期和全新世早期的个人墓葬中，有11位墓主的生物性别是女性。这至少表明，在整个美洲，无论何时何地，狩猎活动可能并不能被视为男性的专利。[2]

通往美洲大陆的门户

如果人类在17 000年到15 000年前，甚至30 000年到25 000年前从冰原向南迁移，那么正如我们在上一章末尾所讨论的那样，我们就可以期望在阿拉斯加（白令地区东部）找到人类在末次冰盛期活动的考古学证据。*

不过我们还一无所获。或者换一种说法：我们还没有找到足够令人信服的证据。有确凿的考古学证据表明，末次冰盛期之后的后冰期时代（约14 000年至12 000年前），有人类生活在那里，但关

* 为什么我们有可能找不到人类在末次冰盛期生活在阿拉斯加的证据？古生态学家斯科特·埃利亚斯向我阐述了另一个原因：地球上大部分地区在末次冰盛期极端干旱。他告诉我，白令地区东部的“几乎所有湖泊都干涸了。由于动植物和人都需要水，因此这里便成为非宜居带。如果猛犸象的需水量跟现代大象一样，那么每头猛犸象每天需要大约700至1000升水”。这支人类很可能孤立在白令地区，但居住在白令东部的时间不长，所以留下的考古学痕迹很少。

于人类更早期就栖息于此的说法并不为大多数考古学家所接受，甚至连可能的遗址都很少发现。

一些考古学家假设这是因为目前已知的阿拉斯加考古记录存在空白。换言之，由于阿拉斯加（公认）最早的人类考古学证据只能追溯到大约 14 200 年前，所以他们认为这比人类首次到达美洲的实际年代要晚得多。他们声称，阿拉斯加的考古记录存在两方面偏差：一方面，白令地区中部（即白令陆桥段）和海岸地带大部分地区在末次冰盛期应该位于海平面以上，而现在却沉入水下，无法接近；另一方面，由于大部分地区过于偏远，发掘队难以进驻，因此，考古学家只研究了现今阿拉斯加的一小部分，还有大片地区尚未进行考古调查。他们认为，虽然我们不能根据迄今发现的间接证据来假设人类在那儿存在过，但要斩钉截铁地断定人类何时首次来到白令地区东部为时尚早，尤其是考虑到“第一批民族”规模小，行动分散，留下来的考古线索很少。[3] 也就是说，我们正在庞大的草堆中寻找绣花针。

但其他考古学家对这一假设很不感冒。他们认为，与其寄希望于尚未发现的遗址，还不如看看阿拉斯加现有的考古记录能告诉我们什么故事。

考古记录，特别是更新世晚期的石器，支持人类是稍后迁徙进来的模型。他们将阿拉斯加内陆塔纳诺和尼纳纳河谷中段附近的一组无可争议的考古遗址解释为美洲最早一批人类留下的痕迹。我们将在这一章中探讨这个模型，分析它所依赖的证据，以及推演出的假说。

石器的重要性

即使是损坏和破碎的石器也能让我们近距离了解古人的生活。从工具的类型和磨损程度，我们可以看出他们从事什么活动，以及他们为应对环境挑战而选择的生存策略。我们能够知道他们可以得到哪些材料制作工具，为获取原料走了多远的路途或贸易距离。制造工具的方式告诉我们每个工匠的技能水平。我们可以通过石器分布和制造过程中产生的碎片来了解某个遗址当年的生存状况。我们可以从不同遗址间石器的分布推断出遗址在不同季节的使用情况，并（谨慎地）猜测不同群体的活动方式和他们的势力范围。

考古学家有时会因为他们顽固地将石器作为文化标记而受到批评。人们指责他们忽略了对物质文化的其他方面，以及对制造石器的人进行更彻底的研究。[4]但不可否认的是，只有经久耐用的石器才最有可能在考古遗址中存留下来。这种差异使得考古记录发生偏差，因此，仅以石器为依据而得出的关于文化、身份和生活方式等的推断都应该谨慎对待。

阿拉斯加更新世晚期考古

在 20 世纪初的几十年里，想要弄清遗址的年代对考古学家而言可是一项严峻挑战。他们不得不依靠相对测年法来重建古代历史。这与体质人类学家构建人种类型很相似，考古学家根据器物的物理特性（形状、材料、制造方法）将其分为不同类型。人们普遍认为，这些属性至少在一定程度上反映出器物制造者具备相似的文化背景。在有限的地理区域或时间段内，相互之间存在可靠关联的特定器物组合起来，被定义为“复合文化”，通常用来代表不同人类群组或族群。在很长一段时间内持续存在，并在地理上广泛分布的特定器物风格（表现为一种连续不断的文化特征或技术方法）被称为“传承模式”。传承模式之间的转变往往是通过考古记录中的重大技术变化来确定的。

考古学家通过对古器物进行分类，并寻找它们与年代标记之间的联系（如地层位置或与已知在某一时期已经灭绝的动物遗骸共同出现），从而将它们按相对的时间顺序排列出来。在放射性碳定年技术发明之前，考古学家根据古人留下的人造器物来估算其生活在该遗址的大致时间。

我们在上一章讨论过，凹槽抛射尖状器就是这样成为美洲早期人类的一个标记的。考古学家认定阿拉斯加一定是人类最初进入美洲的门户，因此，在无冰走廊入口以北的遗址中，就算在前克洛维斯地层里找不到凹槽抛射尖状器，也应该能发现其前身。在可以俯瞰塔纳诺和尼纳纳河谷的崖顶上，人们发现了几十处遗址。一旦掌握了放射性碳定年法，考古学家便自信地将这些遗址的年代确定在更新世晚期。

但是他们却在遗址中找到了预期之外的东西。

在对阿拉斯加内陆遗址最底层进行发掘的过程中，多次出现了复杂多样的石制品。目前，阿拉斯加最古老的确凿人类活动证据来自塔纳诺河谷的天鹅角（Swan Point）遗址。考古学家在古代篝火的遗迹周围发现了散落的石片、工具，以及加工猛犸象牙、鹿角、兽骨和石头所残留的碎片，年代大约在14 200年前（此处被命名为4b或CZ4b文化区）。在CZ4b发现的器物似乎表明古人在这里生活的时间非常短暂，可能只有几天或几周。考古学家一般会解释说，这表明CZ4b是一处短期狩猎营地。古人在天鹅角CZ4b制造的工具包括一组特别的石器：细石叶及制造过程中使用的工具（详见补充条目“细石叶工具组及制造工艺”）。[5]

阿拉斯加内陆有众多可追溯到大约13 500年至12 800年前的古人类遗址。[6]考古学家在里面发现了与普通遗址迥然不同的器物：没有细石叶，但石器两面开刃，还有一种被称为钦达丹尖状器的水滴形小矛尖。他们把这组类似风格的器物命名为“尼纳纳复合文化”。

塔纳诺和尼纳纳河谷内其他许多年代稍晚的遗址出土了细石叶、细石核，及相关工具（石凿和端刮器），它们被统称为德纳里复合文化遗址，其年代大约在12 000年至6000年前。

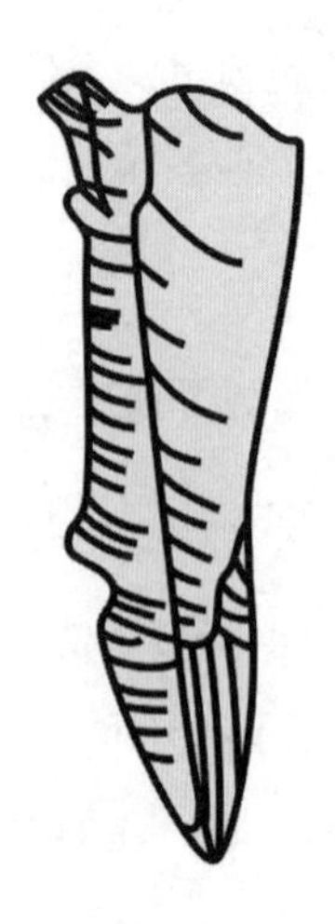

久克台（Dyuktai）复合文化细石核，出土自 Ushki-5 遗址。古人会通过敲击这个细石核来制造细石叶。根据泰德 · 戈贝尔（Ted Goebel）发表于 2003 年《科学》杂志的文章重绘。

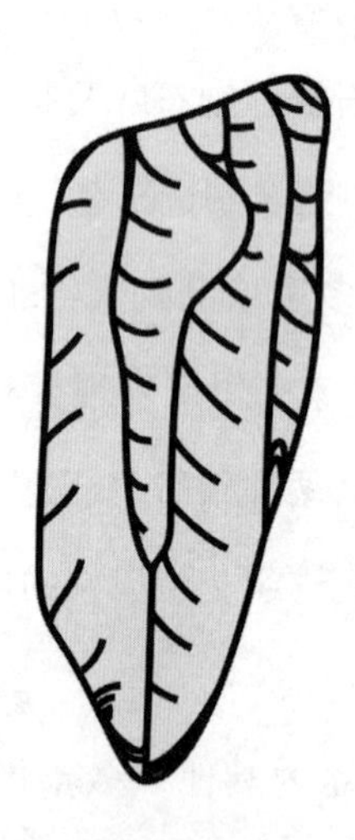

德纳里复合文化细石核，出土自唐纳利岭（Donnelly Ridge）。根据凯莉 · 格拉夫（Kelly Graf）、伊恩 · 布维特（Ian Buvit）发表于 2017 年《当代人类学》（*Current Anthropology*）的文章重绘。

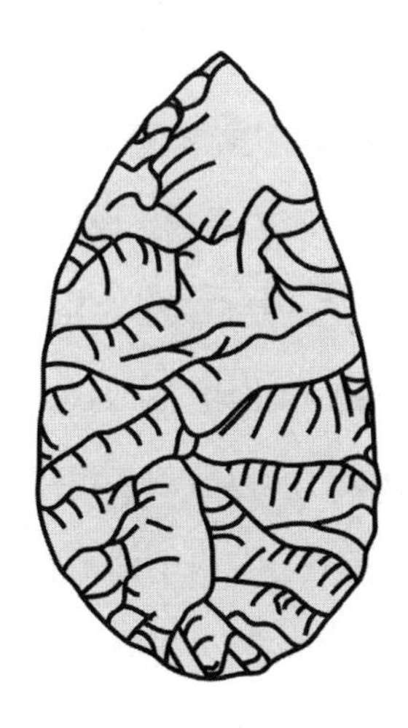

与尼纳纳复合文化有关的水滴形钦达丹尖状器。根据约翰 · F. 霍菲克（John F. Hoffecker）发表于 2001 年《北极人类学》（*Arctic Anthropology*）的文章重绘。

梅萨（Mesa）复合文化抛射尖状器，出土自梅萨遗址。根据迈克尔 · 贝弗（Michael Bever）发表于 2008 年《野外考古学期刊》（*Journal of Field Archaeology*）的文章重绘。

最后一组遗址分布于布鲁克斯山脉（Brooks Range）、阿拉斯加北部和西部，从中出土的椭圆形尖状器两侧逐渐变细，两面开刃。就像克洛维斯尖状器一样，这些石器看起来像矛尖，所以就被称为“矛尖形”两面器。考古学家把这些制造类似克洛维斯尖状器的遗址合称为“北方凹槽（尖状器）、梅萨和水沟（Sluiceway）复合文化”。[7]

这个地区的考古记录之所以呈现多样化，有好几种解释。阿拉斯加最古老的遗址天鹅角 CZ4b 出土的细石叶工具组也是该地区最古老的石器。但天鹅角 CZ4b 的细石叶制作方式与德纳里风格的细石叶并不相同（详见补充条目“细石叶工具组及制造工艺”）。从年

白令地区石器制造

复合文化	工具	年代	技术关联
久克台	用细石核打制的久克台式石器	14 200年前（天鹅角）	西伯利亚久克台遗址
德纳里	细石叶、学园式楔形细石核、石凿、端刮器、骨质抛射尖状器（有插槽，可安装石叶）、矛尖形两面尖状器	12 000—6000 年前	尽管制作工艺不同，但可能继承自西伯利亚久克台文化
尼纳纳	钦达丹尖状器、没有细石叶（或相关器物）、端刮器、两面器	13 500—12 700 年前	钦达丹尖状器首次出土于西西伯利亚的贝雷勒赫（Berelekh）遗址（14 900—13 700 年前），以及小约翰（Little John）遗址（14 050—13 720 年前）
梅萨	矛尖形两面抛射尖状器	不到 13 000 年前	

代上看，CZ4b 建立很长一段时间后，德纳里细石叶才出现；在此期间，古人制作的是尼纳纳风格的工具。

无论在阿拉斯加还是在其他任何地方，要将工具组明确划归于某一种文化都相当棘手。尽管如此，这也可以成为对同一考古记录做出两种不同解读的出发点（也许可以用遗传学证据来检验）。一些考古学家认为，阿拉斯加各地出土的不同工具组是各个群组为应对不同地区和（或）季节环境而采取的多样性文化 / 工艺制造策略。例如，基于细石叶制造的工具可能优先在冬季使用，因为冰雪使石料获取受到限制。正如一些考古学家所设想的那样，有一种传承模式，即古北极或白令传承模式，在整个白令地域广泛存在。这是一片无比巨大的地理区域。[8]

细石叶工具组及制造工艺

正如考古学家屡次发现的那样，尖状器在狩猎过程中经常脱落或破损。如果有现成的优质石料，一个合格的工匠就能相对容易地替换新部件。但是到了冬季，当岩石被冰雪掩盖时，又该怎么办呢？如果你离优质的石料产地路途遥远呢？

为了应对在北极环境中狩猎会遭遇的特殊挑战，人们开发出了细石叶工具组。与用单个石块做成的矛尖形抛射尖状器（如克洛维斯尖状器）相比，基于细石叶的工具将几十个微小的石叶插入骨质（骨骼或鹿角）工具中，组成一个复合切削刃。

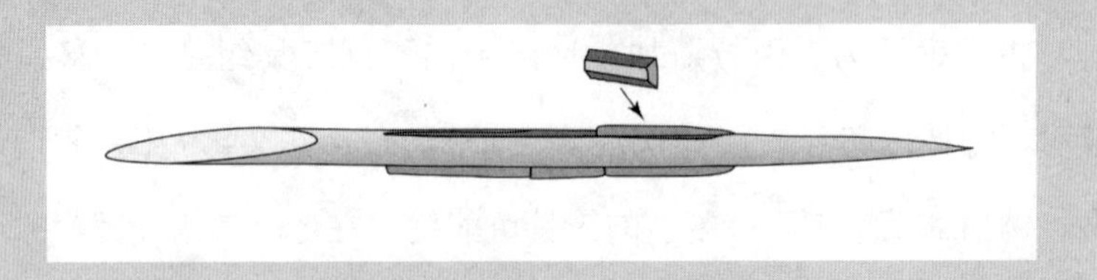

细石叶是从石核上敲下来的。人们将这些小石片从石核上仔细剥落，以获得大小和形状一致的石叶。石凿是一类精心打造的石头，可能是用来制备这些细石叶复合工具的工具。端刮器是通过剥离石核一端的薄片而成形的。锋利的边缘有多种用途，比如加工兽皮，刨削鹿角、骨头或木制工具等。在许多包括了细石叶组合的不同种类工具组中，两面器，或者石刀、石斧，又或者用这种方式制作的两面开刃的尖状器都很常见。

在诸如天鹅角 CZ4b 这样的营地中，工匠可能会提前准备许多石核（细石核），并在转移期间随身携带。这样，即使他们离高质量石料产地很远，也能确保有材料制作工具。如果他们的矛头在狩猎过程中损坏，那么可以从石核上剥离出细石叶，然后安装到骨质抛射尖状器中，从而相对容易，也相对经济地替换脱落或破损的细石叶。一个熟练的工匠当然有能力用一整块石头制造出替换品，但这耗时不说，获取原材料也更加昂贵，而且制造两面抛射尖状器需要比一般两面器更大的石核，因此携带更为麻烦。

阿拉斯加内陆遗址出土的细石叶已有1万多年的历史，说明这是一项成功的改良技术，但它并没有停滞不前。我们从考古记录中得知，古人至少以两种主要方式制造这类工具。使用涌别技法（Yubetsu method）的工匠首先要准备一个叶形两面器石坯。然后，他们会沿着顶端的脊线敲击，创造出一个平坦台面，并仔细塑造石坯一端的角度。接着，他们用骨头或鹿角向石坯施加压力，从一端剥离出小石片。

虽然关于涌别技法的确切起源地点和时间还存有争议，但广泛分布在白令地区和亚洲的族群均使用这种方法，其中就包括来自西伯利亚的久克台文化。涌别风格的石器在天鹅角CZ4b也曾现身，但此后就从阿拉斯加的考古记录中消失了。

学园技法（Campus method）似乎是从涌别技法演变而来。在天鹅角和其他遗址，古人从大约12 500年前便开始用学园技法制作细石叶。

使用学园技法的工匠从一个石片入手。他们会沿着石片的一侧塑形，然后在顶部边缘侧向打击，创建一个台面。一端成形后，使用压制剥片法将细石叶剥离。使用学园技法剥离细石叶的工匠需要经常修整台面。

到目前为止，人们只在德纳里复合文化遗址，以及阿拉斯加、育空地区多次观察到学园技法，但在西伯利亚遗址中没有发现记录（尽管在亚洲其他地区有一些类似的例子）。由于学园技法可以应用于各种不同形状的石头，而且不需要两面剥落，所以比涌别技法更高效，也更经济。

为什么制作细石叶的技法在阿拉斯加发生了变化？这是一个很重要的问题，但我们没有简单的答案。一种解释是，属于尼纳纳复合文化的工具往往采用当地的原材料制作，而德纳里复合文化工具使用的石材则来自更加遥远的地域。该假设表明，改变加工技法也许是为了适应不同种类的石头。在天鹅角，制造细石叶的技法随着饮食结构的转变而转变；人类开始吃北美野牛和马鹿，不再以猛犸象和马为食。这一现象发生在 14 500 年前到 12 800 年前，晚冰期间冰段（Late Glacial interstadial）开始后不久，气候比之前要温暖和潮湿得多。也许技法和饮食的变化反映出人类为适应气候变暖而做出的改变。[9]

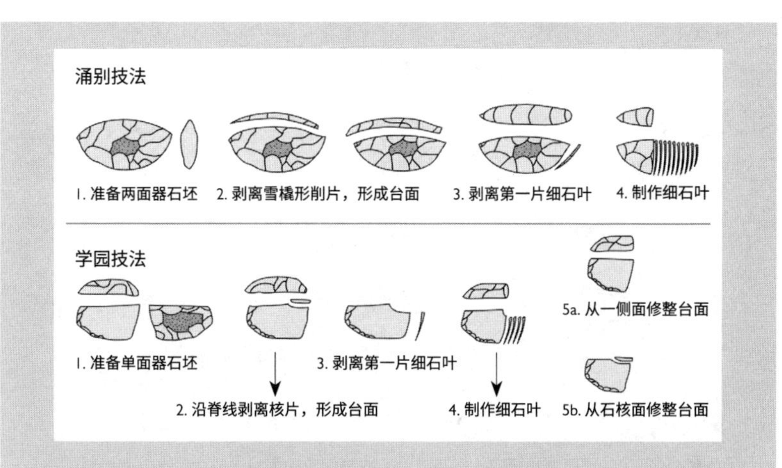

应用涌别技法和学园技法制作细石核和细石叶的步骤。根据平泽优（Yu Hirasawa）和查尔斯·霍姆斯（Charles Holmes）发表于 2017 年《第四纪·国际卷》（*Quaternary International Volume*）的文章重绘，并参考了扬·阿克塞尔·戈麦斯·库图利出版于 2012 年的著作《石叶压力制作法的出现》（*The Emergence of Pressure Blade Making*）。

对于其他考古学家来说，将德纳里，尼纳纳，北方凹槽尖状器、梅萨、水沟复合文化等视为代表了或多或少居住在同一地区，并具备不同文化和技术的不同人类群组，应该更为合理。事实上，并没有任何一处遗址同时出现过这些不同的工具组（例如，尼纳纳文化遗址就从来没有出土楔形石核或细石叶）。他们认为这是反对泛白令传承模式的重要论据。[10]

这是存在儿童工匠的证据吗？

本书讨论了一些从儿童遗骸中提取并测序的基因组。过去，儿童死亡虽然令人悲痛，却是家常便饭；那时没有抗生素，也没有疫苗，感染往往能置人于死地；在气候恶劣、资源不足的时期，儿童尤其脆弱。作为一名幼儿的母亲，我发现要轻轻松松书写这个话题异常困难。

虽然在集体墓地和单独的墓葬中经常能发现儿童的遗骸，但他们的生活痕迹却很少出现在美洲早期的考古记录中，这颇令人不解。在年代较近的一些美洲遗址内，人们发现了一些可能是玩具的器物：迷你石锅、适合儿童装备的抛射尖状器和弓箭套装。但是我们对儿童在更新世晚期和全新世早期的日常生活几乎一无所知。

研究这一时期的考古学家过去并没有将儿童文化研究放在首位。不过最近有一些以石器制作为内容的研究项目探讨了这个问题，并取得了一些令人惊叹的成果。

我在第二章讨论白沙2号遗址的足迹时曾写到，要想熟练制作，或者说熟练敲打出石器，绝非易事。不过考古记录中还是有儿童参与石器制作的踪迹。若希望成为熟练的工匠，就必须长年累月观察，亲身实践，还需要经验丰富的工匠给予指导。因此，我们可以合理推测，那些打算（或大人期望）成为工匠的儿童一定在年龄很小的时候就要开始学习了。

从这一假设出发，再对学习燧石敲击手法的儿童和大龄学生进行人种学研究，那么初学者（无论其年龄大小）在考古记录中可能会呈现怎样的特征呢？

探索这个问题的考古学家提出，首先要寻找制作过程中的明显差错，特别是那些反映肌肉协调能力弱（很可能是年轻的学徒所致），以及因为不理解以特定方式敲击时，石块会如何断裂而产生的废品。

最近，一个由戈麦斯·库图利领导的研究小组详细描述了学徒在不同阶段（他们认为学习时间要从童年持续到青春期）可能会出现的各种错误，并期望在考古记录中能找到对应的迹象。他们使用这种方法在阿拉斯加内陆的两处遗址——约1.4万年前的天鹅角和约1万年前的小盘吉依溪（Little Panguingue Creek）——寻找学徒工活动的证据。这两处遗址埋藏了古人在制造石器，尤其是细石叶时所留下的大量碎片。考古学家检查了细石核及细石核坯料的形状，试图找到与生手和熟练工匠的技法能力相对应的剥落痕迹。他们在两处遗址都观察到了熟练工匠制作的石器，也发现了一些水平似乎参差不齐的生手的作品。他们还在小盘吉依溪和天鹅角遗址收集到证据，可看到那些已经准确掌握了理论的学徒虽然知道如何打制工具，但技能水平尚不足以完成作品。

小盘吉依溪似乎是部落各年龄段成员居住的场所，而不是像天鹅角那样的短期狩猎营地。研究人员发现了一块由生手敲击剥落的石片。他显然不清楚完整的制作过程，也没有能力控制打击动作。这很容易让人联想到，这块石头是某个儿童模仿成年人或大孩子的产物。

文章作者观察到，在这两处遗址中，大部分被推测为由生手打制的石核集中在一起，位于熟练工匠的工具打制区边缘。有一些证据表明，生手拿质量较差的石头练手，而把高质量的工具石留给有经验的工匠（尽管他们也会用不太好的石头做原料）。

这项研究让我们得以一窥这一时期年轻人的日常生活。正如作者在论文最后一行所指出的，“毫无疑问，这些史前男孩和女孩会因为错误敲击石块而沮丧万分，但这些失误正是通往正确目标的必由之路，引导孩子们一步步掌握生存所需的技能”。[11]

德纳里人是首批美洲人？

要解释德纳里和尼纳纳工具组（或者更准确地说，制造这些工具组的人）之间的关系就已经够伤脑筋了，而要弄清楚阿拉斯加的早期考古记录与冰原以南最早族群之间的关系，更是难上加难。

我们可以先从排除一个假说开始。北部凹槽尖状器和梅萨复合文化（以及分布更广的北部古印第安传承模式）的矛尖形尖状器最初被认为是克洛维斯文化的直接技术祖先，于是从白令地区至大平原地区得以形成清晰的演化进程。但对出土石器的风格进行分析后显示，北部凹槽尖状器复合工具似乎是来自大平原北部的抛射尖状器，而不是后者的祖先。此外，梅萨遗址只能追溯到 12 400 年前，远比 13 500 年前出现的克洛维斯文化要晚。因此，考古学家通常解释说，这些遗址的创造者是 12 000 年前左右，从大平原地区向北迁移的族群，而不是冰原以南“第一批民族”的祖先。[12] 这又是一个例证，说明古人的迁徙过程总是比我们的重建模型要复杂得多。

对一些考古学家来说，在天鹅角发现的 14 200 年前的久克台细石叶复合工具是破解美洲人类历史之谜的关键。随着末次冰盛期之后北半球变暖，人类在大约 18 000 年至 15 000 年前迁回亚洲东北部。我们在堪察加、楚科奇、科雷马（Kolyma）、雅库特（Yakutia）、外贝加尔地区的一系列遗址中找到了人类在东西伯利亚生活的证据。考古学家将其归类为久克台复合文化。久克台复合工具组看起来似曾相识：细石叶和楔形细石核、石凿、刮削器，与在天鹅角遗址发现的工具组简直如出一辙。

许多考古学家把在天鹅角遗址最早地层中发现的楔形细石核归为久克台复合工具组。这是古人在更新世晚期进行文化接触，并

(或）穿过白令地区迁徙的明显标志。

为了解释这一现象，一些考古学家支持首先由弗雷德里克·哈德利·韦斯特（Frederick Hadleigh West）[13] 提出的一个模型。为方便起见，我将其称为“德纳里第一”模型。

亚洲和北美地区的北极民族在历史上经常相互接触，还双向迁徙，我们将在后面的章节中讨论几个例子。但“德纳里第一”模型表明，天鹅角不仅仅是人类从西伯利亚迁徙到美洲的一次偶然事件，而且代表了美洲原住民祖先的最早一次迁徙。支持者提出，不管怎样，阿拉斯加还有哪处遗址比天鹅角更古老？就算有，也没有一处具备说服力。如果我们假设久克台石器代表了“第一批民族”的直系祖先所使用的工具组，那么他们应该是在 15 000 年至 14 000 年前从西伯利亚穿过白令陆桥而来的。

一些考古学家从该模型中得出一个推论，即第一次向冰原以南迁徙发生在 14 000 年至 13 500 年前的某个时候，人们沿着无冰走廊南下。迁徙过程中，这些早期族群放弃了打制细石叶的技术，发展出克洛维斯工艺文化丛标志性的凹槽尖状器。根据这个模型，克洛维斯文化直接来源于白令传承模式；无冰走廊是克洛维斯人的祖先抵达冰原以南的最可能路线。阿拉斯加内陆最早的人类遗址就位于无冰走廊入口的西北部，只要条件允许，他们就可以非常方便地向南迁移。

该模型的支持者认为，更早的沿海遗址之所以还没有被考古学家发现，并不是因为它们在末次冰盛期结束时到了海平面之下（正如其他考古学家所假设的那样)，而是压根就不存在。他们进一步论证说，久克台文化是东白令文化的“母体”。这群人猎杀大型哺乳动物（猛犸象、马）并生活在内陆，且不使用船只。塔纳诺盆地的考古遗址内也没有出土任何有关海洋技术的证据。因此，支持者认为，没有理由相信古人会突然及时发展出新技术，以适应沿海岸线迁徙的需要。[14]

上文描述的模型似乎是对美洲原住民起源问题最简洁的解释。它不需要假设在阿拉斯加、西白令地区或美洲西海岸还存在更古老的考古遗址，尽管有人辩称这些遗址只是当前还没有找到，或者淹没在 100 米深的海水中。它也不要求考古学家接受冰原以南的遗址都是有效的。这些遗址看起来并不像人们所期望的那样，是克洛维斯文化的技术祖先。

这是一个简洁、优雅、可充分检验的模型。

但它无法解释阿拉斯加以外的所有证据，特别是冰原以南，比 14 200 年前的天鹅角更早的遗址。[15]假设久克台复合文化是“第一批民族”的最佳候选者，而天鹅角实际上又是我们发掘到的“第一批民族”的最早证据，那么，“德纳里第一”模型本质上就是“克洛维斯第一”的新版本罢了。它要求人类很晚才进入美洲（15 000 年到 14 000 年前，甚至可能晚至 13 500 年前），这比冰原以南最早的遗址要晚得多。

“德纳里第一”的支持者在模型框架内对为什么会出现前克洛维斯遗址做出了几种解释。首先，有些人断言，绝大多数或全部前克洛维斯遗址都是无效的。也就是说，它们出土的证据不符合标准，不能证明人类存在，又或者年代测定不可靠。曾经参与发掘工作的考古学家对此坚决予以驳斥。他们认为，坚持对每一处前克洛维斯遗址疑神疑鬼，就是当年死抱着“克洛维斯第一”不放的思想遗毒，阻碍了考古学发展。他们说，即使我们的遗址达到了你们要求的证据标准，你们仍然会拒不承认，因为它们不符合你们心目中的模型。

第二种解释是，在前克洛维斯遗址中发现的器物与克洛维斯遗址在文化和技术上没有任何传承关系和一致性。批评者则回应说：它们就应该一致吗？我们在阿拉斯加也看不到这种情况。也许广泛分布、各处几乎一模一样的克洛维斯复合文化之所以重要，并不是因为它展现出美洲“第一批民族”的踪迹，而是因为此种一致性本身就非同寻常。我们会期望那些分散在广袤地域，彼此相隔遥远的小型族群在迁徙途中保持整齐划一的步伐，来改进技术吗？我们在生物演化中没有看到这种现象，而技术演化只会更加混乱，更加复杂。那么我们为什么要要求在考古记录中找到一致性呢？我们不是更有可能发现技术在不同区域千变万化，每一种都适应其特定的环境吗？

多次扩散？

其他考古学家则青睐另一种不同的模型：在阿拉斯加出现的多

种工具传承模式意味着人类从西伯利亚向白令地区东部扩散过多次，也许有两到三次。

一组人使用西伯利亚旧石器时代晚期的迪克泰（Diuktai）复合工具组；在天鹅角 CZ4b 遗址中存在相关痕迹。另一组人使用贝雷勒赫–尼纳纳复合工具组。后来出现的德纳里复合文化可能代表人类的第三次移民，或者是迪克泰文化的技术演化。这个模型表明，在晚冰期，白令地区东部存在多支人类族群。[16]

该模型的支持者对天鹅角是否代表阿拉斯加最早的人类存在证据各执一词。

一些支持者对压根就无影无踪的所谓创始族群持高度怀疑的态度。这些考古学家指出，白令地区西部有 30 000 年历史的亚纳犀角（Yana Rhinoceros Horn）遗址向我们证明了，一支人口规模庞大的族群可以一年到头都生活在一个地方。这正是他们期望找到的证据，我将在第三部分进一步讨论这处遗址。他们一针见血地指出，我们在末次冰盛期前或期间的白令地区东部从来没有看到过类似情况。

他们反问：那么，人类为什么要在恶劣的气候条件下向北和向东扩张，而世界其他地方的人类反而向南撤退呢？

如果人类在末次冰盛期出现在白令地区，为什么我们没有发现任何蛛丝马迹？他们告诫说，不要根据不存在的遗址来构建考古模型。

其他考古学家认为，“多次迁徙”模型与该地区更早出现的人类遗迹并不矛盾。这一观点基于上一章描述的前克洛维斯遗址，以及一些争议更大的阿拉斯加人类证据推理而来，我们将在第六章具体讨论。

对冰原以南存在前克洛维斯族群的另一种解释是，他们是一群“失败移民”，或者说他们曾经来到过美洲，但没有为“第一批民族”留下任何基因或文化遗产。从遗传学的角度来看，我们完全有理由认为并非每支族群的基因都会在某一地区持续存在下去。如前所述，我们有证据表明，世界各地都有古代族群的基因组没有找到现代后裔。这种情况当然也有可能发生在美洲。不过在考古学家看来，用“失败移民”来形容这些族群不仅带有侮辱性，而且有很大缺陷。考古学家迈克尔·沃特斯在一封电子邮件中对我说：“‘失败移民’是一个用来掩盖（前克洛维斯遗址），而不是促使我们直面或思考这个问题的借口。”他们有着自己的历史和故事，无论是否为后世贡献了 DNA，都不应该被判定为“失败者”。

* * *

在过去的 20 年里，考古学和遗传学迅猛发展，迫使研究人员为长期以来被认为已经解决的老问题寻找新答案。

目前，很难找到两位考古学家对美洲人类起源的问题看法一致。在评判古代遗址的有效性时，他们会为哪种证据最有说服力而争论不休；至于不同遗址之间有何关联，以及考古学证据应如何与遗传数据相结合（我们将在下一章讨论），他们也各执一词。尽管如此，考古学家目前的观点往往集中在几个一般模型中。

许多考古学家认为，也许早在17 000年至16 000年前，阿拉斯加西海岸的道路一开通，人类便在末次冰盛期结束后进入美洲。另一些人认为，包括白沙2号遗址在内的所有证据都支持在30 000年至25 000年前，有一次更早的迁徙。我们可以把这些考古学家大致归为一类：同意末次冰盛期结束前，美洲有过人类居住，但在细节上存在分歧。

还有一种理论被称为“旧石器时代聚居”模型，是基于切鲁蒂这样的遗址发展而来。它显示在非常久远的年代（13.7万年前或更早），另一批人类有过一次迁徙，但他们不是美洲原住民的祖先。几乎所有的考古学家都不认可这种说法。

最后，正如我们在本章中讨论的那样，一些研究者怀疑所有前克洛维斯遗址都是无效的，坚持“克洛维斯第一”假说不变。这类研究人员认为，考古记录是证明“克洛维斯第一”的最好证据，因为在西伯利亚和白令地区东部（今阿拉斯加中部）发现的石器技术之间存在明确的文化传承关系。这些考古学家倾向于否认大多数前克洛维斯遗址，而赞成人类在大约16 000年至14 000年前，从西伯利亚扩张到白令地区东部，随后可能是沿着无冰走廊向南迁徙的。

当然，我所介绍的这些考古模型绝不是对人类聚居美洲历程仅有的解释。至于考古学家认为哪种模式，或哪种模型的哪一方面最令人信服，则取决于他们如何选取不同的证据。

2018 年，我参加了考古学家泰德·戈贝尔的讲座。他简要总结了该领域的研究人员目前正在努力解决的主要问题。

1. 美洲“第一批民族”是何人？
2. 他们来自何方？
3. 他们按照怎样的路线迁徙？
4. 迁徙发生于何时？
5. 族群是如何在“空无一人”的广袤地域内散布开的？

这些都是遗传学家近几十年来关注的问题。在接下来的章节中，我们将探讨迄今为止他们所找到的答案。

第二部分

ORIGIN

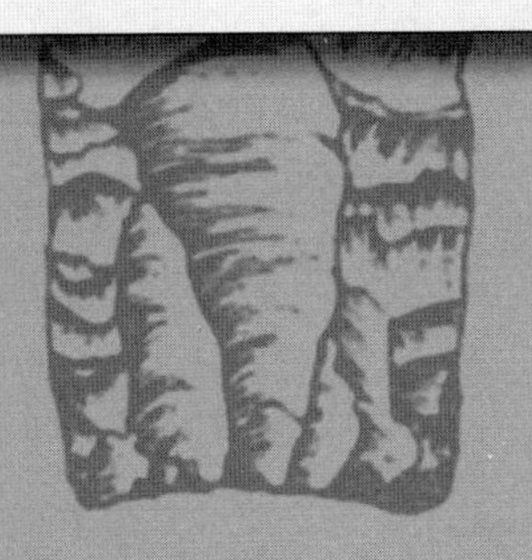

第四章

水晶墓洞穴

20 年前，我脱下鞋子，踏入了玛雅人的地下世界。

洞穴一片漆黑，只有头灯发出一道窄窄的光锥。我仅能看到光线直接照射下的物体，这让我对这座巨大的洞穴有了一点儿感官认知。指导和监督我们训练的考古学家称这个石穴为主室。利用头灯观察，就像透过卫生纸卷中间的筒芯看世界；你只能集中关注某一个物体，接着转头看别的东西，然后再转到其他地方。我觉得我好似在聚光灯下凝视着前方，一小片一小片地拼凑出整个洞穴主室的样貌。

紧贴着洞壁的是一簇美丽的白色石柱，由钟乳石和石笋构成。几千年来，从石灰岩洞顶滴落的水滴形成了这些流石。它们在头灯的照射下熠熠生辉。

我把头稍稍转向柱子的右边，看到一些年代要近得多的物品正靠在洞壁上：古玛雅人用来研磨玉米的磨石和磨盘。

我把头低下来，看着自己的脚。为了保护古文物和洞穴结构，我们把鞋子留在了外面，只穿着羊毛袜子进来，现在袜子已经湿透了。从主室入口直到洞穴深处，地上有无数的小钙华（结晶灰华）坝。我用脚趾勾着钙华坝边缘，和其他学生一起站在黑暗中。每个钙华坝的岩架都由方解石构成，在地面上环绕成凹陷的小水池。水滴从悬挂在洞顶的无数石柱上坠下，经年累月才形成了如此奇观。

池子现在已经基本干了，但在1000多年前，古玛雅人最后一次造访这个洞穴时，里面还有不少水。在这些池子内，我们现在所站的岩架上，以及闪闪发光的石柱缝隙里，玛雅人留下了几十件陶器。

能在遗址现场看到一件器物，无疑会帮助你理解它的用途*，这是博物馆里的信息卡片无法准确复制的内容。透过狭窄的光柱，眼前这些历史碎片令我大受震撼——我从来没有在博物馆以外的地方看到过如此壮观的陶器群。一只制作精美的罐子放在干涸的水池里，侧面钻了一个"破坏孔"**，另一个罐子的边缘损坏了一部分。想象中一个栩栩如生的古人在奉献仪式上留下了这些器物，这远比历史课本的描述更加生动。古玛雅人认为这处洞穴充满了神秘力

---

* "现场"是指一件文物在古人将其最初留下的地方；它处于一开始的环境中，或者换句话说，自从它待在那里，就从来没有受到干扰。

** "破坏孔"是指故意在陶碗等器物上钻的孔，使其失去实际使用功能。对"破坏孔"的一种解释是，它们本质上是仪式的一部分。

量，因此奉献这些器物与之维持联系。

他们还把祖先留在了这个神圣的洞穴里：14具男人、女人、儿童和婴儿的遗骸。他们的骨骼上也闪烁着与洞顶、地面岩层一样的矿物光泽。

作为洞穴俱乐部的小会员，我在童年时期曾经探索过欧扎克高原（Ozark Highlands）的洞穴。对我来说，洞穴让我感到心情舒畅。我喜欢它们特有的气味，就像春夜雷雨过后新露出的泥土，或是露营季结束前的最后一缕秋风。在山洞入口处，这种气味和阵阵凉风首先扑面而来，提醒你是时候检查光源和备用电池，调整手套和护膝了。当转过一个角落，或者爬过从岩顶坠落下来的残石，走过洞口附近的弱光区后，你便会一头扎进深深的黑暗之中。每到这个时刻，我都会无比兴奋。如果完全没有自然光，许多人会失去方向感或感到害怕，潜意识里幻想出一些隐隐约约的恐怖事物（不过对于害怕蝙蝠的人来说，恐惧是真实的）。但我喜欢！黑暗和深沉的寂静能让你听到每一滴水落在周围岩石上的声音，它们正在塑造奇观。

我从小就知道，洞穴其实很安全，只要你尊重它，并遵守规则。一定要准备好至少三个能提供光源的工具，带上备用电池，最少两个可靠的同伴，而外面的人应该知晓你的计划和预计返回时间（留一或两小时作为缓冲，因为可能会在探索时走入新岔道）。一定要戴好头盔、手套、护膝。千万不要触摸洞穴内的化学沉积物，防止手上的油脂对它们造成损坏。在冬季远离有冬眠动物的洞穴，避免伤害到蝙蝠。一有机会，就要向大众宣传保护洞穴和洞内生物，并清理别人留下的垃圾。

仅留下脚印，只带走照片，任何生物都不能伤害（除了破坏者，我父亲的朋友们愤愤不平地补充说。这些资深洞穴保护人士用这样的黑色幽默来表达不满）。

大人们还告诉我，永远不要去洞穴潜水。[1]

作为尊重大自然的回报，洞穴为你提供了独特的体验，让你看到无与伦比的自然宝藏：最神奇美丽的钙华景观，它们是水滴中的微小矿物质历经成千上万年才堆积起来的。爬过岩石或通过隧道时，你务必非常小心，不要触碰它们。由于光源通常是头灯或手电筒发出的聚焦光束，因此你要学会在地下世界中始终保持警觉。作为一个孩子（后来是青少年），我很享受这种好几个小时全神贯注的感觉；享受听到的细微水滴声、我们自己的脚步声、蝙蝠偶尔扇动翼膜的声音；享受每一次转身时，能够从手电筒的光束中瞥见古老而美丽的事物。

进入像"水晶墓洞穴"（Actun Tunichil Muknal）[*]这样的神圣墓地，更是要满怀敬意：尊重这座洞穴本身，尊重它的历史，尊重埋葬在那里的古人，尊重仍然视其为圣地的今人。作为游客参观这些地方时，你必须考虑到以上注意事项，你必须意识到使用诸如"发现"和"冒险"等词汇，目不转睛地盯着古人遗骸，既可能是对古

* 水晶墓洞穴是在今天的伯利兹卡约区（Cayo District）圣伊格纳西奥镇（San Ignacio）附近发现的。

人的侮辱，也会伤害他们后代的感情。

对古玛雅人来说，洞穴是神圣的。有些洞穴是通往“Xibalba”，也就是“恐惧之地”的入口。这是一座位于地表之下的城市，由死神主宰。《波波尔·乌》（Popol Vuh）是少数西班牙传教士没有销毁的玛雅圣书之一。根据该书记载，“恐惧之地”里“充满了考验之屋”。

> 第一个名为“黑暗之屋”，里面没有一丝光亮。第二个名为“颤抖之屋”，里面覆盖着厚厚的冰霜，狂风呼啸，寒冰肆虐。第三个名为“美洲豹之屋”，里面圈养着美洲豹。它们龇牙咧嘴挤在一起，相互撕咬。第四个名为“蝙蝠之屋”，里面只有蝙蝠。它们在这间屋子里飞来飞去，吱吱尖叫，因为它们被囚禁于此，不能出来。第五个名为“刀刃之屋”，里面交替摆放着一排排利刃，割伤进入房间的人。[2]

“水晶墓洞穴”是“恐惧之地”的入口之一。玛雅人似乎主要在公元 800 年到公元 1000 年使用这座洞穴，也就是考古学家所说的玛雅文明古典期晚期到后古典期早期。巨大的拱形入口下有一弯深蓝色的水池，古人必须游过去才能进入岩洞。他们向洞内深处走去，穿过弱光区后，便陷入一片漆黑之中；然后他们必须爬上一处陡峭的斜坡（即使对戴着头盔和头灯的现代人来说也很危险），登上通往主室的通道。在那里，面对令人惊叹的美妙景观，他们留下了陶器、石头、玉石、黄铁和人牲等祭品。[3]

埋葬在这里的许多人都额头扁平，这是在儿童成长时期刻意塑造颅骨形状的结果。一些人还用锉刀来修整牙齿。像许多社会一样，古玛雅人有时会通过改造身体，使上层人士看上去与众不同。

这处“墓葬”* 的性质表明，有人在此被献祭了。[4]

我们穿着袜子，没有发出声音，小心翼翼地穿过主室之后，考古学家把我们带到一处更加隐蔽的圣地。这间凹室位于主通道上方，被命名为“石碑室”。古玛雅人用破碎的钟乳石作为支撑物，在里面竖起了两座石碑。其中一块碑两侧呈扇形，它看起来像黄貂鱼的脊柱。另一块石碑经过雕凿，顶端逐渐收窄，很像一个天然的黑曜石尖状器。曾参与发掘“水晶墓洞穴”和该地区无数其他遗址的伯利兹** 著名考古学家杰米·阿韦（Jaime Awe）判断，这两块碑是用作放血仪式的工具。玛雅人经常用艺术品描绘国王、王后、高级官员和祭司自我献祭的仪式。他们用黑曜石尖或黄貂鱼骨刺穿自己的舌头或阴茎，然后将血滴入碗里或纸片上献给神灵，有时是通过燃烧的方式。研究人员在石碑底部发现了两个用于放血的锐器，从而有力支持了阿韦的观点。

“石碑室”似乎就是这样一处举行类似仪式的地方，其主持人都

---

* 他们的尸体被遗弃在石洞的地面上，没有任何随葬品。其中一些人的颅骨断裂或有其他伤痕，表明他们是被蓄意杀害的。

** 伯利兹是中美洲国家，原本是玛雅人的领地，先后沦为西班牙、英国殖民地，1964 年自治，1981 年正式独立。——译者注

来自社会上层阶级。[5] 从他们在这个房间里留下的器物，以及在其他洞穴里发现的类似物品来看，玛雅人很可能将自己的血滴入碗中，然后砸在祭坛上。他们也可能把献祭动物、焚香作为仪式的一部分。

我们尚不能完全确定在“水晶墓洞穴”举行仪式目的何在。有人认为这是为了维护与一个或多个在复杂的玛雅神话体系中身居要位的神灵的关系；也许仪式是为了纪念某些重要事件，在特定的一天履行义务，维持人类与宇宙的和谐；又或者是恳求神灵在干旱时下雨。在“石碑室”中发现的一块石碑上刻有一个长着獠牙的生物形象，可能代表了某个接受祭品的神灵。这幅图描绘的似乎是雷雨之神，就像恰克（Chaac）或特拉洛克*（Tlaloc）。这两位神祇被看作人类赖以生存的农作物——玉米是否能丰收的关键。玛雅人和阿兹特克人为了族群生存，会定期向神灵献祭。他们有时也会像《圣经·创世记》中的亚伯拉罕一样，按照神的意愿奉献他们最珍视的东西——孩童。[6]

在玛雅人使用“水晶墓洞穴”的时代，他们生活在横跨中美洲东部地区的城邦之中，地域范围包括了现今墨西哥南部、伯利兹、危地马拉、萨尔瓦多和洪都拉斯西部地区。这些城邦及其附属领地各自独立，由不同王室在高级贵族和祭司阶层的支持下统治。每个王朝的学者都留下文字，以纪念战争、结盟和伟大神灵的

---

* 恰克是玛雅文明的雨神，特拉洛克是阿兹特克文明的雨神。——译者注

英雄事迹。天文学家追踪行星和恒星的运动轨迹，详细记录历法周期，从而正确选定神圣的日子举行世俗和宗教活动。技艺精湛的工匠创造出奢侈品和令人惊叹的艺术杰作，连同食物和宝贵的原材料（玉石、铜、黄金等）一起，由商人通过横跨中美洲的长途贸易网进行交易。建筑师在图卢姆（Tulúm）、埃克巴兰（Ek B'alam）、科潘（Copán）、帕伦克（Palenque）、蒂卡尔（Tikal）、奇琴伊察（Chichén Itzá）等地设计建造了宏大的寺庙和宫殿，如今这些地方已举世闻名。所有这些专家又都得到了数学家的帮助，他们创造了世界上最复杂的数字系统，还发明了零的概念。

维持这些精英阶层的是每个王国中成千上万的平民。他们将雨林开垦为农田，种植玉米、豆类和南瓜，还充当矿工和建筑工。

玛雅人与中美洲文明

玛雅与整个中美洲其他文明有许多相同的信仰和文化特征，包括神圣的球赛*、历法、文字、等级制度、天文和科学知识、大型中

* 球场是整个中美洲古遗址中共有的元素。不同地区的球赛规则略有不同，与当代原住民进行的运动比赛也有一定区别。基本规则可能是两支球队以类似排球的方式来回传递橡胶球，但只能使用臀部。这种游戏具有仪式性。在古代玛雅人的信仰体系中，这是双胞胎英雄与冥界之主进行的生死大战。大约从古典时期开始，一些地方便将人牲与球赛联系在一起。可能失败的一方会作为祭品。

心城市、巨大的寺庙和宫殿、集约农业，以及巫师。这些特征通过各国之间的贸易、联盟、通婚、战争等方式广泛传播和加强。考古学家和其他学科的学者对中美洲文化特征的产生及发展历史进行了深入研究。他们虽然对这些特征中的不同之处为什么会出现，以及出现方式还存有分歧，但还是形成了一个共识，即所有主要的中美洲文化元素在公元前 400 年左右，也就是考古学家口中的前古典期中期，就已经普遍存在了。

许多人都对这段历史很熟悉，因为这正是教科书所讲述的内容。然而，大多数人（非原住民）不太了解的是，玛雅人其实并没有“消失”，也不“神秘”。时至今日，他们以及他们拥有的多样文化，仍然存在于其祖先当年生活的家园。今天，居住在危地马拉、墨西哥、伯利兹、洪都拉斯和萨尔瓦多的 600 多万人，就说着某种玛雅语。他们既是医生、农民、政治家、考古学家、音乐家、工人，也自我认同为玛雅人，依然与他们的祖先和历史紧密相连。许多人以考古学家、历史学家、公园管理员、导游、传统知识继承者的身份，成为他们文化遗产的传承人。

西班牙殖民者曾竭力试图切断中美洲人民与他们的土地、语言、信仰、历史之间的联系。为了实现这一目标，他们对玛雅人施加了各种暴行，其行径与其他国家殖民者对整个美洲原住民族所做的如出一辙。诸多美洲原住民族各自拥有丰富多彩的悠久历史，但最后都因欧洲殖民者入侵而变成了一段相同的经历，承受着种族灭绝、强暴、撕毁条约、背信弃义，以及直到现在还普遍存在的歧视。但他们坚韧不拔，顽强生存，永不放弃代代相传的土地和文化遗产。

考古学和遗传学表明，西半球的许多原住民族还有其他共同之处。在遥远的过去，当美洲“第一批民族”的祖先从白令地区迁徙到北美洲的新土地时，他们千头万绪的历史就在那一刻交汇。短短几千年里，美洲先民就探索了面积超过 1600 万平方英里（1 平方英里约合 2.59 平方千米）的地域，适应了包括岩石海岸、深山老林、高原、无尽的草原、湖岸、高纬度北极苔原等各种自然环境。他们建立起流动营地、小型聚居点、农业社区和伟大的文明。他们是狩猎-采集者，在广阔的疆域内季节性迁徙。他们是农民、渔民和牧民。他们掌握了生态学、药用植物学和天文学的先进知识。他们将这些科学知识与故事、歌曲和语言一起，传递给他们的后代。

我们可以通过这些族群遗留下来的事物来一探其历史：巨大的土丘，坐落在山谷洞穴中的住房，精致的石头金字塔，连接大小城镇的道路网络，高原上一座孤零零的灶台，精心装饰着岩石艺术的荒凉洞穴，里面还有一只遗留下来的小凉鞋、嵌入猛犸象肋骨的抛射尖状器、古代雪橇上的滑板。这些器物、建筑和艺术品告诉我们，美洲大陆上曾经有无数古代社会兴盛、衰亡，或延续至今。每个处于不同环境下的社会都各自发展出复杂巧妙的生活方式，从 1100 年前到 500 年前，霍霍卡姆人（Hohokam）为浇灌农作物，在索诺拉沙漠（Sonoran）建造的精致灌溉渠，到 1000 年前，为了让族群在漫长的严冬中繁衍生息，图勒人（Thule）在北极圈内建造的名为“igluvijait”的冰屋。

基因组也讲述了他们的历史。尽管当代美洲原住民混杂了来自全球各地的血统，具有非常多样化的基因，但其祖先还是可以追溯到一个（或极少数）创始族群。[7]许多当代美洲原住民的基因组中也有这些古老的鲜明标记。在过去的几十年里，这些来自祖先的基因遗产已经成为了解他们历史的信息源，其重要性完全不亚于人工器物和建筑。研究人员（不幸的是，几乎都是非原住民）都急于对当代和古代的原住民进行 DNA 测序，以揭示隐藏在基因组内的秘密。

我们在前几章讨论过，人类学家和历史学家曾经认为美洲史前史是人类一次单一的迁徙过程。我们可以把它作为一个起点来理解世界其他地方更为复杂的人类聚居史。这一事件始于更新世冰期末期，当时气温非常低，巨大的冰原覆盖着北美洲大部分地区。海平面比现在低得多，以至于亚洲通过白令陆桥与北美洲连为一体。冰期大约在 13 000 年前结束；此时地球开始变暖，北美冰原逐渐消融，在西部出现一条狭窄的、向南延伸的走廊。一小群人迅速从西伯利亚穿过白令陆桥，然后从这条走廊进入北美中部的无冰区。他们可能是追逐着猛犸象或野牛群而来。考古学家有时会发现这些动物的骨骼中嵌入了 13 000 年前制作精良的矛头，他们称之为“克洛维斯尖状器”。这群克洛维斯人最初数量很少，但随着他们的脚步跨过以前无人居住的土地，族群规模不断扩大，并最终造就了西半球所有的原住民族。

然而，在过去 10 到 20 年中，出现了大量新证据，表明这套历史观点很大程度上是错误的。我们在上一章中讨论了考古学证据。遗传学在此观念转变过程中也发挥了重要作用，每年都有新发现证明，美洲的早期人类历史可能比我们想象的要复杂得多。

伯利兹就存在一个案例，说明了简陋的历史模型如何在遗传学证据下变得扑朔迷离。长期以来，人们一直弄不清最初抵达中美洲的族群有着怎样的历史。与后世文明留给历史学家可参考的丰富信息相比，中美洲的“第一批民族”留下的痕迹非常少，而且大部分证据也不能确定其年代。在许多展示人类迁徙路线的地图上，只含含糊糊画着一个从北美洲指向中美洲的箭头，似乎暗示人类穿过墨西哥，只迁徙了一次。

但在 9000 多年前，彼时玛雅文明还远未出现，离“水晶墓洞穴”不远的一座岩棚里埋葬了一位老年妇女。她的基因组讲述了一个截然不同的故事。她与一个 3000 多英里之外，居住在蒙大拿的克洛维斯人有着密切的关系，我们稍后会详细讨论这个人。研究人员把这位妇人的基因组与当代玛雅人进行比较，发现并不像预期的那样，呈现简单的祖先-继嗣关系。2000 年后，又有两个古人埋葬在同一岩棚内。他们帮助研究人员重建了这段历史。在 9000 年前到 7400 年前的某个时候，“第一批民族”组成一个新的群组，在北美洲和中美洲之间来回移动。他们与已经聚居于中美洲的族群联姻，将自己的 DNA，毫无疑问还有语言和文化广泛传播。基因组测序反映出当代玛雅人就是这一通婚群体的后代。[8]

另一项研究其他中美洲人基因组的课题也显示了类似情况。[9] 然而，由此产生的问题远比能够回答的要多。这些新族群（研究人员将其标记为“未采样族群 A”）是谁？他们起源于北美洲什么地方？促使他们迁移的原因是什么？

我们正在努力回答这些问题。同时，利用古代和当代 DNA，我们已经拼凑出人类是如何首次来到美洲大陆的。在接下来的章节中，我将讲述其中一些非凡的故事，讲述先民如何克服困难，艰苦求生，讲述他们是如何在以前人类从未踏足过的环境内生生不息。

今天，遗传学家也提出了不少新问题：上古时期的演化过程和文化力量是如何影响古代原住民社会的？这些事件又如何塑造了当代人的生活？在上古社会，人类是如何迁徙的：他们去了哪里，如何到达，途中经历了什么？人类为了生存，如何通过生理演化和文化改造来适应极端环境？人们如何应对气候变化以避免族群灭绝？

这些都是遗传学家的重要课题。然而，美洲原住民遗传学研究深受殖民历史和长期歧视原住民的影响，许多课题充斥着政治和社会方面的干扰因素。科研人员因傲慢自大、肆无忌惮的研究方式而声名不佳。本书中不仅讲述西半球各族群起源的基因故事，也要讲述学者过去是如何通过粗暴手段了解到这些历史的。我认为揭露这段过程在今天很重要。

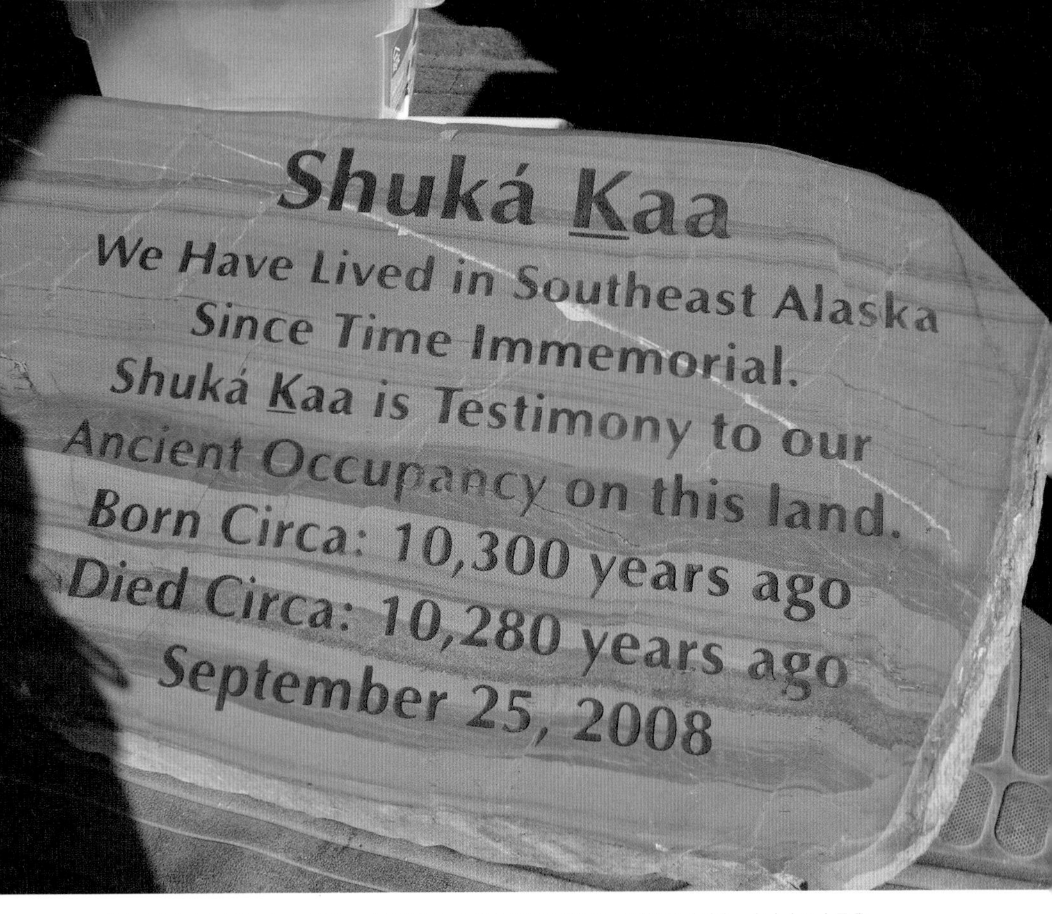

一块标示舒卡卡阿人安息之地的石碑。（石碑内容：我们自古以来就生活在阿拉斯加东南部。舒卡卡阿人是我们祖先在这片土地上居住的见证。生于大约10 300年前，逝世于大约10 280年前。2008年9月25日立。）

位于卡霍基亚的僧侣丘是北美最大的人造土丘。其底部大小与吉萨大金字塔相当。这座土丘大约建造于1100年前，721年前被废弃。尽管因坍塌和人类活动而发生改变，但它今天的尺寸依然有大约2400.8米长（东西），316.1米宽（南北），高度约为30.5米。多层平台顶部建有一座大型建筑，可能是庙宇或上层精英人士的住所。

一块嵌在北美野牛肋骨之间的福尔瑟姆矛尖。

高尔特遗址的石器加工场。现场有包括石叶和两面器在内的数件克洛维斯风格石器。高尔特石器中的克洛维斯元素可以追溯到大约13 400年到12 700年前。

这些克洛维斯尖状器出土于高尔特遗址。

安齐克-1所在遗址的年代可追溯到12 700年至12 500年前，是目前已知唯一一处克洛维斯时代的墓地。2015年，尤马蒂拉、亚基马、阿普萨卢克、亚瓦派、卡塔纳西及其他部落的代表举行仪式，在附近重新安葬了从这个遗址出土的两名儿童的遗骸。

考古学家在发掘佩奇-拉德森水下遗址。

在佩奇-拉德森遗址发现的一把两面刀残片，年代可追溯到14 550年前。

考古学家希瑟·史密斯（Heather Smith）在阿拉斯加白令陆桥国家保护区蛇形温泉（Serpentine Hot Springs）附近筛选挖掘出来的沉积物。原住民族曾在此居住了千年之久。考古学家泰德·戈贝尔对该遗址进行的发掘表明，早在12 400年前就出现了带有凹槽的抛射尖状器。这些石器属于北方凹槽尖状器风格，该文化可能出现在克洛维斯文化500年后。它们是平原原住民向北迁移的证据，与克洛维斯文化是在北美之外发展而来，再向南迁徙的观点矛盾。

这枚位于原址现场的细石核出土于现今阿拉斯加州德纳里国家公园和保护区（Denali National Park and Preserve）附近的干溪遗址德纳里复合文化层（9000年至8500年前）。古人可以从准备好的石核上剥离出细石叶。干溪遗址最古老的地层（尼纳纳复合文化层）可以追溯到大约13 500年前，这使它成为阿拉斯加已知最古老的人类遗址之一。

考古学家玛丽昂·科（Marion Coe）在阿拉斯加内陆的猫头鹰岭遗址工作。该处的尼纳纳复合文化层可以追溯到13 100年前。之后的两处德纳里复合文化层可分别追溯到12 540年到11 430年前和11 270年到11 200年前。该遗址有助于澄清早期白令地区考古记录的年代顺序。

白沙2号遗址的足迹。

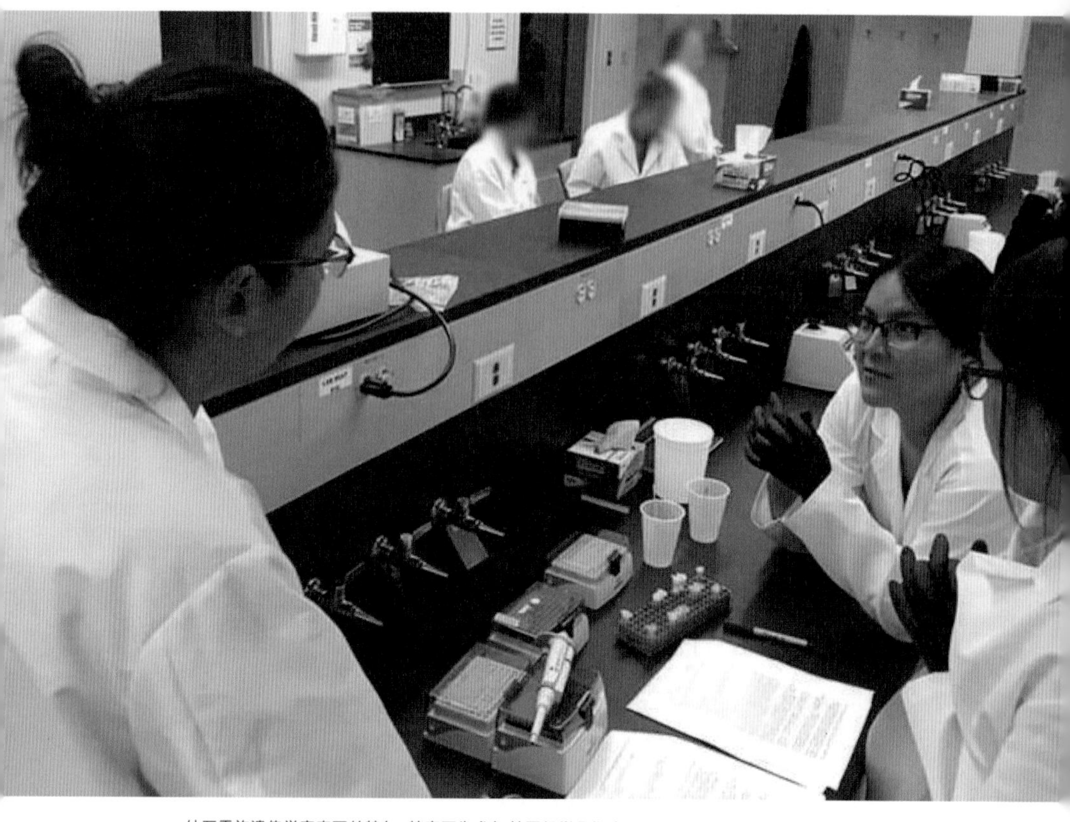

纳瓦霍族遗传学家克丽丝特尔·特索西为参加基因组学暑期实习项目的原住民学生讲解DNA提取方法。该项目的主要目标之一便是鼓励原住民参与科学研究，将他们自己的文化价值观与遗传学结合起来。

第五章

对印第安人而言，DNA 不仅仅是 DNA，它是人的一部分，它是神圣的，具有深邃的宗教意义。它是人本质的一部分。[1]

——霍皮族遗传学家弗兰克·杜克普（Frank Dukepoo）

古DNA实验室工作要最大限度防止污染

电梯下到弗雷泽大楼的地下室，速度慢得令人发指。门一打开，我立刻被所有古 DNA 实验室必备的气味熏得头昏眼花：消毒剂。我沿着昏暗的无窗走廊走到一扇不起眼的金属门前，气味变得更加浓烈。那扇门很厚，警告牌上写着：“请勿入内！仅限指定人员！”我刷了一下证件，绿灯闪烁，表明我得到了授权，门锁也随之打开。我转动门把手，用力推开金属门。这时，一股带有消毒剂气味的强劲气流扑面而来，将我的头发吹起。

门内铺着一张白色地垫。我小心翼翼地踩上去，将鞋子上的尘土蹭到黏糊糊的垫子上。

白色地垫上已经留下了其他人的脚印，大多数指向前方的房间，也有几个朝外。研究 DNA 的固定程序就是从弗雷泽大楼的地下走廊开始，直到提取并完成古 DNA 编目。脚印标志着这套流程开始了第一步。

以前进入堪萨斯大学的这间实验室时，垫子上不会留下脚印，因为那时地垫表面实际上覆盖着一张可更换的黏性塑料薄膜，太脏了就会换掉。作为实验小组的两位首席研究人员之一，我很少去古 DNA 实验室。我的工作就是监督项目实施、管理学生，并寻求资金支持。

我在接受堪萨斯大学人类学系助理教授的职位之前，已经有了 10 多年的实验室工作经验。对我来说，今天能有机会把拨款申请放在一边，亲自下场把手弄脏，是难得的享受。

当然了，并不是说我的手真的会变“脏”。事实上，要从实验室的一个房间走进另一个房间，必须严格遵循多道程序，甚至在你踏上电梯之前就已经开始了。你要穿上刷手服（就像你在医院看到的那种外科手术服）或类似的一次性服装。这种装束肯定会让人感到冷，实验室的温度也刻意保持得很低。

我很兴奋能再次有机会穿上刷手服，与古 DNA 样本打交道。鞋底的污垢全部留到黏垫上后，我脱掉鞋子，将两只小鞋套——就是你走过刚刚清洁过的湿漉漉的地毯时穿的那种——套在袜子上，然后戴上耳塞式耳机。我把音量调得比平时习惯的高，因为经验告诉我，只有这样才能压过不断从实验室过滤器里吹出来的气流声。我戴上发罩，确保完全盖住了耳朵和长发。

我们把换鞋的那个房间称为前厅，在里面储存物品，并当作过渡空间来穿戴鞋套和发罩。

我头顶上有一根小塑料管横跨在门框上。当我拉开下一道门时，塑料管里面的红色小球就会从我这一侧滚向内侧。空气立即吹进我要进去的房间，直到我身后的门牢牢关上。我们可不希望实验室吹入太多空气，所以我刚一踩上另一块黏垫（这一块要干净得多），就尽快关上了门。小球滚了回来，表明实验室内的气流已经恢复到正压状态，空气再次从最里面的房间稳定地吹向走廊。这是古 DNA 实验室所独有的特征。大多数用于处理病原体的洁净实验室都保持负压气流，将空气吸入实验室，以防细菌或病毒流出。但我们要担心的问题恰好相反。我们希望阻止人体不断脱落的 DNA 进入实验室。我们从古人骨骼和古代土壤中费尽心机提取出来的 DNA 片段数量稀少，也很脆弱，一旦实验室外大量完整的现代人类 DNA 混进实验室，就会覆盖样本，令我们前功尽弃。来自人类的污染威胁时时刻刻都存在。因此，我们实验室的空气向外吹到走廊，这也是抵御污染的第一道防线。

正如我所提到的，实验室里很冷，我刚进入的那间被称为“更衣室”的房间温度还要更低。保持低温是为了防止实验室内的工作人员穿着防护服时出汗，这是抵御污染的第二道防线。当你伏在实验台上用吸管将微量液体从一根试管移到另一根试管时，即使是最小的汗滴也会构成严重的污染风险。你自己汗液中的 DNA 就可能毁掉整份样本，毁掉多年的工作。

在更衣室里，我将按照规定动作更换服装，穿上“兔女郎”套装。这件衣服有点儿像成年人穿的连体睡衣，能包裹全身，戴上大兜帽后，帽檐可拉过额头。换衣之前，我还要先戴上一副手套，并尽量不用手触碰衣服，以免 DNA 转移到外表面。

下一步是保护古 DNA 不受我的面部和呼吸影响。我打开一个新的外科口罩，遮住口鼻，然后在脑后扎好，这样还能防止兜帽挡住视线。我换了副新手套盖住手和手腕，小心地把它们压在袖口上面，这样手腕上就不会有空隙了。最后，我往手臂上套了一副袖套。这其实就是两边都有开口的长筒子，一端开口较大，另一端较紧。这是给手腕准备的额外防护层，以防手套脱落。

我穿戴整齐后，看起来就像个忍者。唯一暴露在空气中的部分是从鼻梁到眼睛上方的那一小片面部区域（有些人甚至还会戴上超大号护目镜，但护目镜会因聚集在口罩中的热气起雾而影响视野，所以并不是特别必要）。虽然我已经有好一阵子没有穿上“兔女郎”套装了，但其实我相当有经验，也很信任我的装备和实验能力。如果这套防护服正常发挥作用，那么我脱落的皮肤细胞就不会落在设备中或工作台上。

为了确保防护服上没有附着任何 DNA，我拿起一个装满稀释消毒剂的喷壶，对着全身喷了个遍，并闭上眼睛抵抗雾气灼烧。我保持闭目，拿起一条专用毛巾擦拭胳膊、腿、躯干、手和头。然后就是耐心地等待，我一边听着来自头顶通风口的气流声，一边数秒，直到确信残余消毒剂已经飘散后才再次睁开眼睛。消毒剂的气味挥之不去，依然浓烈，如果你对消毒剂过于敏感的话，就不可能成为古 DNA 研究员。它在我们的工作中无处不在。消毒剂——或者更确切地说，次氯酸钠——是一种强氧化剂，也是防止污染的第三道主要防线。我们向进入实验室的所有东西喷洒这种化学剂，并定期对工作台和设备消毒。极少数被允许进入实验室的访客有时会对我们锈迹斑斑的设备和漂白褪色的台面评判一番，认为它们太"破旧"，不过这正好证明我们的实验室达到了应有的清洁程度。消毒剂就是我们要穿刷手服来实验室的原因。我在读研究生的时候，消毒剂经常会浸透"兔女郎"套装，毁掉了我很多衣服。在实验室的那些日子里，我还知道即使离开实验室，消毒剂的气味仍旧时时刻刻萦绕在自己身边，成了摆脱不掉的"香水"。

彻底消毒后，我就能睁眼看了，然后我打开了更衣室角落里的一个大金属柜。里面摞着一排排很深的抽屉，上面贴着诸如"阿留申群岛""马鹿计划""卡纳拉多土壤"等标签。每只抽屉都代表了一段历史，里面收藏着数以百计的样本：骨头、牙齿或从考古发掘现场获取的土壤。

获取这些样本都征得了先民的后代及利害关系人的同意，它们有可能揭开美洲人类起源之谜。为了在实验室开展一天的工作，我们要执行繁复的准备程序，但我常想，我们所付出的努力远不止正确穿戴，保证清洁程度达到可以打开抽屉那么简单。

进入房间前脱鞋，准备特殊的衣物，给自己喷洒消毒剂，闭上眼睛，这一整套进入实验室前的流程让我产生了一种仪式化的心态。

这是至关紧要的。抽屉里的人类遗骸不仅仅是科学研究的对象，还有着更为重大的意义。它们代表了一种赎罪，意味着我们要为过去犯下的罪错和不择手段的研究方法承担责任，要为先入为主的种族和社会偏见承担责任，这些偏见导致大量文化消亡，歧视盛行。我们已做出承诺，要心怀敬意和正念对待这些小小的骨头和牙齿碎片。他们是部落成员无比珍视的祖先，死后理应受到尊敬，而不是原住民托付给我们的“标本”。实验室保存的遗骸是我们与原住民族达成协议的成果。他们之所以允许我们利用遗骸开展基因测序工作，是为了扭转人类学和遗传学的研究风向，向刚刚加入这项工作的科学家和将来要培养的人才灌输科研伦理，使之更加重视人类尊严。

我拉开一个标有某个北美部落名称的抽屉[2]，从参与这个项目所油然而生的惊叹转为对工作的专注。抽屉里整齐地放着一排排塑料袋，每个袋子上都标有一串字母和数字。我挑出其中一个袋子，对表面进行消毒，准备把它从更衣室拿到 DNA 提取室。整个实验室的设计目标就是最大限度保持干净，因此，每次你进入下一个房间，也就意味着走进压力更大的空间，而且你接触到的每一个物体都要消毒，这一点至关重要。我再次跨过门槛，观察作为压力显示器的小红球的位置，确认实验室准备就绪了。

从古人牙齿上提取DNA

今天，我将尝试从一颗古人牙齿上提取 DNA。这颗牙齿是在一个建筑工地意外出土的。按照法律规定，在考古学家对遗址进行评估并最终完成挖掘之前，该工程必须暂时停工，以便抢救性发掘其他遗骸和器物，并在施工破坏遗址前尽其所能收集信息。尽管该遗址最终被认定为属于某个特定部落的祖先群落，但要百分百确定这一点还需要一些时间，因为学者对在那里发现的几块人类骨骼碎片知之甚少。这些古人没有被埋在坟墓里；相反，骸骨零零碎碎地散落在聚居地的不同地点：垃圾堆（考古学家称之为“贝丘”）、房屋的地板下面，以及逐渐覆盖这些地点的泥土中。遗骨在博物馆里保存了很长一段时间，人们想方设法确定其归属后，便送还给他们的后代部落。该部落安排了适当的程序和仪式，很快将其重新安葬。

不过，部落颇希望能从骸骨中获取一些信息。一位部落代表与我联系，询问是否有可能利用祖先的 DNA 来更好地了解他们的历史。一些关于部落历史的特殊问题尚不能通过其他证据全面解答。

他和我一致认为，古人的 DNA 正是解开这些疑问的钥匙。人类历史就铭刻在我们的 DNA 中，尽管有些隐晦，但 DNA 忠实地记录了我们祖先的婚姻、迁移、灭绝或重生等一幕幕故事。通过研究现代人的基因组，我们可以追溯许多影响他们祖先并塑造其自身特征的遗传变异事件。我们可以通过对比古人和今人的 DNA 来了解美洲不同地区原住民的聚居史。

遗憾的是，研究当今人类的差异却不一定是回答历史问题的最佳方式。古今之间发生了很多其他事件，如人口规模变化、与别的族群通婚、迁移到新地方，这些都有可能令祖先的 DNA 记录愈显扑朔迷离。[3]而从骨骼、牙齿、毛发、干燥生物组织，甚至土壤中获得的古 DNA 则创造了一个直接了解过去的窗口。这个部落祖先的个体基因组可能会帮助我们重建整个族群历史的遗传模型。只要收集到足够多的古 DNA，我们便能够估计群落规模，以及人口数量如何随时间推移而波动。我们有可能检测到从外部群组流入该族群的基因，推断出伴随着贸易往来而可能发生的婚姻、迁徙事件。再结合其他类型的证据，我们也许能够确定一个遗址的某个或多个个体是否来自其他地方。这些信息还可以告诉我们很多关于古老文化习俗的内容。

那位部落代表是一名重要的部落历史传承人，他对这项研究兴趣盎然。部落拥有大量的口述历史记录和传统知识，但他还是有一些具体问题需要答案，基因数据也许能够帮他解惑。在我看来，该部落对我提出的其他问题似乎不太感兴趣，比如将部落历史在更大尺度上与美洲原住民的大历史联系起来，不过他们愿意让我继续调查。经过几年的讨论，我们就如何进行研究，如何处理祖先遗骸，如何与部落和科学界分享成果，以及如何存储原始基因信息以确保尊重部落权益和隐私等问题达成了一致。

* * *

我已经很久没有在这样的工作台前工作了。我对这颗有着 500 年历史的牙齿进行表面去污处理，首先投入消毒剂中浸泡，再用不含任何 DNA 成分的清水冲洗，最后放进工作台上的小型紫外线灯箱中烤上 10 分钟。当我开始这一系列程序时，我发现“手感”还在，这让我松了一口气。实验室有着极其严格的防污染措施，不过我发现它们也能够转化为应对新冠肺炎大流行的绝佳准则。绝不能用手触摸脸；绝不能将手放在开口的试管上，非必要不能打开试管或容器的盖子，打开时间也要尽量短；手无论接触什么物体表面，都必须消毒；每次实验室工作结束后，必须清洗工作台和使用过的设备。在这种环境下工作，需要长时间训练，并持续保持专注力。实验室研究人员称那些擅长在工作台前工作的人为“好手”。在古 DNA 的世界中，“好手”主要特指总是紧绷神经，能成功避免样本污染的人。

这种对消毒流程的执念是少有人愿意在我们这个领域工作的原因之一。另一个原因是，我们很少能成功地从骨骼上获得 DNA。虽然可以从一个大活人的脸颊上采集到大量 DNA，但古 DNA 面临完全不同的情况。这些 DNA 分子被损坏，支离破碎，数量稀少，还夹杂着大量现代 DNA，很少能在某个特定的骨骼或牙齿中提取到可供检测的分子数量，而且恢复过程异常困难。

我把清洗并干燥后的牙齿移到附近工作台上的一个大柜子里。

做到这一步后，我对自己的手艺已经越来越有信心了。大柜子是用透明有机玻璃制成的防护罩，正面通过铰链开合，打开后刚好能让我把手伸进去。这实际上就是一个嵌套在古 DNA 实验室中的实验室。房间里分布着好几个这样的防护罩，分别对应 DNA 提取过程的几个阶段。将研究人员的活动隔离在不同的封闭空间内，是另一项防止污染的关键措施。提取 DNA 的第一步就需要加倍小心。用机械方式处理骨头或牙齿样本，可能会导致实验室里粉末乱飞。这意味着我必须在空间更小的防护罩内操作，具体来说，就是一个小塑料手套箱，确保散落的细粉不会飘散出去。我把钻头塞进防护罩，然后开始小心翼翼地在牙齿上工作。因为牙齿的表面物质有可能被污染，所以剥离后要放入一个小塑料托盘中，稍后将其丢弃。我扩大钻孔，把从牙齿内部刮下来的粉末倒入第二个托盘（之前已经暴露在紫外线辐射下消毒）。我将托盘从防护罩里拿出来，在秤上称了一下。0.025 克——大约是我所需材料质量的一半。我继续在牙齿上钻孔，刮粉时尽量不使其裂开。这是整个过程中我最不喜欢的一步。我一直很紧张，丝毫不敢分神，直到我把白色粉末倒入一个干净的塑料管里。

我终于收集到了足够粉末进行下一个步骤，总算松了一口气。我们从一个人的遗骸中收集 DNA 时，会尽量不超过实验所需的最小质量，而且为了不破坏微小的样本，我们还承担着巨大的压力，

但回报也是值得的。

如果你静下心来想一想，这一切真是令人惊讶。从一颗有 500

年历史的牙齿上提取的这点粉末，比一撮盐还少，却可能包含了此人几千年前的祖先的遗传记录。我往试管里注满了一种含有特定化学物质的溶液，以封隔粉末中的钙质，然后加入少量酶，分解样品中的所有蛋白质。我在第二个试管中加入同样的化学物质，作为阴性对照，检验在提取过程的后续阶段，实验室是否混入了其他DNA。在历时四天的流程中，如果阴性对照试管中出现了DNA，我就不得不假设样品也受到污染了。然后，我必须评估每一个可能的污染源——化学试剂、试管、设备、工作台、水、我自己的操作技术——直到找到问题所在并彻底解决。古DNA研究团队是建立在信任之上的：遗骸的后裔族群和首席研究员之间的信任，首席研究员和大学管理层之间的信任，首席研究员和学生之间的信任——信任团队成员都有一双“好手”，信任所有试剂不含DNA，确信一旦出现污染，每个人都会立即报告，并采取一切措施减轻损失。

我将两支试管放在培养箱里的转盘上，并把温度设定为高温以激活酶。试管开始轻轻转动，在检查是否有泄漏之后，我便清洁实验室，再做一次消毒。这一培养步骤约需30分钟，由于我进出实验室大约需要15分钟，所以在此期间离开，去做其他事情没有任何意义。在古DNA实验室里长时间等待非常无聊，而且里面也没人可以聊天（我们一般会尽量安排每个房间只有一名工作人员）。我早在研究生阶段就知道，播客节目和有声书必不可少。我一边听书，一边在实验室里对着空气练拳，并尽量保持心率，以免流汗。我还是要做些练习，以维持另一套不同的手上功夫，只是就像我的实验之手那样，搏击之手如今也很少用到了。

从培养箱取出试管后，下一步便是更换试管内的缓冲液和酶。我把它们放入台式离心机，高速旋转后，所有较重的成分（包括牙齿粉末）就会集中到试管底部。我小心地用吸管吸出液体，再加入新鲜的缓冲液和酶。现在，试管将加热到人体平均体温，放置在转盘上过夜。

我从提取室出来，回到更衣室，脱下袖套、口罩、“兔女郎”套装、手套和发罩。没有了这些额外衣物，加上心情放松下来，我又感觉到冷了。我迅速挂好套装，扔掉了其他东西。当我拉开外面储藏室的门时，我的头发被风吹到脸上。我听到头顶上的小球在塑料管内轻轻移动。脱下鞋套后，我检查房门是否密封完好，然后拨动一个开关，打开了安装在天花板上的紫外线灯。空无一人的房间顿时充斥着阴森森的紫蓝色光线，比日光浴床使用的紫外灯功率要大得多。在接下来的 8 个小时里，紫外线会将散落在地板、墙壁或台面上的任何 DNA 彻底击碎，而混合在试管中的样本则在小柜子里过夜，避开紫外线照射。

不可能提前知道样本中是否保存了古DNA

第二天，我重复了昨日那套仪式：小心进入，穿上衣服，喷洒消毒剂。当我把装着样品的试管从培养器中拿出来时，高兴地看到液体呈非常淡的金黄色，而阴性对照试管透明如故。这是个好兆头，说明试管内发生了些反应，但我还不能确定这就意味着存在DNA。我们这个学科容不得任何自以为是，因为不管是什么样本，DNA 保存下来的概率都非常低。

无论多么谨慎操作，无论多么心怀期待，研究人员从古人骨骸中提取 DNA 时，都无法事先知道会不会白费功夫。针对人类遗骸的早期实验表明，古 DNA 极少能保留至今，而且从来都不完整。幸运的是，研究人员现在能从处理的一半样本中成功获得 DNA。他们把这些 DNA 切成微小的片段，大多数都在 100 个碱基以下（A、G、T 和 C 构成了 DNA 凋亡梯带的“踏板”*）。为了让你明白这样的片段是多么微小，可以对比一下：整个人类基因组有大约 30 亿对碱基。

问题在于，尽管人体的细胞机制在 DNA 受损时会不断修复，但生物体死亡后修复工作就停止了。即便假设该生物的尸体保护得当，未受食腐动物和环境的影响，腐烂过程也会将 DNA 撕成碎片，并对碎片中的碱基造成破坏。残留在古骨中的 DNA 数量取决于诸多因素：样本年代、个体死亡后保存遗骸的土壤温度（越低越好），骨骼是否暴露于水、阳光或土壤中的酸性物质。

你不可能提前知道样本中是否保存了古 DNA；只有在实验室经过一系列艰苦（和昂贵！）的处理措施后，才能揭晓答案。

---

* 凋亡梯带是指细胞凋亡时，断裂的DNA在凝胶电泳上产生的图像，经过染色后，整体看上去就像梯子，其中条状物就像梯子的踏板。——译者注

我的研究生正在处理的骨骼和牙齿样本来自我那颗牙齿样本同一古代族群的其他个体。希望其中有几个保存了完好的 DNA，足够供她研究。不幸的是，她也很有可能一无所获。没有什么方法能保证从古代遗骸中挑选出 DNA 留存最完好的个体。做这样的博士研究项目简直就是一场豪赌，我知道有些教授甚至禁止他们的学生冒这个险。但是，要掌握古 DNA 蕴含的历史，除此之外别无他途。在世界各地的实验室里，谨慎细致的研究人员为恢复、记录和解释古人的遗传变异模式所做的工作已经得到了回报，人们对人类历史有了长足了解。我的学生渴望加入这项事业，成为其中的一分子。我很理解她的心情，只要她明白中间所包含的风险就行。

牙齿样本混合了一夜之后，我第二天的工作开始了，目标是通过一系列精心设计的步骤，把微小的 DNA 片段与存在于这种金黄色液体中的蛋白质和其他杂质分离。自 20 世纪初以来，数以百计的研究人员殚精竭虑，取得了令人惊叹的 DNA 化学进步。我们现在的工作正是基于他们的成果。在特定化学条件下，DNA 很容易与二氧化硅，也就是沙子的主要成分结合在一起。让溶液流过硅胶柱，就可以将脆弱的分子固定住，然后再用不同的缓冲剂和酒精清洗。

多年前，提取 DNA 的主流技术要求彻底清洗分子柱，以去除其中会抑制后续步骤的化学物质。不幸的是，这种方法通常会导致最微小的古 DNA 片段丢失。如果我在 10 年前对这颗牙齿采样，就不太可能获得像现在这么多的 DNA。研究人员花费了一些时间来改进 DNA 提取方法，使我们能够回收更多这样的关键碎片。

最后一次离心脱干硅胶柱后，我加入一种洗脱缓冲液，改变了pH 值，从而将 DNA 片段从二氧化硅中分离出来。最终成品看起来并不起眼。把这一小管物质举到灯光下，我可以看到底部有 100 微升的透明液体，大约只有我 3 岁儿子的小指尖那么大。

* * *

我把试管拿进实验室最里面的房间。这处狭小空间是仅次于更衣室和提取室，正压最高的地方。这个房间的功能是将提取出来的 DNA 同阴性对照组进行对比。工作台上有三个防护罩。我选择了一个，把手伸进去，往小试管中加入少量化学试剂，为下一步工作做准备：确定我的提取物和阴性对照组中是否有 DNA 存在。我将在这一步骤中采用聚合酶链式反应（PCR），把人类线粒体 DNA 中的一小块区域拷贝数百万份。在这种情况下，我将以线粒体基因组中不含任何蛋白质编码的部分为目标。我会用一个可控制温度的设备把 DNA 双螺旋解成两条链。每条链可作为模板，在混合化学试剂中模仿 DNA 拷贝机制（细胞用来复制自身基因组的过程）而生成新链条。我将使用两个被称为“引物”的人工定制 DNA 短片段来确定一块小区域，然后针对这块不到 100 个 DNA 碱基长度的靶区进行扩增。引物的作用就是将靶区囊括进来，并引导该部分开始 DNA 拷贝。[4]

我还在这一阶段增加了另一组阴性对照，这样万一发生污染的话，我就可以把此处污染与在提取过程中发生的污染区分开来。

我眯着眼睛盯着移液管的吸头，确认操作是否无误。我想起了和蔼可亲的分子生物学家詹姆斯·何塞·邦纳（James José Bonner）的话。当我还是高中生的时候，我就在他的实验室当助手。他告诉我："这个专业的大部分工作就是把极少量的液体从一个管子移到另一个管子。"他说得很对。[5]古DNA实验室的工作人员在此基础上又增加了极其单调乏味的抗污染措施。那些不喜欢在工作台忙碌的人最终往往会选择从事科学分析方面的工作，比如编程和建模。[6]也有些出色的学者两者兼修。检查完毕后，我小心翼翼地盖上试管盖子，这样一来，一旦试管离开洁净实验室，就不会有现代DNA混入其中。我带着试管穿过三个房间，重复着消毒表面、脱去防护服、打开紫外线灯这套烦琐程序。在古DNA实验室，任何事情都是慢悠悠的。

下一个步骤将在"现代"实验室展开。这是一个同"古代"实验室完全分离的空间。这两个实验室离得越近，经过聚合酶链式反应扩增后的DNA就越有可能蹿回到"古代"实验室，很可能同我自己的DNA一样，污染尚未处理的古DNA。为了防止DNA无意中在两个实验室之间转移，我们制定了严格的交接规则。其中最重要的一条是，任何人不得以任何理由，在进入现代DNA实验室的同一天进入古DNA实验室。如果一定要这么干，就必须回家洗澡，换衣服、鞋子（我从来没有遇到过如此严重的紧急情况）。

我花了很长很长的时间才得到一份教职工作，与学术界其他领域一样，工作机会每年都在减少，而且竞争也非常激烈。我每天都为得到了梦想中的工作职位——教授和首席研究员而感恩。

每次我走进实验室，都会升起一丝兴奋之情，因为我能以这项工作为生。

古人的线粒体DNA研究非常重要

现代 DNA 实验室不需要采取特别的预防措施来防止污染。这里研究的对象是现代人类 DNA 或已经复制了数百万次的古 DNA。

我是今天唯一使用该实验室的人。我把试管塞进一台叫作温度循环控制仪的特殊机器里，然后关上盖子。在接下来的两个小时里，机器会循环调节试管温度，在非常高的温度下分离 DNA 链，再降至较低温度，使引物与单链 DNA 结合，然后又逐渐升温，让引物囊括的靶区得以复制。如果样本中有任何 DNA 存在，那么到下午晚些时候，我就应该从那几条断链碎片中得到数百万份拷贝。每次成功都感觉像奇迹一样。

聚合酶链式反应有两个目的：它可以检查样品和阴性对照试管是否存在 DNA，还可以为研究人员提供此人母系祖先的一些初步信息。

今天，我的目标是这个古人的线粒体 DNA。线粒体是为活细胞制造能量的微小结构，线粒体 DNA 就存在于其间。线粒体有自己的环状基因组，仅由 16 569 个碱基对组成。[7] 因为我们只能从母亲那里继承线粒体（除非是在非常罕见的情况下，否则精子在受精过程中不贡献任何线粒体 DNA），所以线粒体 DNA 谱系就是母系祖先的记录。也就是说，你的线粒体序列与你母亲的，还有她母亲的，以及她母亲的母亲的一模一样。它不仅提供了这条谱系记录，而且线粒体 DNA 的变异积累速率也比核基因组稍快，因此能够相当敏感和准确地反映最近的演化事件。这些变化逐渐累积，就像是千年时间尺度上的节拍器。

在古 DNA 领域，对线粒体 DNA 的研究比对人类基因组的任何其他部分的研究都要深入，因为每个人类细胞内有数百到数千个线粒体（相比之下，染色体只有两个）。由于核 DNA 在每个细胞中只有两个副本，因此，从古代骨骼或生物组织中恢复线粒体 DNA 的概率更高。

线粒体 DNA 让我们对人类历史有了很多了解。但遗憾的是，它的优势也是局限。因为它完全从母系遗传，这种基因组只能提供个体的一小部分祖先信息。例如，你可以用线粒体 DNA 来检验一群埋在一起的古人是否母系同源，但不可能仅凭这一技术分辨他们是否具有相同的父系谱系，或更远的亲缘关系。基于线粒体的族群研究无法真实反映历史的广度。我们已经分别从母系和父系遗传角度，找到了许多不同的迁徙模式。

但是，线粒体 DNA 研究对构建美洲族群历史非常有帮助，特别是对于我们这个领域的早期历史。当科学家们回过头来，用其他数据重新测试这些模型时，发现它们相当准确。

人们已经充分研究了殖民化之前存在于美洲原住民体内的线粒体谱系。很明显，这些谱系出现的相对频率和分布范围存在一定的地理模式。例如，在阿留申群岛和北美极地原住民中，我们只看到三个主要的相关谱系群组（遗传学家称之为单倍群）：A2、D2 和 D4。

类似的线粒体谱系表明，所有这些民族都有共同的遗传基因：阿留申群岛的乌纳伽克斯人（Unangax̂）、阿拉斯加北坡地区的因纽皮雅特人，以及加拿大、格陵兰的因纽特人。（北西伯利亚的民族也具有这些单倍群，表明他们有着共同的起源，并 / 或曾经通婚，这也得到了语言学相似性证据的支持）。然而，各单倍群出现在不同族群中的频率存在差异。例如，单倍群 D2 在乌纳伽克斯人中出现的频率很高，A2 则频率较低。因纽皮雅特人的模式又不一样：A2 频率高，D4 频率低，几乎没有 D2 出现（我与几个同事在因纽皮雅特人中首次发现了 D2，该成果于 2015 年发表）。[8] 这些差异反映出不同族群的历史，也同样适用于全美洲现在和过去的所有族群。我们能经常看到古代和当代族群之间的线粒体 DNA 单倍群成分差异。其中一些不同是由于新族群迁移到某一地区后，与之前的居民混居或取而代之，另一些不同则是受时间的影响。

我们可以通过线粒体谱系来确定两个族群是否有过通婚。我们也可以估计出相反的情况：两个族群已经分离多长时间。

假设你属于一个有 8 个兄弟姐妹的大家庭。你最年轻的妹妹与你们其他人大吵一架后，带着丈夫及孩子们搬到了另一个国家。她们的孩子与邻居结婚，并有了自己的孩子，如此继续。你们两个家庭都待在各自的国家，永远没有和解。100 年后，你们实际上就变成了不同家族，尽管拥有一个共同的祖先。

现在想象一下，同样的事情发生在两个族群之间（希望没有争吵）。历史上有一个单一的群组，其内部成员可以自由结婚、生子。但在某个时刻，群组分裂了，一部分人不再与另一部分人生儿育女（这通常是因为有人迁走）。由于我们可以估计 DNA 碱基转变为其他碱基的速率，因此能计算出两个密切相关的谱系之间，随机积累的变异数量，然后回溯、推算出它们分离了多长时间。这意味着，我们在宏观层面上可以确定两个族群大约是什么时候彼此分离的。这种“分子钟”定年法无论如何都算不上完美，但只要谨慎解读，它确实能让我们足够精确地得知一个族群迁移的大致年代。分子钟对我们破解人类历史产生了巨大的影响，而且正如我们在书中看到的那样，尤其对美洲史前史意义重大。

* * *

两小时后，我回到实验室，注意到温度循环控制仪发出稳定的嗡嗡声。这是一个好兆头，说明温度稳定在 4℃，使 DNA 样本保持在合适状态。试管内的液体看起来同我把它们放入温度循环控制仪时一模一样。判断反应是否成功的唯一方法是执行另一套程序，这又需要好几个小时。

离开实验室之前，我先为下一步做准备，制作了一块琼脂糖凝胶。它其实是一个略微有点黏的透明小方块，与明胶非常相似。我把凝胶放在一个两端都有电极的特殊盒子里，加入足够的缓冲液，使其刚好覆盖住凝胶。凝胶的顶部有一系列小孔。我往每个孔中都加入了少量聚合酶链式反应物和示踪染料。在最后一个孔，我还加入了一个标尺——切成不同大小，并与染料混合的 DNA 片段。因为 DNA 带负电，因此，当电流通过凝胶时，DNA 片段会朝电流正极方向移动。这些片段便会从凝胶孔中沿直线慢慢穿过凝胶。DNA 片段越小，移动速度就越快，只要时间足够长，所有片段都会按大小分开，最大的在上面（最靠近凝胶孔），最小的在下面。然后，我就能比较标尺 DNA 的片段与每个孔中聚合酶链式反应产物的大小。如果聚合酶链式反应正常，每个凝胶孔中都会出现一个小条纹（但在阴性对照组中没有），这将对应于引物之间的 DNA 长度。

这就是全套方案。我检查再三，确保凝胶底部指向正极，接着打开了电源。一切正常的第一个迹象是凝胶盒两端出现小气泡。这意味着电流已经接通了。我持续观察了几分钟，看到染料从凝胶孔往下移动了一点点，说明电流方向无误，DNA 也将朝着正确的方向运动，然后我便来到电脑旁，做一些其他工作。

一个小时过去了，现在凝胶上显示出两条相当漂亮的色带：底部是深蓝色，中间呈较浅的紫色。我的聚合酶链式反应产物应该在它们之间的某个地方。此时，凝胶已经通电足够长的时间，充分分离了梯形带。我小心地将凝胶放在一台机器内部的透明玻璃屏上，关上门，拨动机器一侧的几个开关。凝胶的图像出现在我面前的液晶屏幕上：整体呈黑黢黢的正方形，从凝胶孔往下大约四分之三的地方有一条隐隐约约的带子，远端还有一个发出幽灵般光线的梯形图案。我检查了一下，模糊的带子属于我的一个样本，而且大小正确。我再次检查了一遍，阴性对照组没有出现任何东西。成功了！样本里有一些用线粒体引物扩增而来的东西，而且没有受到污染。我把一部分样品寄给一家公司做 DNA 碱基测序，要等好几天才能拿到最终结果，但情况看起来相当不错。

* * *

线粒体片段扩增和测序已经是研究古 DNA 的老式方法了。正如我之前提到的，尽管线粒体 DNA 可以告诉我们某个族群的很多情况，但确实也存在一些局限性。当读取完整的核基因组序列（全部 30 亿个碱基对）的方法出现后，古 DNA 学界很快就意识到了它的潜力。优化 DNA 提取手段耗费了一定时间。天才的研究人员确定了最有可能含有足够的 DNA 用于全基因组测序的骨骼部分，即牙齿和颅骨底部的一小块金字塔形骨头，里面包含了内耳骨（因其密度高而被称为“岩部”）。其他研究人员完善了我刚才使用的提取方法，于是即使是最小的 DNA 片段也能被捕获和净化。

确定试管底部的小液滴中保存了古代线粒体 DNA 后，我便于几周后返回实验室制作基因组文库。这一步的工作台安置在气压最高的房间。我把胳膊伸进防护罩，小心翼翼地将少量 DNA 提取物与水混合。为避免反应在我准备好之前就开始，我把所有试管都放在一个冷藏架内，加入几滴缓冲液和极少量的强效（而且贵得离谱）溶液，然后再用移液管吸放几次，确保溶液完全混合。我把试管放回古 DNA 实验室的温度循环控制仪内，按了几个按钮。把未用完的试剂放回冰箱后，我坐回椅子上等待。

在接下来的 45 分钟，我沉浸在播客中打发时间。机器慢慢加热溶液，先到室温，然后升至 63℃。试管内，从样本中提取的数百万个随机 DNA 片段正在进行末端“修复”。*想象一下，每一管 DNA 包含了数百万条微小的丝状片段，你打算用它们来编织一件艺术品，然而在高倍放大镜下观察，你却看到这些丝带已经被啮齿动物啃得支离破碎，大小不一。有些留下了啃咬痕迹，有些末端遭到损毁。为了利用这些材料做点儿有意义的事情，你需要处理那些乱作一团的末端。最简单的办法就是减掉锯齿状部分，这样每条丝带就都有一个清爽整齐的垂直末端。

虽然我看不到，但我知道这就是我从样本中提取出来的 DNA 的模样。每个 DNA 片段的末端在降解过程中都会变得破烂不堪，导致古 DNA 很难处理。在创建基因组文库的过程中，这一步是使用化学方法，将每个 DNA 片段末端与另一种被称为“衔接子”的

---

* 处理完整无缺的现代 DNA 时，你必须在创建文库之前将其切成微小的片段。不过我们显然不需要如此处理古 DNA，因为它们已经非常破碎了。

DNA 片段相连。

那天早上，我在实验室里要做的下一步就是在每个 DNA 片段的末端添加（或连接）两种非常短的 DNA 序列。我继续拿丝带进行比喻。通过一系列操作，我要将一种绿色小丝带粘在试管内每一条微小的丝带的一端，再用另一种黄色丝带粘在它们的另一端（此时丝带末端已经处理平整了）。

这些小小的丝带（DNA）序列含有引物，可以让我对基因组文库内的所有片段进行扩增和编码。这样我就能够区分在超净实验室中提取的 DNA 和在试管离开房间后进入该试管的任何 DNA。

在接下来的几个小时里，我费了好大劲往试管中一次次加入微量液体，摇匀混合，放入温度循环控制仪以不同温度进行培养，再将这些昂贵的小试剂管放回冰柜，祈祷自己没犯错误或污染了什么东西。在此期间，我不禁有点儿妒忌那些大型实验室。他们有高科技机器人来自动完成大部分 DNA 提取和制作基因组文库的准备工作，还招募了一支“军队”，让他们能够以我们做梦都想不到的规模和速度分析基因组。这些实验室聘请了杰出的研究人员，开发出检索和分析古基因组的新方法，彻底改变了这一领域。

与线粒体基因组相反，核基因组的缺点在于，古代核 DNA 非常稀少，往往无法完成基因组拼图。要么根本没有足够的分子保存下来，要么与提取到的所有其他 DNA（来自土壤微生物和其他来源）相比，古代人类的 DNA 实在太少了，以至于如果要详细测序以获取拼装出整个基因组所需的全部片段，其成本高到令人望而却步。想象一下，你试图完成一个极其困难的1000片拼图。其碎片与另外100个拼图的10万片碎片混合在一起，而你从这堆碎片中每拿出来一片都要花钱。这个关于核基因组测序的比喻非常精准。通常情况下，你从一份样本提取物中得到的全部DNA片段，只有1%或更少属于古人类。你可以对DNA提取物提前筛选，估计一下能存在多少人类DNA，以及数量是否足够令测序可行。筛选可以为你省很多钱，但缺点是你只能从极少数保存完好的古代个体中获得基因组。

第二种方法是从提取到的所有DNA片段中寻找人类DNA，这个过程被称为靶向捕获。要做到这一点，你需要使用诱饵——与相应DNA序列结合的人类DNA或RNA片段。这些片段是由研究人员预先选择的，用于提供族群差异信息。诱饵DNA来自现代人类基因组，经设计与生物素（也就是维生素H）结合在一起。生物素分子喜欢附着于一种被称为链霉亲和素的蛋白质上。生物素-链霉亲和素的结合力非常强，分子生物学中无数巧妙的实验都少不了它们。在搜寻古DNA的探险中，研究人员把链霉亲和素涂在磁性珠子上。当他们给所有DNA片段安装上诱饵片段后，就把它们与磁珠混合。诱饵会与涂有链霉亲和素的珠子结合在一起，并通过磁力固定住。所有非人类DNA在接下来的反复清洗过程中会被逐渐清除，从而提纯古人类DNA片段，然后把诱饵从钓上来的DNA“鱼”身上取下来，就可以进入扩增和测序阶段了。这种方法提供了来自整个核基因组的预选点位数据，比直接测序整个基因组要便宜得多，也更为可行。一组科学家已经将基因组中超过120万个点位的探针捕获序列（1240K 捕获阵列）免费公之于众。[9]

我的基因组文库建好了。在接下来的几天里，我验证了基因组文库制备是成功的。对文库中一小部分测序片段进行的初步测序表明，古人类 DNA 分子数约占样本总 DNA 的 10% 左右，足以让我对整个基因组进行测序了。我一收到测序数据文件，就满心喜悦地把它们传给一位专门从事古基因组分析的合作者。在等待分析结果期间，我尽量保持耐心，毕竟这是该地区有史以来第一个进行测序的基因组。我焦虑的事情有很多：担心 DNA 不能产生高质量的基因组；担心某个更大的实验室会抢先一步，在我之前发表这一地区的结果；担心合作者得出错误结果；担心这位古人的继嗣族群会怎么看待结果。不过操心那些我无法控制的事情毫无意义，所以我索性把这个项目从脑海中清理掉几周，让合作者安安静静地工作。

若要对古人类基因组测序，首先必须开发计算机程序来区分哪些是真正的古 DNA 片段，哪些是现代污染物片段，哪些是样本中共同提取出来的微生物基因组。我们现在已经取得了一项重大突破，认识到古 DNA 存在独特的损伤模式，能够将其与造成污染的现代 DNA 区分开来。* 这意味着通过一种特殊程序，人们就可以估计现代 DNA 的污染程度，并区分受损和未受损的测序片段。

---

* 具体来说，古 DNA 具有很高程度的胞嘧啶脱氨作用，致使聚合酶在复制古 DNA 分子时发生一种特殊错误：在古 DNA 分子的五个引物端，C 变为 T 的频率很高；在三个引物端，G 变为 A 的频率很高。

人们还开发了其他方法，将微小的古 DNA 片段与完整的人类基因组序列图谱进行匹配。这使得我们可以利用从骨骼中提取出来的数百万个随机 DNA 残缺片段组装成一个人的基因组。测序深度越大，也就是通过多个片段确认一个密码子或句型的次数越多，我们就越有信心区分真正的 DNA 序列和损伤。计算遗传学家发明了将古人类基因组与其他古代和当代人的基因组进行比较的新方法，并开发出强大的工具，利用这些新型数据建立族群的历史模型。现在，我们可以估计不同时间点的族群人口规模变化，检测不同的祖先来源（包括我们尚未直接观察到的古代族群），并更加准确地模拟古代迁徙和混居事件。[10]

我们目前已获知了大量美洲族群的历史，并将在后面的章节中讨论。这些知识大多得益于上述令人难以置信的科技突破。我们现在探索到的历史细节之丰富，与使用老式方法相比，如同谷歌地球比之纸质地图。

我把数据传给合作者几个月后，他给我发了封电子邮件。第一行就写道："你发现了一些非常有趣的东西。这个人属于美洲南方原住民演化分支，与安齐克-1 非常相似。我还需要进一步确认，他的祖先可能来自一个之前未曾采样检测过的族群，但肯定不是古白令人。"

上面那几句话如果放在 20 年前，可能会让考古学家或遗传学家觉得莫名其妙，不过新方法帮助我精确得知，这个古人的经历与古人类基因组揭示的日益复杂的族群历史模型是相互匹配的。我们将在下一章探索这段历史。

第三部分

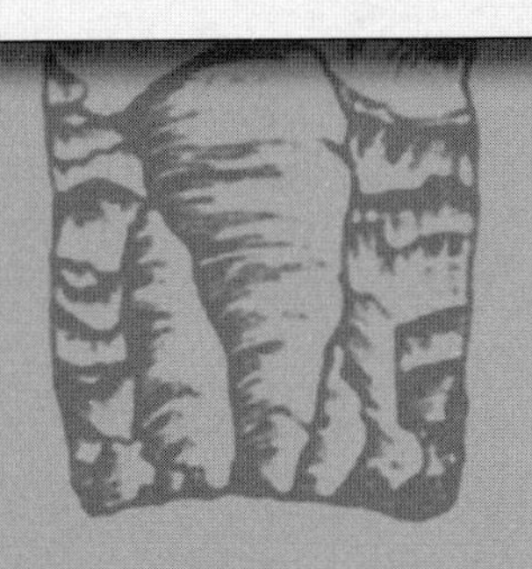

第六章

所有遗传学家和大多数考古学家都同意，在演化论的框架下，美洲原住民族来自何方是一个生物学问题，与解剖学意义上的现代智人走出非洲后四处扩散有关。这种方法将遗传学证据置于首位来创建模型，然后用考古学、语言学和环境证据来检验模型是否准确。

正如我们在前几章所讨论的，包括体质特征、经典遗传标记、线粒体和Y染色体DNA在内的生物学数据向我们证明，美洲原住民族的祖先源自亚洲的古老族群。针对这个极端复杂的过程，遗传学家们采用的建模方式过度简化，他们对此一直心知肚明。当我们对全基因组，尤其是对非常古老的人类基因组测序时，我们也开始发现过去的研究遗漏了太多细节。

从这些新数据中衍生出了无限精彩的崭新故事，而且故事越来越丰富。在本章中，我们将探讨这个故事的遗传学部分，指出它与考古学证据有哪些一致和矛盾之处。

很难知道遗传史是在何时何地发端的。原本用简单模型描述的人类史因遗传学的加入而变得复杂起来。而且无论将某个族群的“起源点”定义在哪里，都不可避免地显得太武断。我们这些古遗传学家经常根据单一的基因组信息来讨论“民族”，同时也认识到以此来分类有多么荒谬。虽然每个基因组确实揭示了某个人诸多祖先的情况，但它不可能代表此人的所有祖先，也不可能告诉我们一个祖先群组变成另一个群组的时间点在哪里。

本书接下来的几章将依据目前的基因数据描绘一幅美洲原住民起源的可能图景。但是当你阅读这些章节时，请记住，我们接下来为各族群贴的全部标签都是对盘根错节、极其复杂的族谱简化后的结果。

我们正在使用12个左右、时间跨度达2万年之久的基因组进行研究，试图揭示人类历史上数不清的迁徙、交配、出生和死亡事件。古基因组学的惊人之处在于它的效果很不错：每个人的基因组都蕴含了成千上万个祖先的信息，使我们能够以更为宏大的尺度了解人类的故事。

但是，当你阅读这部基因编年史时，请不要忽视生活在这段历史中的个体（尽管他们的个人经历已经在历史中丢失殆尽，但依然丰富多彩），也不要漠视他们的尊严。我在这里讲述的故事类似于通过拼接一个人在照片墙（Instagram）上发布的照片来重构他的整个人生。结果并非不准确，只是……不甚完整。

* * *

本章概述了遗传学告诉我们的美洲人类历史的前四分之一：在大约 4.3 万年至 2.5 万年前，美洲原住民的基因库的形成历程。不妨把它们看作我们的路标，在混乱的迁徙和族群形成的曲折历史中为我们指明方向。本章中，我们的历史之旅旨在寻找与美洲原住民有直接亲缘关系的一个或多个族群。为了达到这个目的，我们还得讲述他们的两个祖先族群——原始东亚人和原始北西伯利亚人的故事。

我想从大约 3.6 万年前原始东亚人出现的那一刻开始，但我首先要再往前追溯一段时间。以下是按时间顺序，简要绘制的人类迁徙示意图：

距今 5 万年到 3.4 万年前的旧石器时代晚期，看起来跟我们差不多的人类就已经离开非洲，在全球范围内迅速迁移，进入西欧，直至澳大利亚。新环境里已经有其他种类的人类居住，即被我们称为古人类的尼安德特人和丹尼索瓦人。不过解剖学意义上的所谓"现代智人"成功找到了适应新环境的生存之道。

他们开发了一系列卓越的技术，解决了食物、庇护所、迁移等问题。他们制造出包括尖状器、石叶、兽皮刮削器在内的复杂石器。他们还用骨头制作工具，比如缝衣针、锥子和矛头。他们创造了新的艺术表现形式：岩画、精美的小雕像和首饰。他们无论走到哪里，都同早期智人表亲们相互接触。一些孩子就在这样的互动中诞生。今天在所有人类种群的基因组中，都可以不同程度地找到这

根据遗传学和考古学证据，旧石器时代晚期部分人类族群分布和迁徙情况。

些血统的蛛丝马迹（详见补充条目“古人类的基因遗产”）。西伯利亚西部大约4.5万年前的乌斯季伊希姆遗址中，一个祖先来自欧洲和东亚的个体基因组显示，尼安德特人可能起源于6万年前。

在旧石器时代晚期，生活在非洲以外的智人种群规模就已经足够大，而且地理上也相当分散，这就保证了可通过遗传变异积累来区分世界不同地区的人类种群。在中国北部田园洞遗址发现的一个古人类基因组显示，研究人员可以从基因上分辨出大约4.3万年到4万年前，生活在亚欧大陆西部和东亚的不同人类，尽管这些差异很微妙，而且他们之间的基因混合程度也相当高。*[1]

古人类的基因遗产

解剖学意义上的现代智人，或者说长得像我们的人类，在大约6.5万年至5万年前的某个时候曾经与尼安德特人交配，在大约5.5万年至4.5万年前的某个时候与丹尼索瓦人交配（也可能在其他时间）。遗传学家将这些事件郑重地称为“基因渗入”，这类事件在世界不同地区均有发生。此后，随着族群迁徙和混居，“渗入”血统散布到全球各地。目前，丹尼索瓦人的DNA痕迹主要留存在南亚、东南亚

* 无论在何种意义上，基因的独特性都不能被错误地理解为“纯种”。

和美拉尼西亚人群中。尼安德特人的DNA在东亚、欧洲和北非出现的概率最高。东非人群中，尼安德特人的DNA水平较低，可能是因为现代智人在近期的基因流中带入了相应的等位基因。

在阿尔泰尼安德特人的基因组中已经发现了来自早期现代智人的基因流迹象。到目前为止，现代智人体内还没有发现尼安德特人的线粒体谱系，这强烈表明交配行为是在尼安德特男性和现代智人女性之间发生的。有强有力的证据表明，我们的基因组一直在慢慢地逐代清除大多数古人类的痕迹，但也有少数例外。现代智人从其他人类那里继承的一些等位基因似乎相当有益，因而在自然选择中得以保留，继续存在于某些人类族群中。

2014年，研究人员为找出墨西哥和南美洲原住民2型糖尿病高发的潜在遗传机制，进行了一项大型全基因组关联性研究，以寻找基因组中与该疾病有关的风险因素。他们发现一个与肝脏脂代谢有关的基因的两个等位基因（SLC16A11和SLC16A13）是这些族群2型糖尿病多发的原因，并确定其来自尼安德特人的基因组。它们高频率出现在这些人群中，可能意味着其祖先在面对饮食结构变化时，此基因起到了有益功效。也许这种等位基因对生活在高纬度地区或高寒气候条件下，以大量肉类为主食的族群，比如美洲原住民的先祖，具有一定优势。

美洲原住民中也有丹尼索瓦人贡献的有益等位基因。研究人员在原住民基因组中扫描了强正向选择下的等位基因证据，发现1号染色体上的一段DNA具有一套变体，在原住民中高频出现。该区域包含两个名为TBX15和WARS2的基因，它们与许多体质特征相关，如身高、体脂分布和毛发颜色等。这种直接来自丹尼索瓦人的等位基因可能在现代人类适应极地生活的过程中发挥了积极作用，也许还影响目前生活在该地区的族群的常见体形。[2]

东亚，约3.6万年前

大约3.6万年前，生活在东亚的一小群人开始从更大的一支原始东亚族群分离。我们不知道他们为何出走、如何出走，但随着时间推移，这个群体与邻近族群所生孩子的数量越来越少。这种遗传特征通常标志着发生了某种人口迁徙，因为地理距离往往导致两个族群减少基因流。在考古学层面上，我们对这一过程还很不了解，但我们可以从他们后代的基因组中看到这次迁徙历程：一个东亚群体从更大的族群中分离出来；此后，两者的基因流逐渐减少，但又持续了1万年左右。

到大约 2.5 万年前，该群体与更广泛的东亚族群之间的基因流完全停止了。同样，我们不确定发生了什么，但可能又出现了一次迁徙。较小的那支东亚群体一分为二。其中一支被遗传学家称为古西伯利亚人，留在了东北亚，另一支成为美洲原住民族的祖先。大约 2.4 万年前，这两个群体开始独立地与一个完全不同的族群产生交流：原始北西伯利亚人。[3]

北西伯利亚，3.1万年前

所有的骨头都有故事。3.1 万年前，两个小男孩在北西伯利亚的亚纳河畔掉落了两颗牙齿。我幻想那是一个阳光明媚的夏日午后。

男孩们在河边浅滩上玩耍，一边尖叫着，一边争先恐后地寻找石头扔进水里，希望溅对方一身。一个在附近抓鱼的成年人受够了。她斥责道："要么别闹，要么滚到一边玩儿去，你们吓到鱼了。如果抓不到鱼，大家晚上都得饿肚子。你们 10 岁了，马上就是男子汉了。要像个男人一样！"男孩们怯生生地退到河岸另一边，一屁股坐到草地上。就在他们打算另找一个游戏玩耍时，其中一个孩子心不在焉地拨弄起他的尖牙来。这颗牙齿松动有一段时间了，他总喜欢玩弄它。突然，牙齿蹦了出来！他很惊讶，摸了摸掉牙的部位，感觉新牙牙尖正要从牙龈中钻出。他看了看

古西伯利亚人（约 25 000 年前
原始北西伯利亚人
东欧亚人

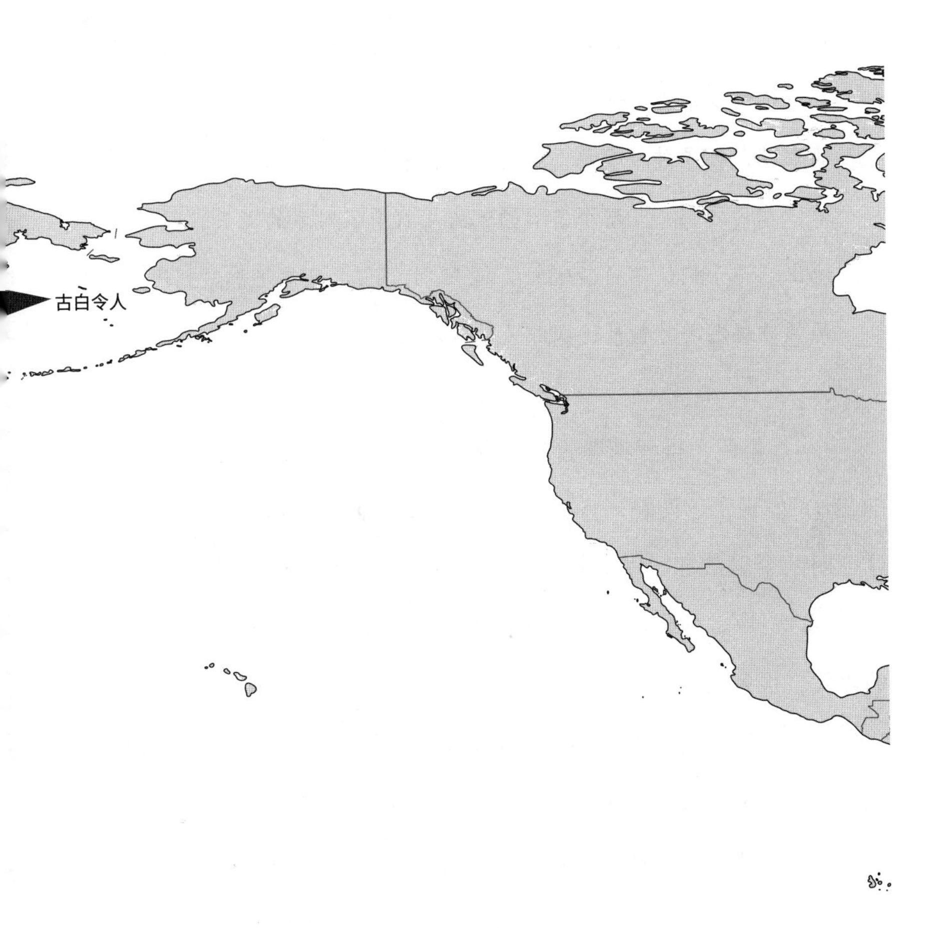
古白令人

最好的朋友，嘴里流着血，露出一个狡黠的微笑，把牙齿扔到了朋友的腿上。“太——恶——心——了！”朋友惊叫道。朋友假装呕吐，把手伸进嘴里，猛地一拽，也把一颗松动的牙齿拔了出来，朝对方扔去。这个恶心的玩意儿打中了对方的额头，弹到草地上。孩子们情不自禁地大笑起来，打闹着，从岸上翻滚到河里。两颗被遗忘的牙齿最终深深地陷入泥土。

3.1 万年后，俄罗斯考古学家弗拉基米尔·皮图尔科（Vladimir Pitulko）发现了这两颗牙齿。它们都有使用的痕迹，表面有牙菌斑，这证明两个男孩都挺过了危机四伏的婴儿期和幼儿期，至少活到了 10 岁或 11 岁。他们比大多数人都幸运。在那个没有疫苗和抗生素的年代，很多孩子早早死去。

我们不知道男孩的名字，也不知道他们活了多久；我们不知道他们是在一起玩耍还是在打架；我们不知道他们之后是长大成人、结婚生子，还是早早地在漫长的西伯利亚严冬中死于疾病或饥饿。

两个男孩和他们的亲属都没有留下任何其他骨头，但我们以一种可以想象得到的最亲密的方式来了解他们。我们掌握了他们的全基因组，他们成长中换掉的牙齿便是来源。基因组向我们讲述了一个发生在遥远的过去，一个旧石器时代晚期生活在北纬 70 度以北地区的非凡民族的故事。

亚纳男孩的基因组告诉我们，他们那支族群，被我们称为原始北西伯利亚人的族群，大约在 3.9 万年前的某个时候从原始东亚人分离出来。这次分离很可能发生在他们进入西伯利亚东北部期间，那里远远超出了他们的远房表亲——尼安德特人和丹尼索瓦人——居住的边界。[4]

从生物学的角度来看，原始北西伯利亚人能够在尼安德特人无法生存的北极圈以内繁衍生息，着实令人惊讶。尼安德特人演化出了适应寒冷环境的体质。他们身材强壮结实，四肢短小，非常适合保存热量，而他们鼻子的大小和形状也是适应的结果，可以在冷空气到达肺部之前对其加热。相比之下，现代智人在这一历史阶段仍然只适应赤道气候。他们四肢修长，身体纤瘦，体型有利于散热而非保温。

但现代智人比尼安德特人发明了更多复杂的工具。捕兽器和陷阱帮助他们猎取较小的猎物，如鸟类和野兔，以满足他们不太高的热量需求。其中一项技术尤为重要，使人类得以在极地生活——简陋的缝衣针。今天，我们可以在商店花大约 4 美元买到 16 根，但在 3.8 万年前，这不啻奇迹。古人必须采用复杂工艺，凭借灵巧的双手才能将猛犸象牙制成缝衣针，并打上针眼。缝衣针帮助人类裁剪御寒的衣物、睡袋、手套和房屋遮盖物。想象一下，在 12 月的一个晚上，你站在俄克拉何马北部寒风凛冽的平原上，或者行走在芝加哥的密歇根湖边，气温只有现在的一半左右，你会有怎样的感受。显而易见，古人穿上量身定做的毛皮衣装，每天就能花更多时间到户外打猎和采集食物。在这样的气候环境下，保暖无疑是件生死攸关的大事。

亚纳遗址 （31 000 年前）
古西伯利亚人
乌斯季伊希姆遗址
（约 45 000 年前）
原始北西伯利亚人
马尔塔遗址
（25 000 年前）
田园洞遗址（约 40 000 年前）
东欧亚人
人类走出非洲（约 43 000 年前）

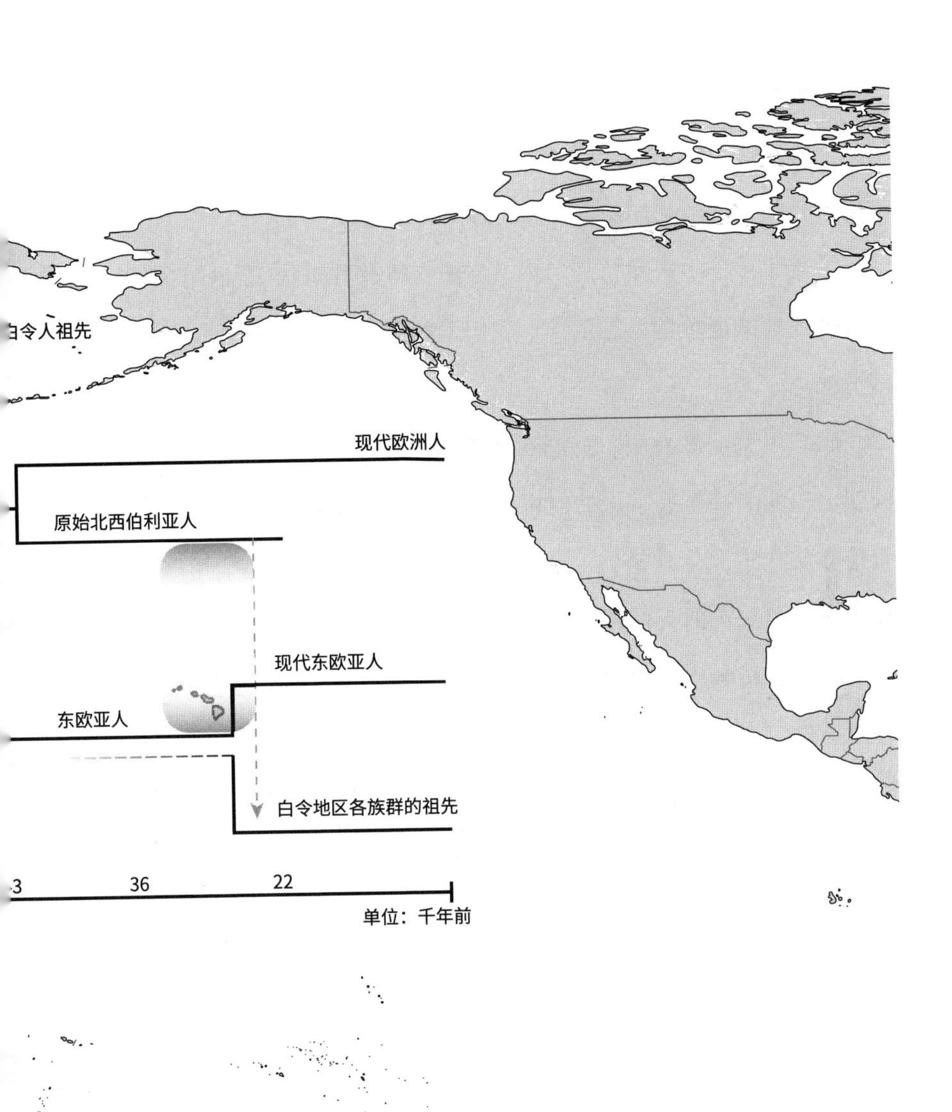

白令人祖先
现代欧洲人
原始北西伯利亚人
现代东欧亚人
东欧亚人
白令地区各族群的祖先
36
22
单位：千年前

尽管寒冬漫长，平均气温降至-38℃左右，但一群原始北西伯利亚人在这个地区繁衍了近 200 年。他们聚居在亚纳河两岸，考古学家将其统称为亚纳犀角遗址（简称“亚纳遗址”）。

得益于考古学家弗拉基米尔·皮图尔科及其团队 20 世纪 90 年代以来在亚纳遗址的发掘工作，我们了解了这群古代居民的很多生活情况。

他们用兔毛做衣服，打制石器来猎杀犀牛、马、猛犸象、狼、驯鹿、棕熊，甚至狮子。他们将象牙雕刻成特殊的器皿，脖子上戴着精心制作的象牙珠链，一些珠子还被涂成红赭色。他们用琥珀、牙齿或深银灰色的天然碳沥青创作了马或猛犸象形状的吊坠。他们用同样的材料制作手镯和发饰，并在猛犸象的獠牙上刻画猎人或舞者的形象。[5]

亚纳遗址曾经的“主人”可不是个小部落。由遗传学家艾斯克·维勒斯列夫（Eske Willerslev）领导的团队完成了对这两个男孩牙齿的基因组测序工作，结果显示，他们不是兄弟或表兄弟。而如果是在一个小规模群体里找到两个同时代孩童的遗骸，他们的亲缘关系通常要近得多。我们从他们的基因组中得知，该部落的有效种群规模（具有生殖能力的成年人的数量）大约是 500 人。实际人口数量要大得多——也许有 1000 人，甚至更多。我们不清楚为什么在这个地方没有发现墓葬，也许他们把死者火化了，也许墓地还有待发现。

东西伯利亚，2.5万年前

当我读到位于东西伯利亚的马尔塔遗址（Mal'ta）的发掘报告时，不禁去想象埋葬孩子们的情景。

只有失去孩子的人才能理解打击有多么巨大。这一天，两个家庭把孩子安葬在同一个坟墓里，向一个婴儿和一个幼童告别。他们把婴儿埋在三岁孩童的身边。母亲颤抖着伸出手，最后一次抚平婴儿毛茸茸的黑发，然后给两个孩子洒上红色粉末，帮助他们去往来世。亲人们为孩子的旅程做了充分准备，随葬了一个象牙尖状器和一些燧石工具。幼童的母亲慈爱地给他戴

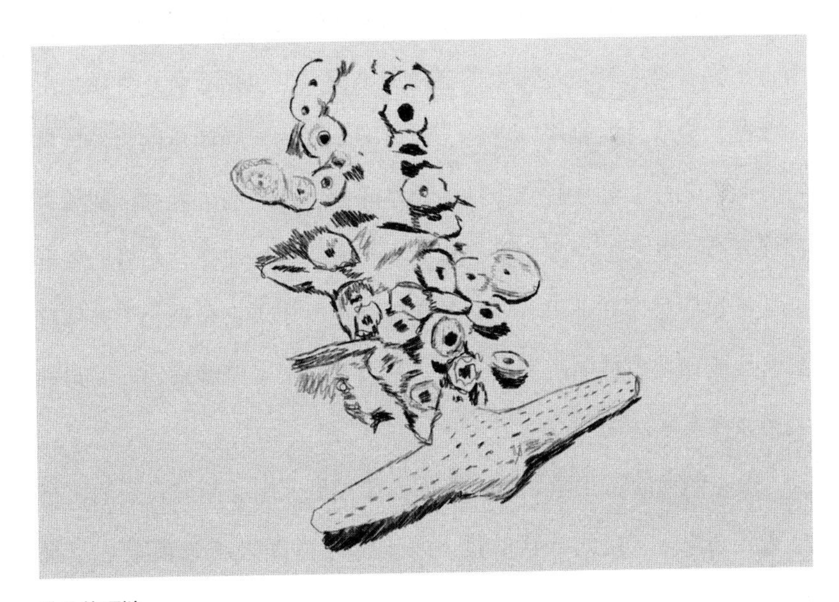

幼儿的项链。

上饰品：一个手镯、一个头饰和一条搭配着鸟形吊坠的串珠项链。也许它们寄托了孩子对飞行的渴望：他蹒跚地追赶着乌鸦，挥动胖乎乎的手臂，模仿鸟儿扇翅膀。也许他的父母互相安慰，确信孩子的灵魂正在自由飞翔。人们用一块石头盖住这个充满悲伤的小洞，以防食腐动物破坏。两个家庭迈着沉重的步伐回到营地，从此在难以想象的悲痛中永远地联系在了一起。

这两个孩子——考古学家称之为 MA-1（幼童）和 MA-2（婴儿）——生活在西伯利亚东部靠近贝加尔湖的马尔塔遗址。俄罗斯考古学家米哈伊尔·格拉西莫夫（Mikhail Gerasimov）在 20 世纪 20 年代对该遗址进行挖掘，发现了一个由地下房屋组成的营地。古人用驯鹿角搭建房屋墙壁和屋顶，当年还应该在鹿角上覆盖了兽皮。考古学家在马尔塔遗址出土的器物种类惊人，包括石器、骨质抛射尖状器、缝衣针、锥子、首饰，还有旧石器时代晚期亚欧大陆族群特有的工艺品，如一种“维纳斯”小雕像，表现的是乳房、腿和臀部极其夸张的女性形象。多样化的器物表明，居住在马尔塔的族群要么是长期居住在那里，要么是定期驻扎。如果它只是一个类似狩猎营地或作坊那样的短期补给点，那么考古学家能够发现的器物种类应该很有限。[6]

得克萨斯农工大学教授、美洲原住民研究中心研究员凯莉·格拉夫告诉我：“在此扎营的古人是末次冰盛期来临之前最后一批居住于本地区的人类。他们应该注意到了气候越来越冷，越来越干燥。”

格拉夫一直重点研究这些西伯利亚族群在末次冰盛期迁移到了哪里，还特别痴迷于研究美洲原住民的祖先来自何方。有关古西伯利亚人的考古记录在末次冰盛期消失了。大约 2 万年至 1.5 万年前，气候开始回暖，但考古学家没有找到任何此期间的人类存在证据。似乎整个古西伯利亚人都迁徙到了温暖地区，又或者他们都死了。

格拉夫和美洲原住民研究中心的其他研究人员一直在与遗传学家艾斯克·维勒斯列夫合作，对北美已知最古老的遗骸进行基因组测序，我们将在下一章节中讨论。格拉夫曾经在西伯利亚长期工

一个来自马尔塔遗址的“维纳斯”小雕像。与其他西伯利亚“维纳斯”雕像一样，这件作品包含头巾和其他保暖衣物，而欧洲出土的“维纳斯”雕像通常呈裸体。

作，提出是否有可能从马尔塔孩童身上获取DNA，于是格拉夫向维勒斯列夫介绍了这座前末次冰盛期遗址的情况，并安排他到圣彼得堡的艾尔米塔什博物馆研究遗骸。

2014年，由格拉夫和维勒斯列夫组建，马纳萨·拉加万（Maanasa Raghavan）领导的团队发表了MA-1的全基因组分析报告。从后来的比较中我们得知，马尔塔男孩所属族群是来自亚纳遗址的原始北西伯利亚人的直接后裔。[7]他们大致是现代西欧亚人的祖先。但是将他的基因组与世界其他族群的基因组比较时，研究人员发现他与现今美洲原住民也密切相关。该族群是原住民的直系祖先。* 马尔塔人，也就是原始北西伯利亚人，似乎在大约2.5万年前遇到了本章开头讲述的东亚人后代，并与之交配。目前的估算表明，美洲"第一批民族"的祖先大约有63%的东亚族群血统，其余来自原始北西伯利亚人。我们不确定在哪里发生了基因交流。一些考古学家认为是在东亚，古西伯利亚人就是在末次冰盛期迁徙到了这里的。

从遗传学证据来看，也有理由相信族群互动发生在西伯利亚的贝加尔湖附近。正如本章前面提到的，古西伯利亚人在大约2.5万年前从美洲原住民的原始东亚人祖先中分离出来。我们是从旧石器时代晚期生活在贝加尔湖地区的一个被称为"UKY"的个体基因组

* 这就出现了一个古基因组学相当常见的悖论：这个没有后代的马尔塔男孩在遗传层面上却是现代居住在欧洲、西亚、中亚、美洲的数百万人的祖先。

和约 9800 年前，生活在西伯利亚东北部一个被称为“科雷马 1 号”(Kolyma 1) 的个体基因组中了解到这些情况的。这些人的基因组与美洲原住民密切相关，算是他们的“表亲”，而且还显示出他们的祖先来自原始北西伯利亚人和原始东亚人，其中东亚血统的比例比美洲原住民要高一些，约为 75%。原始北西伯利亚人的基因流入古西伯利亚人的原始东亚人祖先族群，可能与流入美洲原住民祖先族群的时间差不多，大约在 2.5 万年至 2 万年前。由于 UKY 生活在大约 1.4 万年前的贝加尔湖地区，一些研究人员认为，东亚人和原始北西伯利亚人似乎很可能在外贝加尔湖地区相遇。[8]

但其他考古学家和遗传学家却质疑美洲原住民的两个祖先族群——东亚人和原始北西伯利亚人曾经相遇的说法，因为人类为了在末次冰盛期生存，会向南迁徙，而不会朝北移动。(在这种情况下，像 UKY 这样的古西伯利亚人后裔可能就是他们离开白令地区南迁的结果。)

证据是美洲原住民的线粒体和核基因组都表明，他们曾与所有其他族群隔离了很长一段时间。在此期间，他们发展出只有美洲原住民才有的遗传特征。这一结论最初是基于传统的遗传标记和线粒体证据，后来被称为“白令孵化”、“白令暂停”或“白令停顿”假说。[9]

大多数遗传学家怀疑，如果美洲原住民的祖先在末次冰盛期居住在其他族群附近，那么他们不太可能长时间完全隔绝。因此，我们将目光转向北方，而不是东面，寻找美洲原住民的祖先得以在冰期幸存下来的避难所。我在本书中将他们称为“白令人”。

除了几个小岛外，白令地区中部如今几乎都沉入水下，而在 5 万年到 1.1 万年前，路桥则是一条牢固的陆上通道。科学家正在钻探这一地区的沉积地层，以获取岩芯。这些岩石样本里面包含了花粉、植物化石和昆虫遗骸，可提供每个钻取地点历史上的地质和环境概况。古气候学家将这些快照信息拼接起来，重建了整个白令地区在末次冰盛期的气候模型，包括今天沉入海平面下的区域。

测定为末次冰盛期的地层向我们表明，白令地区的环境分布并不均匀，存在大片干燥寒冷的亚寒带草原–苔原，里面布满了草本植物和小灌木，比如矮柳。尽管整片草原–苔原上的巨型动物不仅是食物来源，还提供了可供燃烧的粪便和骨头，但这里缺乏木材，人类生存依然步履维艰。不过在白令及其周边地区仍有一些地方可以吸引人类和动物前来避难。

在严酷的冰期，白令中部地区的南部就是一处可能的人类避难所。此地目前处于海平面 50 米之下，但在 5 万年至 1.1 万年前则是低地沿海地带。与草原–苔原不同，陆桥南部海岸靠近海洋，因此较为温暖湿润。

古环境证据显示，那里实际上还有湿地和泥炭沼泽，生长着诸如云杉、桦树、桤木等树木，人们可以砍伐树木用作燃料。水禽也会来这里，和其他动物一起，成为白令人稳定的食物来源。这个美洲原住民起源模型解释了为什么会出现基因隔离的情况。在一些考古学家看来，这也与考古学证据相吻合。生活在陆桥南部海岸的白

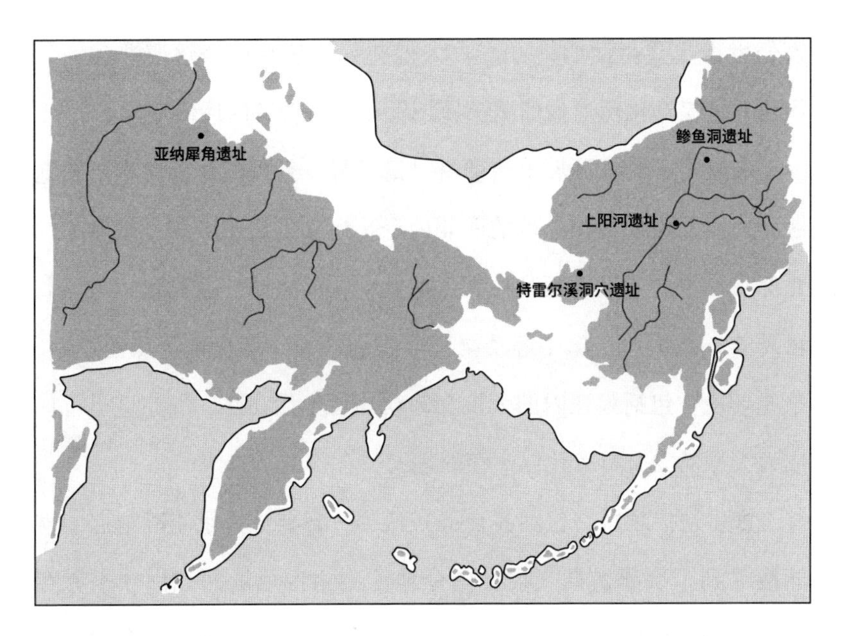

白令地区地图，显示了末次冰盛期的陆地范围和本书讨论的遗址位置（改编自霍菲克等，2020 年）。

令人可以从太平洋获取海产品，如海带、贝类、鱼类、海洋哺乳动物等。人类长期停留在沿海地区将发展出新能力以适应新环境。如果这个假说是对的，那么这段与世隔绝的时期意味着，当几千年后进入美洲的路线畅通无阻时，“第一批民族”就已经具备了在沿海环境中繁衍生息所必需的知识文化。白令地区应该被视为一块失落的大陆，而不是一座陆桥。“陆桥”这个词给人一种人们竞相穿越狭窄的地峡，来到阿拉斯加的印象。但海洋学数据清楚地表明，在末次冰盛期，陆桥有两个得克萨斯州那么大。如果“走出白令”模型无误，那么白令地区就不是一个过境点，而是人类的家园，一个人们世世代代生活的地方。古人视此处为避难所，逃避恶劣的气候，并慢慢演化出他们的美洲原住民后代所特有的遗传变异。[10]

最近，一个古环境重塑项目确定了另一处可能作为避难所的地区。白令北极地区和邻近的西北白令平原（泰梅尔半岛和勒拿盆地北部）在末次冰盛期是各种大型哺乳动物的家园。猛犸象、马、高鼻羚羊、披毛犀和麝牛等动物都非常适应高纬度极地干燥的草原-苔原环境，包括狼在内的大批食肉动物也生活在此，因此这里可以成为大型动物狩猎者赖以生存的地方。[11]

许多遗传学家（包括我自己）认为，只要选择了正确地点，就能搜寻到末次冰盛期人类在白令地区中南部或者西北白令平原存在的证据。有一些可喜的迹象表明，早在 1.4 万年前，白令地区东部就已经有人类居住了。在阿拉斯加布鲁克斯山脉约 3.2 万年前的湖泊沉积层中，一个研究小组找到了一种名为“甾烷醇”的有机分子，看起来与人类粪便中的物质一模一样。[12]

第二个线索来自加拿大北极地区的鲹鱼洞（Bluefish Cave）深处。20 世纪 70 年代，法裔加拿大考古学家雅克·桑-马尔斯（Jacques Cinq-Mars）发现了一些距今约 2.4 万年前的动物骨骼，上面有切割痕迹，表明可能有人屠宰这些动物。这远在“克洛维斯第一”假说被推翻之前很久，所以桑-马尔斯的发现并不为人所重视。考古学界的同行们嘲笑他，将其发现视如空气。

2015 年，研究生劳莉雅娜·布尔容（Lauriane Bourgeon）重新分析了桑-马尔斯收集的 5000 多块骨头碎片，这些是后者提出的人类活动证据。她得出结论，虽然大多数骨头碎片是自然原因造成的，但有几块骨头上有平行沟槽，看起来正是人类而不是食腐动物造成的。[13]

许多考古学家仍然对粪便和切割痕迹相当谨慎，认为这些证据不只是说服力不足，而是除了这些发现之外，根本没有其他考古学证据支持“走出白令”或“走出北极”假说。几乎所有可能作为人类避难所的地方现在都在白令-楚科奇海的海底，以及现今西伯利亚以北的北冰洋下面。未来的水下考古学家也许有一天能够驾驶潜水艇对这些地区展开调查，但这一问题当前依然无解。

白令地区某地，2.4万年前？

就在白令人进入隔离期前后那段时间，他们分裂成几个群组：美洲原住民的祖先将迁徙到冰原以南，后来成为“第一批民族”；古白令人，他们留在白令地区原地不动；还有一个神秘的群组（未采样族群 A），我们只是从中美洲族群的遗传谱系中间接得知他们的存在。[14]

我们从一处考古遗址恢复了古白令人的基因组，它向我们讲述了另一个失去孩子的悲伤往事。1.1 万多年前，三个孩子——一个女胎、一个三个月大的女婴和一个三岁的男孩被安葬在阿拉斯加塔纳诺河谷的家中炉床下。与马尔塔男孩一样，亲人们也为他们精心

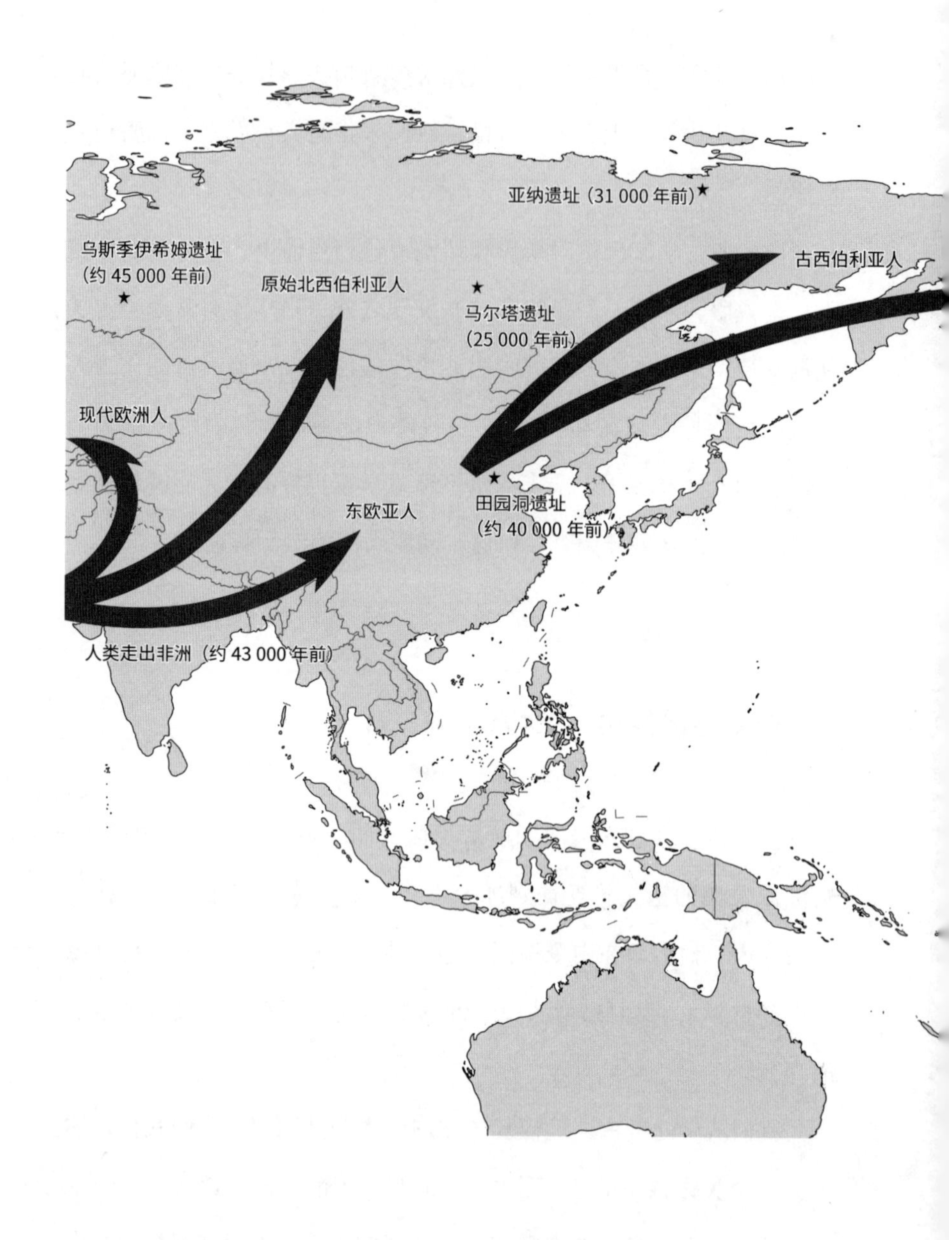

族群迁徙假想图。图表显示谱系树和时间尺度，虚线箭头表示基因流。

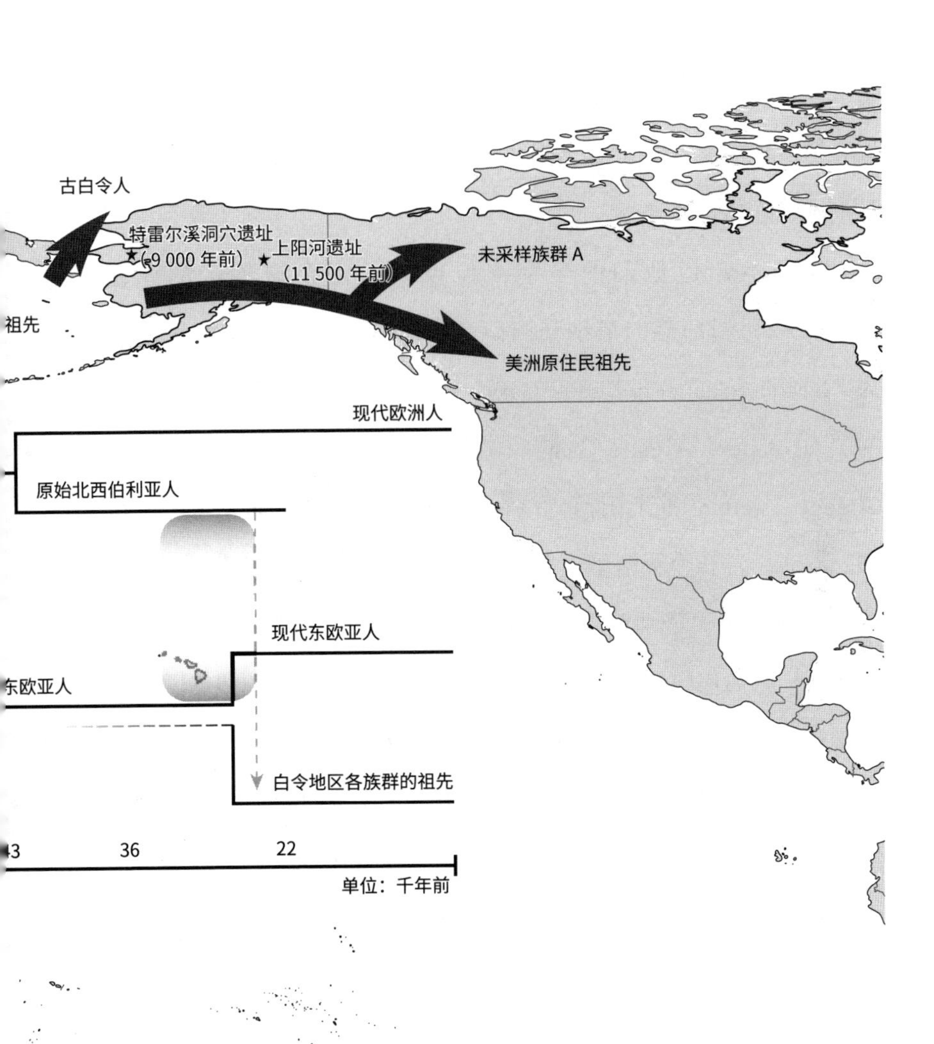
古白令人
特雷尔溪洞穴遗址
（9 000 年前）
上阳河遗址
（11 500 年前）
未采样族群 A
祖先
美洲原住民祖先
现代欧洲人
原始北西伯利亚人
现代东欧亚人
东欧亚人
白令地区各族群的祖先
43
36
22
单位：千年前

举行了葬礼，留下随葬品：狩猎装备（包括石质尖状器和两面器）以及雕有图案的鹿角棒。男孩被火化了。女孩与马尔塔儿童一样，身上撒有红赭石粉末。

我们不知道他们的名字，但今天生活在该地区的原住民——希利湖部落的塔纳诺阿萨巴斯卡人——称其中一个女孩为“Xach'itee'aanenh T'eede Gaay”（日出小女孩），称另一个女孩为“Yełkaanenh T'eede Gaay”（暮光小女孩），称男孩为“Xaasaa Cheege Ts'eniin”（上阳河口孩童）。2013 年，考古学家本·波特（Ben Potter）在今天塔纳诺河谷的上阳河发现了这些遗骸。[15] 希利湖传统理事会和塔纳诺酋长议会（一个涵盖更广的区域性部落领袖联盟）对他们的故事饶有兴趣，因此允许考古学家和遗传学家展开研究。2011 年，希利湖传统理事会的首席酋长乔安·波尔斯顿（Joann Polston）说：“我想了解这个人（上阳河口孩童）的所有事情。”塔纳诺酋长议会主席杰里·艾萨克（Jerry Isaac）表示同意：“这一发现对我们特别重要，因为他们曾生活在我们这个地区，而且又是如此罕见，事关全人类。”[16]

两个女孩的线粒体基因组和上阳河口孩童的完整核基因组显示，他们属于一个没有任何当代直系继嗣的族群。她们的祖先在 2.2 万年至 1.8 万年前的某个时候从白令人中分离出来。当其他群组在冰墙融化后南迁时，他们则留在了白令地区东部（阿拉斯加）。考古学家在阿拉斯加苏厄德半岛（Seward Peninsula）的特雷尔溪洞穴遗址（Trail Creek Cave，距上阳河约 450 英里）发现了一颗儿童牙齿。我们从这个 18 个月大的儿童的基因组得知，这支族群规模不小，甚至还相当庞大，分布也很广泛。[17]

我们不知道古白令人发生了什么事。特雷尔溪洞穴遗址的牙齿年代可追溯到大约 9000 年前，但现今生活在这些遗址附近的人都不是古白令人的直接继嗣。某个时刻肯定发生了族群更替，但我们不知道其中的细节。

有间接证据表明，还有一支群组也生活在白令地区。我们在第四章讨论过，中美洲现代原住民的混合基因组显示，他们的祖先中，有一支群组的基因不同于古白令人和美洲原住民的祖先（即“第一批民族”的主要血统来源）。这个神秘的群组被遗传学家称为“未采样族群 A”，在 2.2 万年前的某个时候从其他白令群组中分离出来。虽然我们还没有发现该群组成员的基因组，但他们在其后代的基因组中留下了痕迹。[18]

对这种随着白令人与世隔绝而迅速遗传分化的模式，一种可能的解释是，不同族群分散占据了白令地区的各避难所（如我在本章开始时提出的设想）。一个族群可能在白令中南部；一个可能在白令北部 / 北极平原区；有些甚至可能抵达北美，正如白沙 2 号遗址所显示的那样。如果这些族群之间因相距遥远或地理障碍而停止了基因流，那么他们就会逐渐分化。

近年来，我们正从一个意想不到的角度来了解人类历史：狗的基因组。

人与狗之间有着非常悠久的联系：进入更新世后，狼可能首次

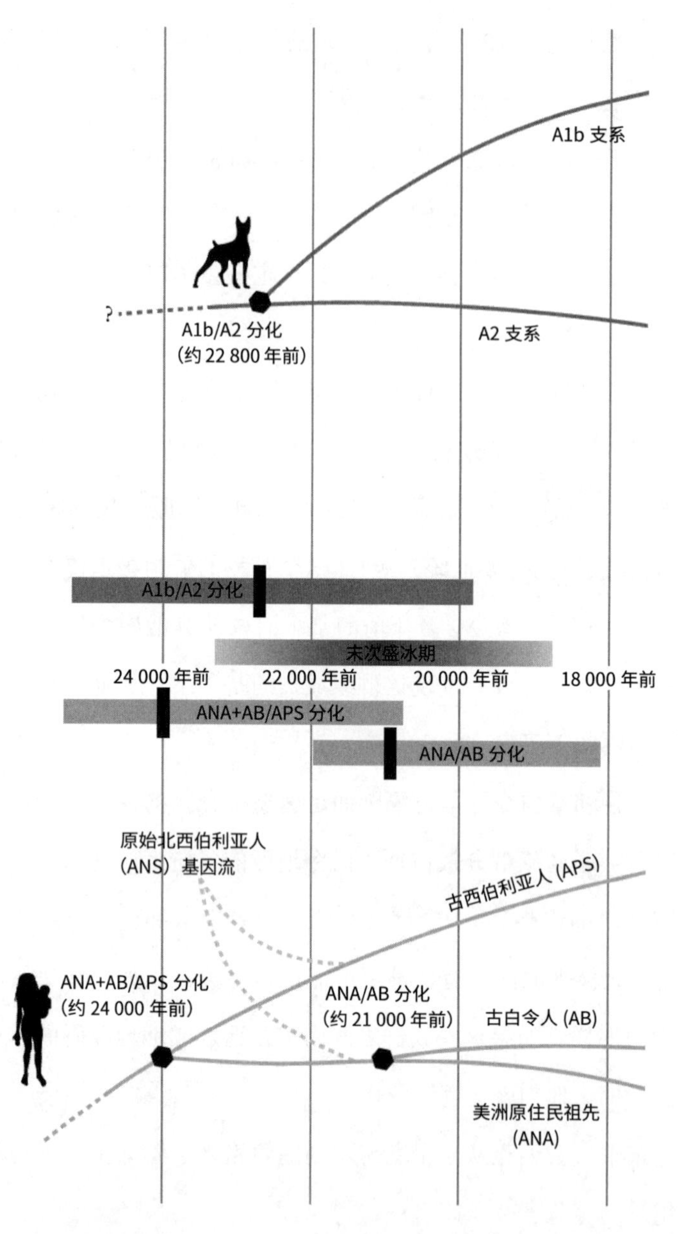

狗（根据线粒体基因组推断）和人类（根据核基因组推断）的族群分化图，旧石器时代晚期。根据佩里等的著作重绘，2020 年。

开始与人类相处，此后，人和犬科动物就一直作为家庭伙伴共同演化。人类和犬科动物都可以从中受益：我们一起打猎更有效率，互相保护，建立友谊。随着时间的推移，我们影响彼此的演化，那些更温顺、不那么害怕人类的狼会越来越频繁地与狩猎-采集者待在一起。接近人类也意味着接近食物，这在末次冰盛期的苦寒气候下，是一项不小的选择优势。人类可能还会帮助更温顺的狼繁殖。久而久之，与人类互动的犬科动物和野狼之间的行为差异就变得愈发明显。

很难确切地知道犬科动物是何时何地开始被驯化的，因为狗和狼的形态差异并不大。然而，遗传学让我们对这一过程有了些了解。狗是从一种现已灭绝的狼类驯化而来的，地点可能在亚欧大陆。尽管狗与狼处于不同的演化轨迹上，但纵观历史，狗确实与狼频繁交配。考虑到这些基因渗入事件，遗传学家认为狗在 1.1 万年前汇聚成三到五个主要品系，即一个欧亚西部品系、一个东亚品系(澳洲野狗)，以及一个由古美洲犬、今天的北极犬和它们的祖先所构成的品系。

后面这个品系对破解美洲人的历史尤为关键。遗传学证据表明，美洲犬并不是从美洲狼独立演化而来的。相反，它们明显具有源自西伯利亚犬的遗传学证据，这说明它们是“第一批民族”带到美洲的。事实上，至少在 1 万年前的考古遗址中便有犬类遗骸出现。假如狗确是“第一批民族”引入美洲的，那么探知其种群历史动态也许就能帮助我们对美洲大陆最早的人类历史产生新的见解。

安吉拉·佩里（Angela Perri）和她的同事在最近的一项研究中便采用了这种方法。她们将美洲各地狗线粒体谱系的分支模式与目前学界最认可的人类族群历史模型进行对比，取得了令人瞩目的发现：根据全基因组重建的人类族群历史（本章已有描述）和美洲犬类的母系传承有着密切的对应关系。

欧亚犬似乎在距今约 22 800 年前分化成两个主要种群。一个被遗传学家称为 A1b 支系，留在了西伯利亚。另一个被命名为 A2 支系，是大约 16 400 年前两个子品系 A2a 和 A2b 的祖先。其中 A2a 支系留在东北亚，A2b 支系进入北美，后来繁衍出北极圈以南所有美洲犬类的祖先。

前文的图片将狗的这段历史与人类历史进行了比较。我们看到，在犬类分化（22 800 年前）的几乎同一时期（24 000 年前），原始东亚人的一个主要分支也一分为二，一支谱系留在西伯利亚（古西伯利亚人），另一支演化为古白令人和美洲原住民的祖先。

佩里及其同事提出，“白令停顿”为驯化狗提供了理想条件。在此环境下，狗为了获取稀缺食物而与人类更为密切地接触，同时与其他犬科动物种群相隔离；还有显著的遗传学证据表明，狗与人类一同演化出了适应北极环境的特质。这个有趣的假说与狗的驯化时间相吻合，大约发生在 4 万年到 1.5 万年前（不可否认，这个时间段相当宽泛）。通过对核基因组进一步检测，我们应该可以更为精准地估计这个动物种群的演化历史。[19]

本章就要结束了，但狗与人的故事还没有终结。

在末次冰盛期末期，冰原开始融化，从白令地区向南迁徙的道路打通，从而为人类移民整个南北美洲大陆，这个人类历史上最令人惊叹的壮举之一拉开了序幕。在下一章中，我们将研究来自古基因组和考古记录的线索，以了解古人是如何完成这项伟业的。

第七章

大约1.5万年前，佛罗里达州一个不起眼的角落。

这里远离海岸，乳齿象时常聚集在一个内陆池塘边。周围的大草原干燥而炎热，但巨大的柏树和15英尺高的石灰岩悬崖环绕四周，令池塘保持凉爽。这里是一片绿洲，也是兽群饮水、玩耍的理想之地。池塘周围土壤肥沃，藤上长满了美味的葡萄和葫芦。生态系统得以维持，乳齿象功不可没，它们为土地贡献了粪便。想象一下，这是一个郁郁葱葱的绿色天堂，空气潮湿，柏树散发出迷人的芳香，新鲜粪便堆积如山，嗡嗡作响的昆虫成群飞舞，乳齿象在清凉的水里打滚，泥土的气息喷薄涌动。

这些巨大的长牙生物并不是绿洲的唯一居民。夏末的一天，一头中年乳齿象死在池塘边，人类迅速行动起来，为他们饥肠辘辘的家人收集象肉。他们用石片制成的锋利小刀把乳齿象大卸八块，剥去皮。这是一件又脏又滑的工作，而且必须迅速完成。新鲜的乳齿象尸体有一种气味，很快就会吸引盘踞在附近的大型猫科动物和食腐动物，没有人愿意与它们纠缠。

一个女人从肩背部切下大块大块的肉，但刀尖戳到一根骨头上折断了。她咒骂了一声，把刀扔进水里，然后从腰带上抽出一把备用刀。停下来打磨损坏的刀毫无意义，人们可以很容易地利用附近的石材重新做一把，况且也没有时间可浪费。

乳齿象的獠牙十分宝贵，里面富含脂髓，还可以用来制作工具和首饰。有个屠夫在乳齿象眼睛下方的颅骨上砸了一个洞，往里面望去，可以看到附着在象牙上的韧带。他稳稳抓住乳齿象的头，切断韧带，同时另一个屠夫将獠牙拧了出来。接着他们重复这一过程，取下了另一根象牙。

但是，他们的旱橇上已经堆得满满当当，每个人的背包里都装满了皮和肉，就连双手也抱着肉块。没有任何空间留给象牙了。屠夫一个人无法携带两根獠牙，只好在匆忙离开现场前，把一根尽可能深地埋在泥泞的池塘岸边。食腐动物也许不会发现，而他可以稍后再回来取。他把另一根巨大的象牙抱在怀中，跟着队伍迅速离去。他们可以丢下一根象牙；只要能带着食物安全回家，对家人来说就足够幸福了。没有理由再去冒险。

人类离开后，食腐动物很快就蜂拥而至，扑到乳齿象的尸体上。它们把乳齿象身上剩下的可食用部分一扫而空，池塘边只剩下骨头和没带走的那根象牙。随着时间流逝，动物们继续来到这个池塘，它们的粪便最终完全覆盖了这副被遗忘的乳齿象遗骸。最终，气候发生了变化，乳齿象不再造访该地区。很快，它们从地球上完全消失了。

14 500 多年后，考古学家杰西·哈利根（Jessi Halligan）在奥西拉河（Aucilla River）水下 30 英尺的落水洞层发现了那把被遗弃的断刀。20 世纪 90 年代，考古学家吉姆·邓巴（Jim Dunbar）和古生物学家戴维·韦伯（David Webb）在落水洞层又找到了人类存在的证据——几块看起来像工具的石头和一根有切割痕迹的象牙，很像人类屠夫的杰作。邓巴和韦伯确定埋藏象牙的那一层的地质年代大约是 14 200 年前。此后，哈利根和她的博士生导师迈克尔·沃特斯重新对该遗址展开调查。

然而，哈利根却告诉我，人们对这一发现"视若无物"。她解释说："考古学有一个悠久的传统，就是你要邀请专家去考察你正在发掘的现场。如果你找到了一些争议极大的东西，就要让人们过来看看。但这个遗址与众不同，它在水下，大多数考古学家无法亲自评估。"[1]

哈利根的考古方法与那些在地面上进行挖掘的同行相似。她一次只发掘一个地层，小心地用铲子刮去泥土，用纸笔和相机记录下地层和器物的细节。但对于这个水下考古项目，她要穿着潜水装备，而且为了安全起见，每隔一段不长的时间，就得与同事换班。每一层沉积物被刮走后，不是收集到簸箕里筛选，而是用一个疏浚机通过大软管吸上去。哈利根解释说："软管看起来很像普通的烘干机管，只是经过了加固，所以不太容易弯曲。"水面上漂浮着滤网，从水下收集的沉积物就堆积在上面。其他潜水员会仔细筛查，从中寻找器物和化石。

哈利根正是在水底深处 14 550 年前的地层中发现了一些石器：一把两面开刃的石刀和一块石片。在更远一点儿的地方，她找到了更多石片，其年代可以追溯到 14 200 年至 14 550 年前。

就连哈利根也承认，这几块石头碎片乍一看很寻常。在一个常规的陆上考古遗址就算只工作一天，发现的器物也比这多。但是放在这处遗址的背景下考虑，这些小石头和它们所讲述的故事却具有重大意义。它们告诉我们，早在北美出现克洛维斯工具之前，人类就已经来到这个平平无奇的小池塘屠宰乳齿象了。

哈利根找到的这处遗址现在被考古学家称为佩奇–拉德森遗址。她对我说："一旦挖到粪便层，后面的挖掘工作就轻松了。"目前工作的地层满是黏土淤泥，挖掘时视野很差，"但是到了粪便层，里面就只有干草、沙子、骨头和石头"。

哈利根所说的"干草"是乳齿象的消化物残骸——柏树枝。这是一种生长在池塘附近的多刺树种。此外，残骸里还有乳齿象爱吃的葡萄和葫芦。哈利根对粪便层情有独钟并不奇怪；它们提供了丰富的信息。她告诉我，在粪便层里面"找东西超级容易，只要顺势往下挖就行了，而且每一根树枝都可以测年。当我们发现两面器时，就能够从周围采样，确定年代"。

她笑着说："我们连拉出来的屎都能定日子。"

哈利根、迈克尔·沃特斯和他们的团队获得了超过 200 个放射性碳定年结果，其中一些就来自紧挨着石器的树枝。把这些年代数据放在一起分析后我们得知，该遗址保持了"良好的地层顺序"。也就是说，每一层都比上一层古老，同时比下一层年轻。

一把石刀和多块石片，一头被屠宰的乳齿象，无可置疑的地层结构，大量逻辑相互一致的放射性碳定年数据……这些都是前克洛维斯遗址最有说服力的证据，考古学家只是没有找到炉床或人类遗骸。但是，究竟是什么使得这一发现意义非凡呢？

佩奇–拉德森遗址对我们来说非常重要的原因正是它当时对人类并不重要。14 500 年前，这里只是一处几乎无人问津的小池塘，是大型动物在炎热的热带草原中间喝水休息的好地方。

从考古学角度来看，佩奇-拉德森是一个非常特殊的遗址。该地区没有人类在此生活、持续活动或定期到访的证据。未来的发掘工作可能会改变我们对该遗址的判断，但现在，这些石片和破损的石刀似乎是人类偶尔路过并将其丢弃的结果。这种情况与我在本章开头描绘的场景并不一致。(这种罕见的遗址让一些考古学家满腹狐疑，他们需要更多证据来证明它是有效的。)

如果要证明有一批人类首次进入这片地区，考古学家可不希望只看到一个孤立的佩奇-拉德森遗址。相反，遗址内的前克洛维斯人似乎是在人为操作下，“被聚居”于此。[2]

佩奇-拉德森遗址不仅仅表明人类在1.3万年前就生活在美洲，这一点现在已是公认观点，它还有助于调和遗传学数据和考古记录的冲突，说明人类早在克洛维斯文化诞生数千年前，就已经穿越美洲，来此安居乐业了。人类进入美洲内陆有两种可能路径，一条沿落基山脉边缘，一条顺着西海岸进发。这两条路离佛罗里达州都很远。人们需要很长一段时间才能抵达那里，而且只有在了解该地区地理环境和资源分布的情况下，才能在如此遥远的内陆地区生活。

在本章和下一章，我们将探索遗传学是如何讲述人类翻过冰墙、聚居大陆的历史的。我们还将在本章讨论从约2万年到约1万年前的美洲历史，再往后的人类迁徙事件（1万年前之后）将在下一章论述。

说到这里，我认为有必要暂停一下，再次提醒读者，学术界对人类这段时期的历史有着截然不同的观点，这取决于你优先考虑哪种证据。如果重视佩奇-拉德森遗址的考古成果，并承认智利蒙特韦尔迪 2 号、俄勒冈州的佩斯利岩洞、沿得克萨斯州中部酪乳溪沿线分布的早期遗址是有效的，那么早在 1.6 万年前，美洲就有前克洛维斯人存在，最迟不晚于 1.5 万年前，也有可能提前到 3 万年至 2 万年前。本章讲述的基因故事就是这个模式。然而，考古学家（和一些遗传学家）并不接受这些遗址的有效性，或者不认同它们是美洲原住民远古祖先的遗迹*，因此会对我在本章中提出的模型表示异议。他们解释说，天鹅角和位于阿拉斯加内陆的晚期遗址（距今约 1.4 万年）的特征，显示出它们与西伯利亚具有显著的文化关联，这表明美洲人类的起源要晚得多。

如果优先考虑原住民部落的传统知识（包括已经存在了几百甚至几千年的历史故事），那么就有可能发现遗传学揭示的历史和原住民自己的历史之间具有一致性，但也有可能这些知识体系完全不兼容。

我觉得我们很难找到一个完美的答案，让所有对美洲人类历史有兴趣的人都能接受，但话又说回来，我也不认为必须达成统一才能理解过去。正是生长了许许多多不同种类的树木，历史森林才因此更加健康美丽。

---

* 例如，他们可能代表美洲的早期族群，但这些人在遗传学上并不是今天美洲原住民的祖先。

阿拉斯加西海岸，大约1.7万年前

随着冰原融化，“第一批民族”开始向南扩张。这一过程在他们后代的基因组中留下了非常清晰的印记。

线粒体谱系告诉我们，末次冰盛期之后，人类突然迅速扩散，族群规模也急剧扩大，在大约 1.6 万年至 1.3 万年前增长了约 60 倍。[3] 人口爆炸正是我们期望在遗传记录中看到的。因为当人类迁移到一片新地区时，当地资源丰富，没有其他人类竞争，动物也从来没见过人类，还没学会惧怕他们，所以必然会出现这样的现象。

你如果静下心来琢磨琢磨，就会觉察这个看起来相当枯燥的遗传学证据揭示了一个令人惊叹的事实：一小群人凭借运气和聪明才智，在人类演化史上最致命的气候灾难中幸存下来。他们建立了新家园，后代们为了创造更美好的全新生活，又从那里出发，开始另一轮冒险和探索。这群继嗣发现的土地面积之广，远超期望，而且整个美洲大陆（可能）都空无一人。他们很快适应了新环境，牢牢扎根。人与土地如此紧密的联系延续万年，直至今日，尽管面临气候挑战，承受了殖民主义、土地侵占、种族灭绝这样的残暴行径，也从来没有割裂过。

但一个小孩（虽然他没有后代）的核基因组，让我们对这个过程有了更为深刻的了解。

线粒体的扩散模型

在获取全基因组，从而得到本章所讨论的细节之前，人们只能根据线粒体 DNA 信息，提出几种人类走出白令地区的迁徙模型。最早的研究指出，每一个线粒体单倍群（A、B、C、D、X）都是分别进入美洲的。不过这种说法很快就被推翻了，因为所有五个单倍群（大致）具有相近的溯祖年代，并同时存在于古代族群中。

还有其他诸如“单次迁徙”模型或格林伯格的“三拨迁徙”模型（前文的“三拨移民”假说已有介绍）等扩散模型。“双拨次迁徙”模型则认为，大约在 2 万年到 1.5 万年前，人类沿太平洋海岸南下，带来了属于 A、B、C、D 单倍群的谱系，而具有 X 单倍群的族群等到无冰走廊贯通后，也随之而来。支持该模型的另一个证据来自两个罕见的线粒体 DNA 谱系 D4h3a 和 X2a，它们在地理上的分布遥远，它们分别出现在太平洋沿海地区和北美洲东北部。研究人员在华盛顿州的古代肯纳威克人（约 9000 年前）体内找到了一个 X2a 基本谱系，对“双拨次迁徙”模型造成了沉重打击。[4]

蒙大拿中南部，12 600年前

又一份不带感情的考察报告，又一个早夭的孩子，不过我还是脑补出安齐克遗址在当年的情形。

就像所有儿童一样，这个两岁大的男孩也是部落的心肝宝贝。然而他的暴毙令人无比悲痛，人们每一天都思念他生前的模样。他们满怀爱怜，小心翼翼地把男孩埋在一处岩棚下，并在他的身上撒上红赭石粉末。随他陪葬的工具组饱含族群里每个人的付出。他将带着这些工具进入来世。一些人放置了精心打制的成品石器——抛射尖状器、石刀、剥制兽皮的刮削器，另一些人则留下男孩以后制作新工具所需的石核。他的父母在坟墓里放置了几根用马鹿骨雕刻的小棒。这是家族传承了好多个世纪的传家宝，象征男孩与祖先的联系。他们也在这些器物上撒了红赭石粉末。

部落成员世世代代尊崇这片墓地。每当后代子孙经过时，他们都会祭拜这个男孩。2000 年后，另一个家庭突然失去了孩子，其家人也把他安葬在祖先的墓穴附近以求庇护，从而得到一丝心灵安慰。

这两个孩子的坟墓是建筑工人在 1968 年偶然发现的。由于是在私人土地上，因此遗体所属权超出了法律管辖范围。按法律规定，如何处置遗骸需要与相关部落协商和返还（如果有要求的话）。* 尽管如此，当两岁男孩的基因组测序完毕后，研究人员（包括曾做过一些研究工作的土地所有者家族成员莎拉·安齐克和克劳部落成员兼历史学家沙恩·道尔）便与蒙大拿州的原住民族协商，得到了黑脚（Blackfeet）部落、撒利希联盟（Confederated Salish）、库特内部落（Kootenai）、格罗斯文特（Gros Ventre）部落、苏族和阿西尼博因部落（Sioux and Assiniboine）、克劳（Crow）部落、北夏延（Northern Cheyenne）部落等原住民部落的同意，将孩子们重新安葬到距离原来坟墓不远的安全地点。他们的愿望在研究报告发表后不久就得以实现。

我们不知道孩子们的名字，考古学家称他们为安齐克-1（两岁男孩）和安齐克-2（七或八岁，后来埋在那里的男孩）。安齐克-1不仅对他的父母和亲属（无论是过去的还是跨越时间进入现代的族人）来说十分特别，而且对全世界的科学家来说也是如此。经测定，他埋葬于12 707年至12 556年前，是迄今为止美洲已知生活年代最久远的人类，也是唯一一个遗骸保存至今的克洛维斯人。作为美洲原住民祖先，他的基因组是第一个经完整测序的基因组，让我们对“第一批民族”迁入美洲有了更深刻的了解。

安齐克-1以及后来测序的其他古人的核基因组告诉我们，末次

---

* 《美洲原住民墓葬保护与归偿法》不适用于在私人土地上发现的人类遗骸。我们将在第九章讨论该法案。

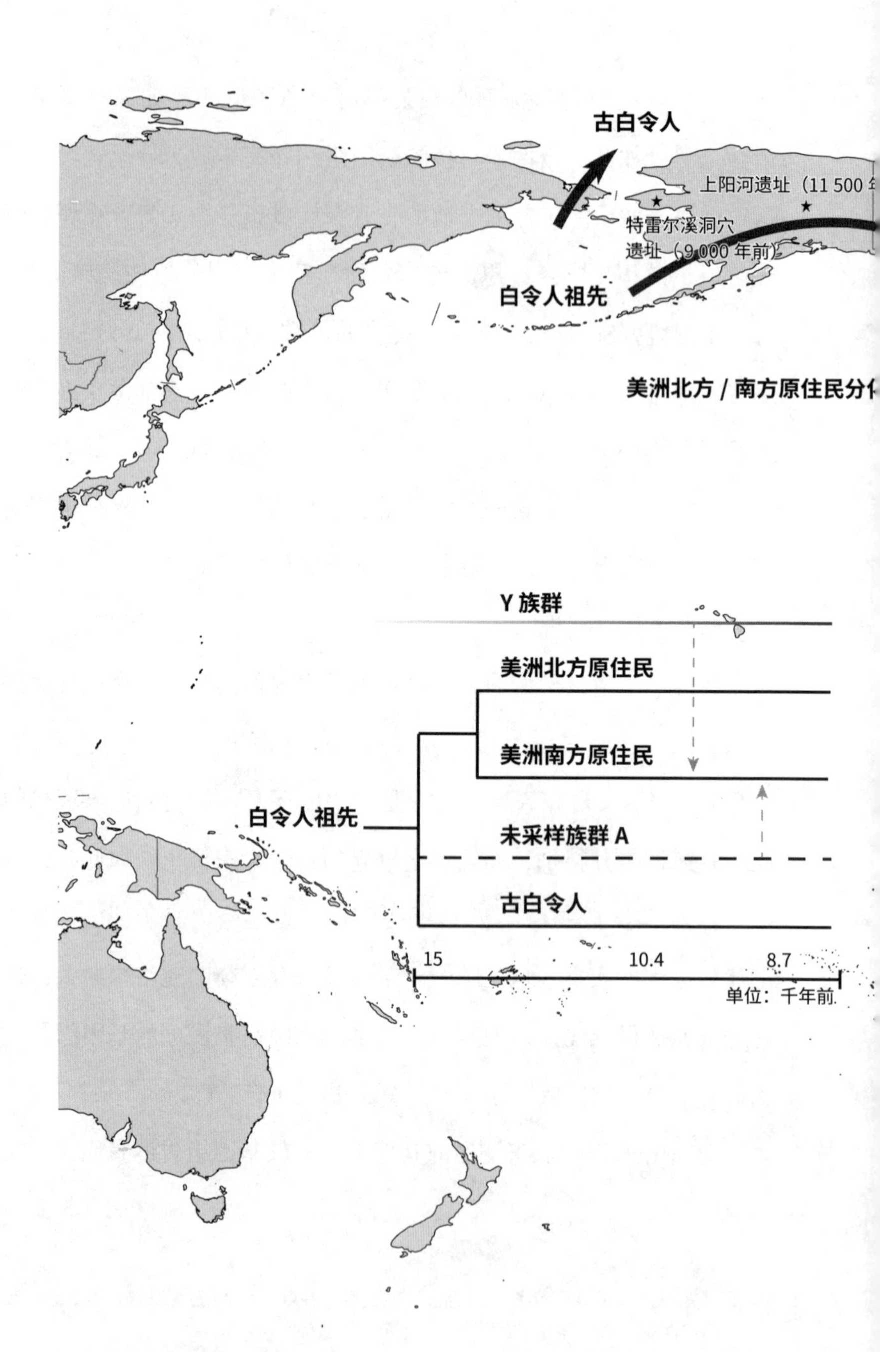
古白令人
上阳河遗址（11 500
特雷尔溪洞穴
遗址（9 000 年前）
白令人祖先
美洲北方 / 南方原住民分
Y 族群
美洲北方原住民
美洲南方原住民
白令人祖先
未采样族群 A
古白令人
15
10.4
8.7
单位：千年前

美洲“第一批民族”的扩散。

未采样族群 A
洲原住民祖先
美洲北方原住民
安齐克遗址（12 600 年前）
精灵岩洞遗址（10 700 年前）
中美洲未采样族群 A
洲南方
住民
Y 族群
圣湖镇遗址 （10 000 年前）

冰盛期结束后不久，“第一批民族”的谱系就分化成两个主要分支和一个次要分支。

次要分支在 2.1 万年至 1.6 万年前分化出来，目前只找到一个基因组代表。大约 5600 年前，这个女人生活在现今的不列颠哥伦比亚省弗雷泽高原（Fraser Plateau），考古学家将其出土地点命名为“大吧湖遗址”(Big Bar Lake)。她的谱系是在其他两个主要分支分化之前分离的。这可能说明她的祖先在离开阿拉斯加向南迁徙时，与“第一批民族”分道扬镳。

包括安齐克-1 及其亲属在内的一个主要分支成为今天美国和美国以南地区诸多原住民的祖先。这个分支被遗传学家称为“美洲南方原住民”(SNA)。另一个分支是北美洲北部各族群的祖先，包括阿尔冈昆人（Algonquian）、撒利希人、钦西安人、纳-德内人，名为“美洲北方原住民”(NNA)。[5]

“第一批民族”分化成北方和南方两支告诉了我们很多关于美洲族群初期的情况。首先，大多数遗传学证据表明，分化发生在冰原以南，因为古白令人的代表群组（特雷尔溪洞穴遗址和上阳河遗址）与北方和南方原住民群组有同样的遗传关系。如果这两个群组是在离开阿拉斯加之前分化的，那么其中一个，或南北两个群组的成员就有可能与古白令人通婚，导致古白令人与某一支关系更为密切。

我们还从狗的线粒体基因组中确认了这次分化，以及发生时间。

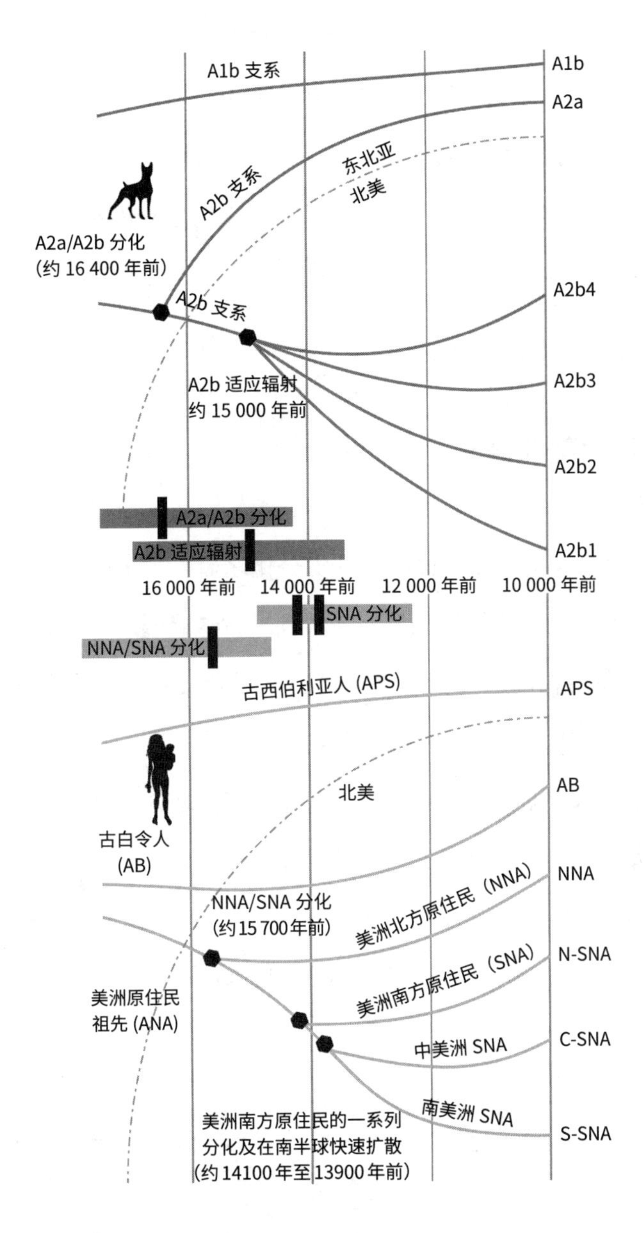

狗（根据线粒体基因组推断）和人类（根据核基因组推断）的族群分化图，旧石器时代晚期。根据佩里等的著作重绘，2021。

就在大约 1.5 万年前，美洲北方 / 南方原住民分化的几乎同一时期，狗的线粒体基因组也迅速分化为四个谱系。* 需要注意的是，这些线粒体数据仅仅向我们展示了美洲犬类种群演化历史的一小部分，只是拼图的边缘部分而已，但犬类谱系的适应辐射与人类的进程很相似，所以再次为这一模型提供了极其有力的证据。[6]

美洲南部族群

美洲北方 / 南方原住民两个分支分化之后，属于南方支系的族群很快散布到南北美洲。只要比较美洲最古老族群的基因组，我们便可以判断他们的迁徙一定极其迅速。尽管安齐克-1、内华达州精灵岩洞的古人（距今 10 700 年）、巴西圣湖镇（Lagoa Santa）遗址的 5 个古人（距今约 10 400 年至 9800 年）地处不同位置，相隔 6000 英里之遥，但遗传关系却非常密切。

他们的 DNA 告诉我们，在 1.5 万年至 1.3 万年前，中美洲和南美洲原住民的祖先从北美族群中分离出来。有两项证据有力地表

* 可悲的是，对现代美洲犬类的基因研究表明，美洲始祖狗（“第一批狗”？）的后裔全部灭绝了。在所有取样的狗中，只有少数（包括一只吉娃娃）显示出与“第一批狗”有一些血统关系。群体历史模型显示，它们在很大程度上是被从欧洲带过来的狗取代的；它们可能因传入美洲的疾病、狩猎、人工选育或以上综合原因而消亡。在古代犬类 DNA 领域，目前有很多令人期待的研究正在进行。这是一个值得关注的课题。

明，他们是沿着海岸线南迁，而不是走内陆路线。首先，正如我们在第三章中所讨论的，海岸线路径在 1.6 万年前就可以供人通行了，而两大冰原之间的无冰走廊可能直到大约 12 500 年前才开通。其次，基因组测序结果揭示，族群分离的速度太快了，几乎是瞬间完成的，以至于科学家把迁移过程比作“跳马”，古人直接穿过了大片大片区域。这更符合沿着海岸乘船向南迁移的模式。当其他族群通过巴拿马地峡到达南美洲时，这一支已经开始沿着南美洲的东西海岸扩张了。

紧接着第一拨快速迁徙的，便是族群人口增长，“迁入”不同的环境，并且逐步扩张。之后，还发生了几次大规模迁徙。大约 9000 年前，一支来自中美洲的群组，也就是今天墨西哥瓦哈卡州（Oaxaca）米克塞人（Mixe）的祖先，扩散到了南美，并与那里的其他族群混居。然而埋在内华达州洛夫洛克岩洞（Lovelock Cave）的一个古人的基因组（1950 年至 600 年前）表明，他们也有可能曾经向北迁徙。就像科学研究中经常发生的事情一样，这一发现反而引出了更多问题。他们出于什么原因移动？未采样族群 A 的 DNA 痕迹是如何在大约 8700 年前进入米克塞人的基因组的？这些问题我们还没有答案，至于破解纷繁复杂的人类历史，更是才刚刚起步。

Y族群

2016年，南美洲的人类基因组又引出了另一个谜题。遗传学家蓬蒂斯·斯科格隆（Pontus Skoglund）和他的同事在分析古代和当代美洲原住民（包括南美人）之间的关系时，注意到这份扩大后的数据集有些非常奇怪的现象。这些族群的基因组并不是同一个群组的继嗣。他们进一步研究发现，亚马孙地区的一小部分当代族群——苏瑞人（Surui）、卡拉蒂纳人（Karatiana）、沙万提人（Xavante）、皮亚波科人（Piapoco）、瓜拉尼人（Guarani），与当代澳大拉西亚族群（Australasian），如澳大利亚原住民族、新几内亚人（New Guineans）、巴布亚人（Papuans）、安达曼群岛翁奇人（Onge）共有一小部分、但数量可观的等位基因。[7]

斯科格隆在一封电子邮件中告诉我："这是那种让你在接下来的日子里既踌躇不安，又感到兴奋难耐的结果。不过还有很多线索需要用科学方法理清，所以我明白必须要严格确认，不能贸然发表结论。我和戴维·赖希（David Reich）、尼克·帕特森（Nick Patterson）一起工作了大约一年半，一一排除了它可能是因某种人为误操作而导致的结果，并尝试用其他方法独立检测。"

斯科格隆及其同事将贡献了这一谱系的假想族群称为"Ypikuéra*”，或简称“Y”族群，以纪念他们是在讲图皮语的族群中发现这一基因遗产的。

研究人员试图解释Y族群谱系的分布模式，但首先还得回答一些基本问题。如果DNA数据是正确的，那么亚马孙诸部落的祖先来自哪里，又是何时到达的？我们可以立即排除欧洲人抵达美洲之后，来自非洲、欧洲或波利尼西亚族群的基因流。无论产生这种亚马孙族群和澳大拉西亚族群拥有共同遗传标记的原因是什么，接触都必然发生在1492年欧洲殖民主义开启之前。更多研究表明，该标记早在10 400年前就出现在南美洲的人类基因组中，并且广泛分布于南美洲西海岸和亚马孙地区。[8]

一个很吸引眼球的解释是，来自东南亚的古人扬帆航行到南美洲，并与已经聚居于此的族群通婚。如果这是事实，那么我们将发现这支血统会从西海岸扩散开来，在最初接触地（无论在何处）附近的族群中比例较高，而在较远的族群中比例较低。然而我们看到的情况却并非如此。

首先，当代南美人的基因组中，带有这种基因的总体比例相当低，而且同一族群成员携带该基因的数量也有着天壤之别。它还相当古老，似乎在那些生活于沿海地区的族群与最终迁入亚马孙地区的族群分离之前就存在了。如果确实有人类在末次冰盛期之后从澳

---

* 在图皮语中，Ypikuéra的意思是“祖先”。——译者注

大利亚和美拉尼西亚群岛跨越太平洋来到美洲，那么这就不是应该呈现的模式。

此外，在距今 4 万年前的中国田园洞遗址，科研人员在一个古人身上也发现了相同的遗传标记。他与亚马孙和澳大拉西亚的族群有亲缘关系。对蓬蒂斯 · 斯科格隆和其他研究人员来说，这些结果最可能的解释就是不存在跨太平洋迁徙，而是亚洲大陆曾经有一个古老的族群将自己的基因留给了现代澳大拉西亚人和尚未离开白令地区的“第一批民族”的祖先。于是一些沿西海岸南下迁徙和聚居在亚马孙地区的“第一批民族”就会携带这样的血统。今天这支谱系之所以零星分布，是演化力量使然。比如随机遗传漂变或从后期移民中涌入的新等位基因等因素，对家族和族群产生了不均匀的影响。[9]

另一种可能是，在“第一批民族”到达之前，具有 Y 血统的族群就已经聚居于南美洲（详见补充条目“Y 族群的考古学证据？”）。只有分析更多古代基因组才能让我们分辨哪种可能性更高……也许还会揭示其他尚未发现的可能性。

Y 族群的考古学证据？

2020 年 7 月，由西普里安 · 阿德林（Ciprian Ardelean）领导的考古小组宣布，他们在墨西哥的奇奎特岩洞中发现了可追溯到3.2万年至2.5万年前的石器证据。这些所谓的工具是简陋的石灰岩石片，与从美洲任何其他遗址中发掘出来的都不一样。考古学家对这些工具争议极大，原因如下。首先，它们不像其他地方的前克洛维斯遗址出土的工具，后者是加工过的抛射尖状器或石刀，而前者类似非洲早期人类祖先制造的简单石器，很难说属于哪种类型。这就提出了一个问题，此处同卡利科早期人类遗址一样，是水流起了关键作用吗？换句话说，到底是人工制品还是地质运动的结果不得而知。洞穴内的地质活动非常活跃，经常有岩石从悬壁和洞顶坠落，这种现象被称为“塌陷”。一位考古学家告诉我，很容易把因塌陷而剥落的岩石误认为是有人刻意塑造的，倘若这些“工具”（如卡利科工具）是用洞穴中天然存在的石灰石制成的话，那就更要小心。如果它们是用从别处运来的黑曜石或其他高品质工具石打制的，倒很有可能是人类的作品。考古学家提出的这个批评意见严肃且合理，我不认为是偏见，而且许多持同样批评意见的科学家对前克洛维斯遗址也持开放态度。如果我们认可这些卡利科石头是工具，那么是否也要接受所有前克洛维斯遗址出土的类似石片都是工具呢？一些考古学家的回答是肯定的：所有这些遗址都有效，我们的接受标准也要放宽一些。其他考古学家（可能是大多数）则说不：

我们需要统一采用严格的标准来评判所有遗址，卡利科岩洞没有达到要求。

我认为人类确实有可能在末次冰盛期之前就抵达了美洲，也很期待看到令人信服的证据。另一个可能属于Y族群的遗址是我在本书开头描述的白沙2号遗址，它不存在其他早期人类遗址证据模糊不清的问题。此处足迹甚多，大概在2.3万年至2.1万年前，毫无疑问是人类的。考古学家现在还在评估，尚未对定年结果提出尖锐的反对意见，不过如果年代确定成立，愈加复杂的美洲族群之谜就需要将这处遗址纳入考虑范围。

让我们从遗传学的角度来探讨这个问题。为了便于讨论，我们假设这些早期人类遗址是有效的，人类在末次冰盛期之前便抵达了美洲。那么这些考古学证据能与遗传学研究相协调吗？

在我看来，有三种可能。第一种可能是，末次冰盛期前到达的族群根本没有留下可供检测的基因遗产。当“第一批民族”迁移到冰原以南后，他们的族群逐渐遍布南北美洲，成为后来美洲原住民的祖先。但他们的基因没有与末次冰盛期前的族群产生融合，或者基因流太稀少，以至于那批人的所有基因痕迹最终都消失了。这种情况完全有可能出现。请记住，同样的事情也曾发生在兰塞奥兹牧草地遗址的维京人身上。

第二种可能是，这个前末次冰盛期族群就是我们在亚马孙人的基因组中看到的Y族群基因的来源。该遗传标记没有明显的起源，一直是研究人员的老大难问题。遗传学家戴维·赖希在他的著作《我们是谁，我们如何来到这里》中提出了有关Y族群基因的两种设想。一种设想是它存在于美洲原住民最初的白令人祖先的一个亚群中，并且被“第一批民族”的一些族群继承，另一些则没有。他将其比喻为祖先的“示踪剂”。他提出的另一种设想是，大约在1.7万年至1.6万年前，“第一批民族”从冰原向南迁移之前，该遗传标记便已经存在于美洲的一个族群中了。如果是这样的话，那么遗传学证据表明，除了南美洲，Y族群基因在其他地域都被美洲原住民的祖先取代，不过在南美与“第一批民族”发生了混合。在这种情况下，早期人类遗址可能是Y族群的残迹。

我把这两种情况都摆在了蓬蒂斯·斯科格隆的面前。他是第一个发现Y族群的研究者，了解的情况比任何人都多。他对赖希的观点表示赞同。如果那些早期人类遗址是真实有效的，那么无论哪种情况——一个在遗传学上不为我们所知的族群，因为他们对美洲原住民的基因组贡献很小，又或者就是Y族群——都能解释为何遗传学和考古学的记录之间存在间断。

第三种可能是，有一个前末次冰盛期族群确实在继嗣族群中留下有可供检测的基因遗产，只是我们还没有找到。我们对美洲原住民，尤其是对北美原住民的遗传变异的了解还远远不够。[10]

人类到达南美洲后，迁移史其实还远未结束。这个史诗故事的最后阶段是人类迁徙到另外两个完全不同的生态区域：北美北极和加勒比地区。我们将在下一章探讨这段历史。

第八章

一个男人在他的祖先抵达这片家园的1000年后，站在北冰洋海岸边，隔着海冰，眺望祖先离开的那片土地。不过在那个特殊时刻，他没有心思去回顾图勒人的迁徙历史，而是将注意力全部放在了径直向我们走来的北极熊身上。

这次相遇并不是意外。此人是遗址发掘现场的看熊员。* 他允许我和他一起开车前往海岸线，在这头北极熊冲到我们考古队的驻地前截住它。看熊员站在四驱越野车的座位上，双手举过头顶，模仿另一头更高大的熊，试图把它吓走。不幸的是，他威胁不了这头特殊的掠食者——世界上最大的熊类之一。北极熊步步逼近，看熊员只好放下望远镜，坐回四驱越野车内。

“该走了。”

---

* 为尊重隐私，我隐去了名字，只称他为看熊员。

我表示完全同意。

他调转越野车，沿着海岸线，朝考古工地的相反方向加速驶离。那头熊也改变了方向，跟在我们后面紧追不舍。

“它想猎杀我们。”

我已经害怕得搭不上话了，他那漫不经心的语气也给我留下了深刻印象。如果我母亲知道我在“帮助”看熊员赶熊，而不是和考古队一起留在安全的地方，她肯定会埋怨我的。想到这儿，我不禁有些内疚。那天我们还没有发现任何墓葬。在高中生们挖铲试坑的时候，坐车巡逻还能让我感到自己有点儿作用。

考古学家安妮·詹森（Anne Jensen）领导的一支由研究生和专业人士组成的考古队正与乌特恰维克镇（Utqiaġvik）的居民展开一项重要合作。组织高中生来挖铲试坑就是该项目的一部分。

因纽皮雅特人已经在阿拉斯加北坡地区生活了近千年之久。我们正在挖掘的遗址名为努武克（Nuvuk），里面有一处墓地，安葬了附近城镇乌特恰维克许多居民（包括看熊员和帮助我们挖掘的高中生）的亲属和先辈。

努武克原本是一座位于巴罗角（Point Barrow）最北端的村庄。1000多年来，这里几乎一直有人聚居。首先是被考古学家称为古因纽特人的群组，而后大约从公元800年开始，新因纽特人（或简称因纽特人）的祖先来到此地。

19世纪之前，风暴不断侵蚀北部海岸，导致村落离大海越来越近，因此努武克人至少将他们的家园向南搬迁过一次。渐渐地，越来越多的努武克人移居乌特恰维克。19世纪，乌特恰维克建起医院、学校、基督教堂后，其规模和人口都超过了努武克村。直到20世纪中期，努武克才被完全放弃。目前住在乌特恰维克的几位老人都是在努武克村长大的。[1]但当我到那里工作时，小村庄的地面上只剩下一大片砂砾，中间零散分布着动物骨头、小块草地，还有一些艰难生长的矮柳。只要有植被存在，无论多么稀疏，都是一条重要线索，往往能标示出以前的人类活动区域——贝丘和墓葬，因为会有额外的营养物质渗进碎石中。

由于乌特恰维克和努武克之间的渊源，乌特恰维克镇居民十分担忧位于海岸边缘的墓地不再安全。气候变化加剧了风暴的破坏力，侵蚀海岸的速度也越来越快。在墓地安息了千年之久的祖先遗骸即将坠入北冰洋。北极地区变暖使得该区域海冰融化、变薄，无冰期延长。没有海冰保护，巨浪对海岸线的侵蚀要快得多。[2]族群长老们决定找到所有没有标记的坟墓，然后将遗体转移到内陆一个距离足够远的安全墓地。在族群和国家科学基金会的支持下，安妮·詹森动员了乌特恰维克的高中生来帮忙，一方面为他们提供工作，一方面使之有机会学习考古和实验室技能。[3]

除了考古研究外，长老还允许研究人员使用另一种方法更深入地了解他们祖先的历史：遗传学。这就是我有幸加入这个项目的原因。学习如何成为看熊员是一个意外收获，我来阿拉斯加的真正原因是帮助我的博士后导师丹尼斯·奥鲁尔克（Dennis O'Rourke，现在是我的同事，也是堪萨斯大学人类学系主任）对考古发现的古人遗体实地采样。

乌特恰维克镇的长老们同意丹尼斯和安妮采集基因检测样本，但规定数量要尽可能少，对遗骸的其他研究都要在乌特恰维克镇内进行，遗骸也将迅速安葬。

我发现这些准则远比限制更加自由。早期考古和搜寻美洲人类遗骸是一段不光彩的历史，恶劣影响延续至今。尤其是在阿拉斯加，20 世纪的体质人类学家挖开当代原住民的墓穴，提取他们的遗骸样本。如果希望了解这些古代族群的历史，那么就应该在他们的后裔制定的明确框架内工作，尊重他们的规则，如此一来，科学研究反而会更加顺畅。

一旦有学生确定铲试坑下有墓葬，我便立即放弃临时看熊员的岗位，开始一连串有条不紊的工作程序。接近坟墓之前，我会戴上口罩、手套、袖套，覆盖所有裸露的皮肤（其实我也想把自己包裹起来。立于阿拉斯加海岸，即使在夏天，也需要穿好几层冬装）。然后，我费力地扒开棺材周围的碎石和泥土，用消毒剂用力擦洗戴着手套的双手，最后轻轻地从古人遗骸上取出一小块碎片。我立即将这块碎片放入无菌样本袋中并密封。除了我之外，之后无人再触碰这些骨骼样本，直到它们抵达 2600 英里外的盐湖城犹他大学古 DNA 无菌实验室。直到那时，才会有一名研究生也穿着浸泡过消毒剂的防护服，获准将样本从袋子中取出。研究结果会在与原住民后裔讨论后再公开发表，詹森则继续在乌特恰维克镇工作。

努武克，就像舒卡卡阿遗址项目一样，也是一个精诚合作的案例。但是，早期北极考古却是以完全相反的方式，毫无顾忌地进行。考古学家罔顾先民后裔的忧虑，肆意挪走遗骸，榨取知识却不给予原住民族群回报。早期北极遗传学研究也是如此。尽管当时出台了以人类为研究对象的指导规范，但原住民很少参与项目，双方没有互惠，发表研究结果也不会顾及他人感受。[4]

今天，研究人员和族群长老之间已经建立起密切的伙伴关系。乌特恰维克镇居民集体参与拯救并研究其祖先遗骸的项目，起到了重要的示范作用，并形成了富有成效、相互尊重的研究氛围。正是得益于这些合作努力，我们（尤其是詹森）才能将口述历史和原住民的观点纳入研究中*，才能对埋葬在该遗址的古人和他们的后代采样，从而探知到丰富的信息。这些基因组，以及美洲各地的其他古人类基因组，告诉了我们很多关于美洲初期人类迁徙最后阶段的情况。

人类聚居北极地区

正如我们在第三章中所讨论的，北美极地是美洲人类迁居史的

* 我和许多同事都认为，怀着尊敬之心，将原住民传统知识和遗传学结合起来有助于科学探究，并促进原住民族群和科学家开展更加紧密的合作，营造信任氛围。正如康涅狄格大学微生物学家、因纽皮雅特人凯特·米利根-迈尔（Kat Milligan-Myhre）2018 年在推特上指出的那样，在学术论文中正式引用原住民传统知识和非学术研究伙伴的贡献将非常有利于推进这一目标。参见 twitter.com/Napaaqtuk/status/1030178797872508928。

开端和结束地。在末次冰盛期，北极大部分地区，包括格陵兰岛、加拿大、阿留申群岛、阿拉斯加半岛和阿拉斯加南部海岸，都覆盖着冰川。冰川的分布位置决定了人类在末次冰盛期可以前往哪个地方。如同向南迁徙困难重重，他们更不可能轻易进入加拿大和格陵兰岛，冰川封死了每一条路。这些地区环境恶劣，意味着直到美洲其他地区都有人居住后，人类才进入北纬 66°34′(北极圈) 以北地域。我们之前了解到，虽然人类在大约 1.4 万年前就生活在整个阿拉斯加，但他们 9000 年前才到达阿留申群岛，大约 5000 年前抵达加拿大和格陵兰岛沿海及内陆地区。

古因纽特人

按考古学家的分类，本章开篇介绍的第一批居住在努武克遗址的族群即属于古因纽特传承的一部分。他们后来又横穿北极地区，延伸到格陵兰。[5] 古因纽特人是流动极其频繁的狩猎-采集者，无论是文化还是体质均适应了极地极端环境。虽然他们不是第一批生活在阿拉斯加的人类，但却是第一批居住在北极圈以北的族群。

古因纽特人可能是从堪察加半岛迁徙而来的，大约在 5500 年前（公元前 3000 年或稍早）到达极地西部，然后在 5000 年至 4500 年前到达北极东部。此时，连接阿拉斯加和西伯利亚的陆桥已不复存在，但两块大陆彼此邻近，因此，白令海峡两边的族群还是会频繁接触。* 有些人假设，古因纽特人也曾向南穿过阿拉斯加，进入阿拉斯加半岛和阿留申群岛居住。另一拨人则沿着北冰洋海岸朝东，穿过加拿大后到达格陵兰岛。他们在整个北极留下的考古学“足迹”非常微弱，可能是因为族群规模太小。幸运的是，北极环境有利于保存线索，所以我们才能够看到他们迁徙的大致轮廓。

古因纽特人制造独木舟，用鱼叉、长矛、梭标、弓箭（箭头是微小的石叶）捕猎各种海洋和陆生动物，包括鸟类、鱼类、狐狸、驯鹿、麝牛和海豹等。他们还制作了其他小型石器，如用于将兽皮加工成衣服的刮削器和雕刻骨头的石凿；工具组中还有双刃刀、石灯和针眼很小的缝衣针。北极考古学家将古因纽特遗址中精心制作的工具称为“北极小型工具文化”（在阿拉斯加，它又名为“登比燧石复合文化”）；这一传承模式似乎源自西伯利亚的贝尔卡奇（Bel'katchi）新石器时代遗址。

根据地理环境，古因纽特人可分为几个不同类别。在阿拉斯加北部，登比燧石复合文化相继演化为科利斯文化（Choris）、诺顿文化（Norton）、伊皮尤塔克文化（Ipiutak）。努武克聚居点就属于伊皮尤塔克文化，建立于约公元 330 年至 390 年。在加拿大北极地区，古因纽特人聚落出现在公元前 3200 年左右，被笼统地称为前多尔塞特文化（Pre-Dorset），然后依次为早期多尔塞特、中期多

---

* 今天依然如此，因纽皮雅特人和尤皮克人在冬天驾驶雪地摩托，穿过冰面，相互拜访亲朋好友。

尔塞特和晚期多尔塞特文化。在北极群岛北部和格陵兰岛北部，古因纽特人遗址的年代大约在公元前 2400 年，被统称为“独立 I 号”（Independence I）。在格陵兰岛其他地方发现的遗址被称为萨卡克文化（Saqqaq），始于公元前 2400 年左右。

这些传承模式之间存在着重要的文化、技术差异，地理上也相距甚远。阿拉斯加北部的古因纽特人依然保持着横跨白令海、直至堪察加的长途贸易网。他们沿途交易陨铁、布鲁克斯山脉的燧石、工艺品，传播艺术文化。他们崇拜众多关系复杂的神灵，许多与自然相关。除了自家的圆形住宅外，他们也建造一种名为“qargi”的公共建筑。这类建筑每隔一段距离就有一个，可能是集会、贸易和举行仪式的场所。他们也有可能建造并居住在冰屋中，但这很难确认，因为这类建筑物不会保存很久。

前多尔塞特人随季节在小型营地里居住。有可能是好几个家庭在一年中的某些时候组成狩猎队集体活动，而在其他时候分散成单独的家庭各自生活。他们的夏季房屋一般呈圆形，类似帐篷结构，今天还可以看到排列成环状的石头，这是为了压住遮蔽房屋的兽皮。他们的冬季房屋结构可能不同，大概是冰屋。从早期多尔塞特到晚期多尔塞特，古因纽特人的制造技术、艺术传统、房屋类型都发生过大量改变，考古学家已经找到与之相关的证据。

萨卡克人也主要以家庭为核心，生活在圆形的帐篷式房屋中。他们用两排石头搭建住房，这些石头今天仍然可以看到。某些情况下，他们也住在帐篷里，周边用一圈石墙围起来。与其他古因纽特族群不同的是，萨卡克人显然不善雕刻。从他们的遗址中出土的器物上只有很少的装饰。高纬度北极地区的族群（独立Ⅰ号）处于地球上最具挑战性的环境中，生存异常艰难。他们靠猎捕海豹、海象、鸟类为生，在冬季营地和狩猎点附近的夏季营地之间季节性迁徙。他们的圆形帐篷式房屋有一个特点，即地面中心向上凸。这部分被称为“中间通道”，里面通常包含灶台和丢弃厨余垃圾的地方，同时还具有将屋子分成不同活动区域（可能是按性别划分）的功能。[6]

为什么古因纽特人要穿越北极地区向东迁移呢？这是一个很自然的问题，但没有简单或明显的答案。有许多因素会促使人们从一个地方搬到另一个地方。没有稳定的生活来源，希望在新家园生活不那么艰难；为逃避或解决社会冲突，因此走得远远的；听说他乡有资源或新机会；目前所依赖的动植物资源突然枯竭（如末次冰盛期），迫使人们不得不背井离乡。

就古因纽特人的情况，考古记录没有任何证据明确支持上述这些因素。争夺有限的资源可能会驱使一些人寻求新土地。不过有一种假设认为，古因纽特人可能是跟着麝牛群进入北极中部地区的。古因纽特人流动性很强，在不同的地区季节性来回迁徙，对于一大片地域，往往会反复放弃，占领，再放弃，再占领。正是这种流动性会自然而然引导古人为获取新资源而扩张，进入新地区。[7]

毛发和坚冰

正如寒冷干燥的气候有助于保存古代北极族群的考古遗痕和口述历史，DNA 也可以在这样的环境中完美留存下来。丹麦哥本哈根地理遗传学中心的艾斯克·维勒斯列夫及其领导的研究小组正试图从一束 4000 年前的人类头发中提取 DNA，期望基因能完好无损。头发来自格陵兰岛西部的克克塔苏苏克（Qeqertasussuk），它是北极东部地区最早的人类遗址之一。居住在这里的古人属于古因纽特文化的一支——萨卡克文化。

2008 年，维勒斯列夫团队从萨卡克人的头发中恢复了线粒体 DNA。由于从古因纽特遗址中发现的人类遗骸非常少，因此，他们的研究成果引起轰动。在 2010 年发表的后续论文中，他们又公开了其全基因组序列。这是迄今为止恢复的年代最早的一个古人全基因组！这个古人的 DNA 在毛发样本中保存得非常好，研究小组找到了足够多的特殊 DNA 片段，平均每 20 个便几乎覆盖了 80% 的 DNA 碱基。

我们从萨卡克人的基因组中了解到大量信息。首先，他的线粒体谱系属于 D2a 单倍群，不存在于当代任何一支因纽特族群中（不过在阿留申群岛的乌纳伽克斯人中出现过）。维勒斯列夫团队将来自那个萨卡克人的全基因组与其他格陵兰岛因纽特人的基因组进行比较，发现彼此之间差异巨大。相反，古因纽特人在遗传层面上与古西伯利亚人最为相近。这表明在整个北美北极地区曾经存在过两个不同的族群：古因纽特人和当代环北极各族群的祖先。[8]

前哥伦布时期的因纽特迁徙

在北美北极地区发现的两个不同基因群组证实了考古学家之前的猜测。从大约 800 年前开始，一股新的文化浪潮在短短几个世纪内就从阿拉斯加向东扩张到格陵兰岛。考古学家有时称该文化为图勒文化或新因纽特文化，不过我将在本书中称其为原始因纽特文化。这支族群表现出与古因纽特人完全不同的生活方式。考古学家确信他们是非常不一样的两个群体。

原始因纽特人擅长捕鲸和其他海洋哺乳动物。他们引入了狗拉雪橇和皮筏（umiaq），当代因纽特人至今仍在使用这两种技术。他们建造的冬季房屋为半地下结构，工具、服装和艺术品与古因纽特人的大相径庭。

这些人显然是当代因纽特人的祖先。从考古记录就可以看出，他们的传统工具、房屋、文化属性和狩猎习俗都是直接从原始因纽特人那里继承而来的，因纽特人自己的口述历史也证实了这一点。他们的起源长期以来一直是考古学家争论不休的话题。具有因纽特文化特征的社会首先出现在白令海峡两侧，被称为旧白令海文化（公元前 200 年至公元 700 年）。此后，该文化分别在阿拉斯加北部和白令海峡地区发展为普努克文化（Punuk，公元 800 年至 1200 年），在阿拉斯加北部和楚科奇地区发展为比尔尼克文化（Birnirk，公元 700 年至 1300 年）。从公元 1000 年左右的考古记录中可见，这支文化也是阿拉斯加北坡的因纽皮雅特人、现今加拿大西部的因纽维阿鲁特人（Inuvialuit），以及因纽特人的直系文化祖先。当代北极族群的文化最初究竟起源于何处，又是如何发展的，至今仍有争议，但似乎是在气候变化时期发端于普努克和比尔尼克文化。随着气温升高，季节性海冰分布发生变化，露脊鲸和其他海洋哺乳动物的活动范围也随之改变。图勒人（原始因纽特人的一支）便在此期间从北坡迁移到了加拿大。当然，图勒人的迁移可能是为了应对环境变化，也可能是出于其他原因。[9]

所有的考古学证据都表明，原始因纽特文化之所以能在北极地区迅速传播，是因为人们可以乘船沿着北极海岸迁徙。此外，原始因纽特人进入古因纽特人的地盘后不久，后者就从考古记录中消失了。这是一次族群替换，还是古因纽特人融合到原始因纽特人的社会中去了呢？

那位萨卡克人的基因组可以明确回答这个问题：古因纽特人的基因与因纽特人不同，所以原始因纽特人的迁徙导致图尼特族群（Tuniit，即北极东部地区的多尔塞特人）被彻底替代。

不过故事还没有讲完。这些信息只是从某一个古因纽特人的全基因组中判断而来的，可是北极地区的基因拼图中，依然存在时间和地理上的空白。2014 年，马纳萨 · 拉加万（目前是芝加哥大学遗传学系助理教授）及其同事发表文章，介绍了她们对来自西伯利亚、加拿大和格陵兰的古人遗骸进行的一项大范围研究。[10] 遗传学家从若干古因纽特人（从图勒文化到西伯利亚的比尔尼克文化），以及格陵兰岛上的北欧人身上获取了线粒体基因组和低覆盖度的全基因组。对这些线粒体谱系的分析证实，A2a、A2b 和 D4 单倍群存在于原始因纽特人群中，而所有古因纽特人都拥有 D2a 单倍群。全基因组测序也表明，原始因纽特人和古因纽特人确实是不同族群。他们似乎在遥远的过去曾经有过基因流，很可能发生在这两个族群的祖先还在西伯利亚的时候。

然而，我们对另一个地区古代和当代人的遗传变异情况却几乎一无所知。该地区也有可能是原始因纽特文化的起源地：阿拉斯加北坡，也就是我们在努武克遗址采集古因纽皮雅特人祖先遗骸样本的地方。

乌特恰维克的原住民族群十分赞同这个项目，也对我们试图回答的问题表示支持。一位长老建议对当今居民的 DNA 进行测序，以便更好地了解他们的历史。这一进展令人兴奋。丹尼斯 · 奥鲁尔克曾经的研究生杰夫 · 海耶斯（Geoff Hayes，现为西北大学教授）把这个提议扩大为“阿拉斯加北坡遗传分析项目”（GEANS）。我也有幸参与其中。2015 年，我们发表了对整个阿拉斯加北坡 137 个当代因纽皮雅特人的线粒体 DNA 分析报告。这些线粒体谱系告诉我们，虽然大多数人与其他地方的因纽特人一样，都属于常见谱系，但北坡村落中确实存在少许非典型因纽特族群线粒体谱系的实例。[11] 例如，D2a 单倍群之前只在阿留申群岛东部的古因纽特人中出现过，在古努武克人体内没有发现，然而在现代北坡村落中检测出来了。

因纽特长老和历史学家在解释考古学数据方面起到了关键作

用。他们对遗传模式也有着深刻见解。我们在 2015 年发表了因纽皮雅特人线粒体谱系的研究成果——该项目正是一位长老首先提议的——这时却意外地发现，北坡族群与格陵兰因纽特人的联系比加拿大因纽特人更为紧密。一位族群长老评论说，这个结果并不奇怪，因为因纽皮雅特人发现，用他们的语言与来自格陵兰的人交谈比与来自加拿大的人交谈更容易。我们还注意到，沿着海岸线分布的北坡村庄之间共同拥有一种特定的线粒体谱系。这可能是因为古人夏季在水上航行，冬季在近海的海冰上乘坐狗拉雪橇的缘故，两种方式都比在内陆行动快。

2019 年，我们加入了一个研究联合会，利用基因组数据检视因纽皮雅特人、古因纽特人，以及出土自楚科奇、东西伯利亚、阿留申群岛、阿拉斯加和加拿大北极地区的古人之间的关联。这项合作促使我们有机会进一步了解北坡因纽皮雅特人与其他当代及古代北极族群的遗传关系。我们发现，阿留申群岛上的族群、分布在从西伯利亚到格陵兰岛的因纽特人和尤皮克人（Yup'ik），以及说纳-德内语系语言的族群（颇令人惊讶）有一个共同的祖先，即来自西伯利亚的更“原始”的古因纽特人。有趣的是，这与另一个调查古因纽特人的研究小组在同一周发布的报告不完全一致。看来还需要对更多基因组进行测序，才能梳理这些古代和当代族群之间的确切关系。[12]

研究联合会还发现了有可能推断出原始因纽特人起源的遗传学证据。我们估计，因纽特人和乌纳伽克斯人（阿留申群岛族群，又被称为“阿留申人”）的祖先生活在4900年至2700年前，或4900年至4400年前（取决于测算方法），并吸纳了来自美洲北方原住民的基因。后来，因纽特人的祖先，但不是乌纳伽克斯人的，与楚科奇–堪察加族群的祖先有过基因流。

可以解释这些遗传检测结果的一种设想是，因纽特人和乌纳伽克斯人的祖先生活在阿拉斯加半岛地区，他们在那里与美洲北方原住民产生了互动。这一点可以从考古记录中窥见一斑。距今6800年至4500年前的海洋湾（Ocean Bay）传承模式和大约4000年前的早期喀什马克（Early Kachemak）传承模式之间有着过渡关系。此后，因纽特人和尤皮克人的祖先迁徙到了楚科奇，并在大约2200年前与那里的族群通婚，建立了旧白令海文化，而乌纳伽克斯人则向西进入阿留申群岛。

这一设想最早是由唐·杜蒙德（Don Dumond）根据考古学证据提出的（尽管他也试图把当时可用的生物学和语言学数据纳入其中）。虽然他的理论有太多推测内容，但也颇有吸引力，假若能得到当今原住民族群的支持的话，值得进一步研究。[13]

美洲原住民对北极环境的适应

在DNA测序技术出现之前，研究人员利用牙齿来重建各族群之间的历史关系。比起19世纪和20世纪初期体

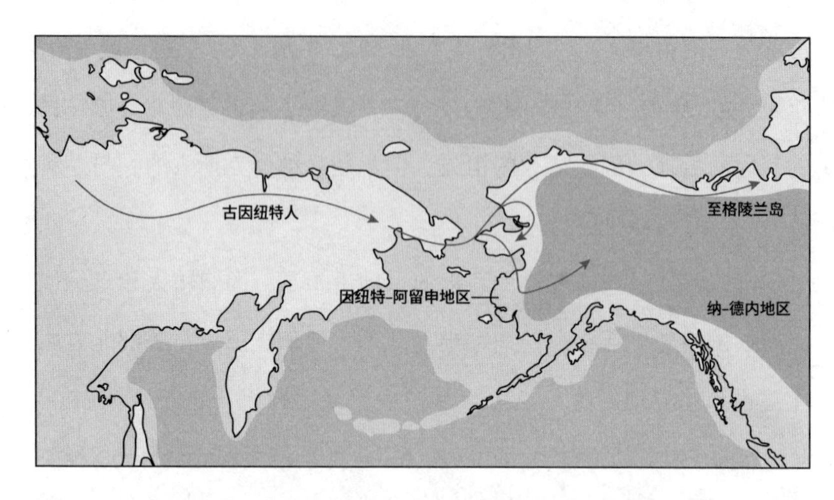

根据一种北美北极地区族群迁徙模型绘制的路线图。参考了安妮·斯通（Anne Stone）于 2019 年发表在《自然》上的文章《最早到达西伯利亚东北部和美洲的人类谱系》。

质人类学家研究的颅骨，牙齿是更为可靠的演化标志。

美洲原住民的门齿形态通常为铲状。如果你沿着内侧表面摩擦舌头，就能察觉到一道凹痕。铲形门齿在东亚族群中也有较高出现概率，但在世界其他族群中却并不常见。在 DNA 测序技术发明之前，这是体质人类学家用来推断美洲原住民和亚洲人存在联系的线索之一。

铲形门齿特征与 EDAR 基因中的一种特殊变体（V370A）有关。EDAR 一直处于非常强的选择压力之下，V370A 在美洲原住民中出现频率很高，不仅仅是在北极地区，迄今为止所有接受调查的族群都是如此。

从自然选择层面分析，竭力维持铲形门齿并无多大意义——没什么特殊用处，只是人类拥有的一种形态差异罢了，就像卷舌头一样。演化生物学家莱斯莉·赫鲁斯科（Leslea Hlusko）预感到这里面还有很多蹊跷。她怀疑铲形门齿只是偶然出现的特征；V370A 还影响了很多其他人类表型，包括汗腺、毛发密度……甚至不同的乳腺导管分支。

正如赫鲁斯科向我解释的那样，人们在北极地区无法获得充足的紫外线来制造足以维持健康的维生素 D，就算是赤身裸体站在外面也不行（事实上也待不了很长时间）。人类已经发展出相应的生存策略来解决这个问题，比如食用富含维生素 D 的动物内脏。然而，婴儿完全依赖母亲提供营养，所以他们尤其缺乏维生素 D。赫鲁斯科认为，也许并不是演化机制选择了铲齿，而是 V370A。它对于乳腺导管分支的影响才是关键因素。如果 V370A 通过增加乳腺导管分支来增强婴儿吸收维生素 D（也许还有其他营养物质）的能力，那么就可以解释古代族群处于与世隔绝的状态时，所经受的巨大选择压力。据此还能判断北极地区就是“白令停顿”事件发生的位置。她正在做进一步研究来检验这个假设。[14]

人类聚居加勒比地区

北极是美洲最后才有人类居住的地方之一，另一处是半个地球之外的加勒比海。

就像迁往北美的北极地区一样，人类迁徙到加勒比诸岛也是一个以动态流动、族群扩张、环境适应为特征的过程。遗传学为重建人类迁徙史做出了巨大贡献，然而，由于加勒比地区气候炎热潮湿，不利于保存 DNA，因此直到最近，科学家都还很难从该地区族群中恢复大量古 DNA。不过科学家还是取得了一些重要的研究成果，让我们得以了解加勒比族群的总体情况。

由于考古研究的关注点不在加勒比地区早期族群，加之一些早期遗址可能因海平面上升而被淹没，所以相关证据非常稀少。

特立尼达岛（Trinidad）上最早出现的人类痕迹可以追溯到 8000 年前。在此之前，该岛与南美洲相连，因此，人类可以在更新世末期（距今 1.1 万年）通过陆路抵达。这一族群传统上被称为奥托瑞德文化（Ortoiroid），其早期遗址以独特的石器为标志，但他们没有陶器。* 近年来，一些考古学家越来越怀疑以前将加勒比族群分为奥托瑞德文化、卡西米瑞德文化（Casimiroid）、萨拉多德文化（Saladoid）的方式不甚妥当，不能准确反映该地区在与欧洲人接触

---

* 有一些证据表明他们在原始时代也有陶器，只是大部分产自古巴和大安的列斯群岛，很少来自特立尼达岛。

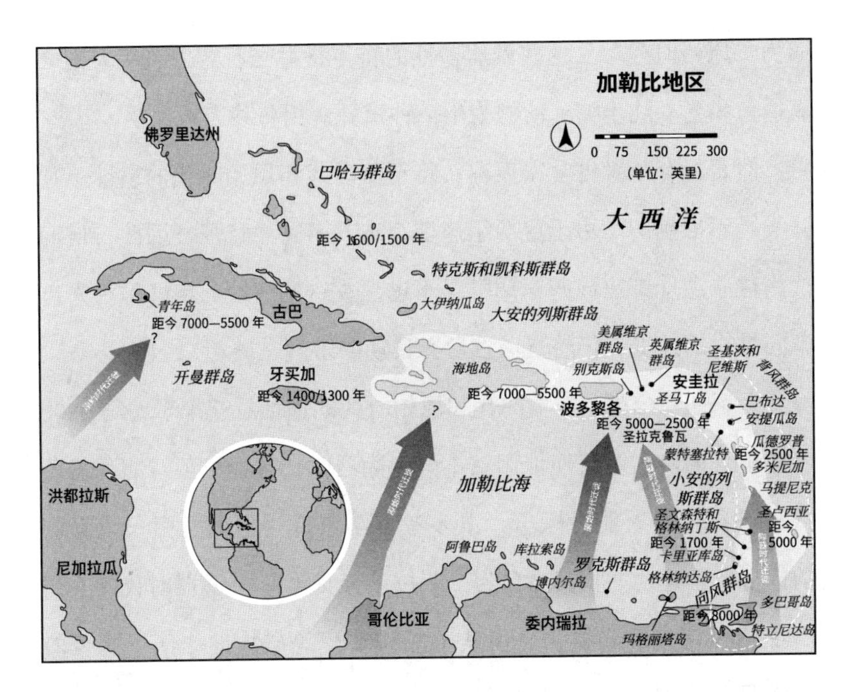

加勒比地区，陶器时代迁徙发生在 2500 年前，而原始时代迁徙发生在 6000 年到 2500 年前。

之前的文化多样性。我将在下文中介绍较新的年表，但也会提及早期分类，以便让感兴趣的读者了解学者所辩论的内容。[15]

人类至少在 6000 年前就到达了古巴和伊斯帕尼奥拉岛（Hispaniola）。考古学家把这段时间称为石器时代。这些早期遗址的标志便是片状石器（石叶和石片），表明他们狩猎陆地和海洋动物，并食用野生植物。

大约在 6000 年到 2500 年前，属于卡西米瑞德文化的聚居地开始出现在古巴、安提瓜（Antigua）和其他岛屿。考古学家称这一时期为“原始时代”。[*] 这些聚居遗址的特点是抛光石器，表明人们依靠捕鱼和猎杀陆生哺乳动物为生，种植并食用各种当地植物。

然而，有些考古学家声称，将石器时代和原始时代的遗址单独分类是不准确的。由于这两组遗址存在许多重叠特征，因此，他们认为这些遗址都应该归为一类。不过建立这些遗址的族群是否来自不同批次的迁徙，仍然是考古学界长期的未解之谜。

无论如何分类，石器时代和原始时代的遗址看起来与大约 2500 年前出现的陶器时代遗址迥然不同。陶器时代遗址以独特的陶器风格和日益依赖农业为标志。很多考古学家认为它们是由一个新到的族群所创建，并将其命名为“萨拉多德文化”。[**] 陶器时代的人们不仅制作精美的陶器，还用紫水晶和翡翠等矿物创作便于携带的艺术品和圣器。他们制造石质工具，种植多种作物，其中一些源自南美，包括马铃薯、玉米、花生、红椒和有致幻效果的约波豆（yopo）。他们同样依赖海洋资源，如鱼类、螃蟹和海鸟。

考古学证据和早期遗传学研究将这些族群与南美洲联系起来。考古学家提出的迁徙模型主要有两种。第一种情况是，古人从委内瑞拉的奥里诺科河（Orinoco River）盆地逐渐向北移动，穿过小安的列斯群岛（Lesser Antilles）到达波多黎各，并最终向西扩张到伊

---

* 但奇怪的是，在牙买加和巴哈马却找不到遗址。可能是保存不善，也可能抵达这些岛屿太困难。

** 以前的术语是“阿拉瓦克人”（Arawak）。

斯帕尼奥拉岛和古巴。第二种情况是，他们首先进入波多黎各，然后向南扩张。[16]

在过去几十年内，遗传学为我们描绘出古代族群历史的大致轮廓，并回答了当代加勒比人的遗传变异是如何形成的。2020 年和 2021 年，科学家针对大规模古代基因组研究，分别发表了两篇论文，绘制了一幅更清晰、更详尽的族群历史图景。[17]

一言以蔽之，遗传学研究表明，加勒比历史上发生了两次主要的族群迁徙。第一次是原始时代早期，可能来自南美洲或中美洲。但要更为详细地了解这次迁徙过程，还需要做很多工作。

“坦率地说，我们不知道加勒比地区的首批人类究竟来自哪里，”专门研究前哥伦布时期历史的波多黎各人类遗传学家玛丽亚 ·A. 涅韦斯–科隆（Maria A. Nieves-Colón）告诉我，“考古学数据表明，他们与南美洲和中美洲都有关联；可以确定年代的基因数据指向第一批加勒比人不是当今该地区原住民的祖先，因为后者的遗传变异超出了相应的范围。我们认为可能是这两个区域中的任何一个（或者都是？）。但这是一片极其广阔的地域，具体位置在哪里依然是个谜。北美也不能被完全排除，但没有考古学证据支持，所以就不再认真考虑这个选项了。”

后来的陶器时代移民可能源自南美洲东北部。库拉索岛（Curaçao）的陶器时代个体与小安的列斯群岛上的个体存在遗传亲缘关系，这一事实支持古人是从奥里诺科河流域向北扩张的考古学模型。

与半个地球以外的古因纽特人和新因纽特人类似，随着新族群在整个加勒比地区传播，原始时代族群的血统比例逐渐缩小，直至所有调查地点最终都实现了几乎百分之百的族群替换。唯一的例外在古巴西部。研究人员发现两支谱系共存了 2000 多年，反映出两个完全不同的种群具有惊人的持久力。[18]

有点儿令人惊讶的是，遗传学家几乎没有找到这两个种群成员之间通婚的证据。在遗传学家检测的几百个个体中，只有极少数人既具有陶器时代的血统，也拥有原始时代的血统。

鉴于从炎热潮湿的气候中提取古 DNA 困难重重，这些全基因组研究和早期侧重于单一遗传标记（线粒体和 Y 染色体）的古 DNA 研究确实取得了相当不俗的技术成就。结合现代当地人的 DNA 图谱一起分析，它们不仅帮助我们了解加勒比地区的人类起源过程，而且还知道了它们的基因遗产是如何延续至今的。

哥伦布及其船员遇到的第一批原住民是泰诺人。该民族与接触时代其他文化群组可能就是陶器时代古人的后嗣。[19] 人们长期以来一直以为泰诺人在残酷的殖民压迫和欧洲人带来的疾病的摧残下，已经彻底灭亡了。然而，对当代波多黎各人的遗传学研究表明，泰诺人的线粒体 DNA 仍然存在，而且他们源自陶器时代的祖先依然在当今波多黎各人和古巴人中留下了血脉。这一发现得到了加勒比原住民族的热烈响应，欢庆他们的祖先“起死回生”。[20]

坚韧不拔

尽管这些后来发生在北极和加勒比地区的人类迁徙事件处于截然不同的气候背景下，但它们依然有一些引人好奇的相似之处，并为我们提供了绝佳例证，说明具有不同基因特征的族群确实能通过考古记录观察到的文化差异来分辨。它们还让我们意识到，海洋对这两个地区有经验的船员来说几乎是平地。因纽特人在白令海频繁往返航行，而有一组研究人员甚至形容加勒比海为早期人类的“水上高速公路”。[21]

进入加勒比和北极地区的首批族群之间的另一个相似之处却充满不幸，那就是他们与欧洲探险家和殖民者接触后，承受了骇人听闻的痛苦。尽管加勒比是哥伦布及其船员首次登陆的地方，而北极是欧洲人最后抵达的地区之一，但这两个地方的原住民都遭到了殖民者的野蛮对待和新型疾病的打击。

但这两个地区的原住民文化和自我身份认同并没有消亡，证明了原住民即便在末日来临的情况下，依然具有强悍的韧性。

我们正处于一个非凡时刻。遗传学领域的长足进步，使我们终于有能力更多地了解这一历史时期。

遗传学是一种工具，在接受与之有利害关系的原住民族群的监督，充分考虑其利益和关切的前提下，可以融入考古学、语言学、原住民族历史等跨学科研究中。幸运的是，这样的合作模式已经在北极和加勒比地区广泛铺开，为在不久的将来破解历史谜团打下了良好基础。

* * *

虽然大量的研究工作都放在美洲原住民起源和美洲早期族群历史上，但我们不能只盯着遥远的过去。在先民初次踏上美洲之后的几千年中，还有许多其他重要问题值得探讨：他们是如何聚居于新家园的；他们如何适应环境，改变或保持传统；他们如何旅行、相互交流；部落之间如何维持和平或介入冲突。原住民部落和族群对这些历史原本就拥有充分的认知。一些人认为，遗传学正是可以帮助揭示或澄清这些故事的利器。然而不幸的是，某些遗传学家和人类学家曾经的可耻行径玷污了遗传学的声誉，削弱了遗传学本应取得的成就。我们将在下一章探讨这些问题以及解决之道。

第九章

1996 年 7 月 28 日，就在发现舒卡卡阿人 24 天后，两个年轻人在华盛顿州肯纳威克市附近的河岸边偶然看到了一具因流水侵蚀而显露出来的人类遗骸。负责调查的验尸官请考古学家吉姆·查特斯（Jim Chatters）帮忙复原遗体，并尽可能判别这个人的具体情况。查特斯初步检测了颅骨后，认为此人是一名欧洲裔中年男子，但奇怪的是，他的臀部嵌入了一颗尖石头。一块骨骼样本被送去进行放射性碳定年，与舒卡卡阿人一样，其年代让人大吃一惊——距今约 9000 年。与舒卡卡阿人不同的是，故事接下来并没有出现科学家与此人的后裔积极配合，携手揭示历史的桥段。[1]

我们不知道这个人的原名，但他的后裔，即俄勒冈州尤马蒂拉部落成员称其为“Oid-p'ma Natitayt”，意思是“上古遗者”。[2] 对大多数考古学家来说，他还有另一个名字“肯纳威克人”。这是以其遗骨发现地附近的肯纳威克市命名的。

“上古遗者”很可能会惊讶于自己死后 9000 年，人类学家会就他的头形以及血统展开激烈辩论。当他的骨骼首次接受检测时，人们根据其颅骨形状，推测他有欧洲血统。等到人们发现他的年龄比欧洲人来美洲还要早几千年后，他那又长又窄还隆起的颅骨便成为争论焦点。在一次新闻发布会上，查特斯称他属于“高加索人种”，与“美洲原住民”所属的“蒙古人种”有很大区别。

查特斯后来坚持说，他并不是要暗示肯纳威克人是“白人”，但不幸的是，媒体和公众听到了“高加索人种”和“9000 岁”这几个词后，就开始胡乱猜测他的起源，还认为这有可能改写美洲历史。[3]

有人重建了“上古遗者”的面容，结果大家觉得他长得很像《星际迷航》中的让–卢克 · 皮卡德（Jean-Luc Picard）船长。尽管人类学家坚称肯纳威克人不可能是欧洲人，但对许多人来说，复原后的面容可比专家的反对意见有说服力多了。白人至上主义者指出，这证明了原住民并不拥有美洲土地的所有权。新闻报刊用夸张的头条标题宣称，肯纳威克人骸骨颠覆了美洲历史。[4]

然而果真如此吗？

在美洲发现的最早的人类颅骨可以追溯到更新世晚期 / 全新世早期，看起来与后来的美洲原住民颅骨不一样。它们往往更长更窄，面部略微向前突出，眼睛和鼻子的位置较低。这套特征被称为“古美洲人（有时也称古印第安人）形态”，可以在巴西圣湖镇遗址的早期人类、肯纳威克人，以及零散分布在美洲各地，极少数可追溯到更新世晚期 / 全新世早期的其他古人身上看到。

一些对古代“第一批民族”进行颅面形态学研究的学者认为，他们来自两个生物学上不同的群体。第一组包括“古美洲人”，鉴于拥有这种形态的古人遗骸年代最久远，所以“古美洲人”就代表第一批抵达美洲的人类。他们究竟与谁最相似，取决于你与哪位研究人员交谈；林林总总的研究将他们的颅面形态与当代撒哈拉以南非洲人、欧洲人、环太平洋族群联系起来。一些研究人员认为，他们是一支（来自东南亚、非洲、欧洲等等）非常古老的迁徙族群的遗族。[5]

根据这一假设，第二组是东亚人的后裔（表现出更多的“蒙古人种”* 形态：面部更平坦，眼睛和鼻子的位置更高，颅骨更短更宽）。他们在古美洲人之后单独到达，是后世所有美洲原住民（也包括今天的族群）的祖先。

到目前为止，你已阅读了本书的大部分内容，想必已经知道了遗传学并不支持这种美洲人类起源模型。请允许我更明确地说：我们检测的所有古 DNA，即使是那些具有古美洲人形态的，在基因层面上都与现今的美洲原住民有着极为密切的关系。就算发现了 Y 族群血统，也不能支持“古美洲人”假说，因为许多具有这类形态的人没有显示出 Y 族群血统痕迹。[6]

可惜，“上古遗者”的尸体是在古基因组学发生天翻地覆的进

---

* 在 19 世纪体质人类学领域，颅骨分类学说曾经是红极一时的理论。然而在当今某些人类学文献里，这类陈词滥调依然像发霉的烟草，味道挥之不去。

步之前出现的。尽管有人试图对他的 DNA 测序，但当时的方法还不够敏感，无法恢复足够的 DNA 来确定他就是美洲原住民。

鉴于“上古遗者”历史悠久，这一地区的科尔维尔（Colville）、内兹佩尔塞（Nez Perce）、尤马蒂拉、瓦纳潘（Wanapan）、亚基马（Yakima）等部落便根据《美洲原住民墓葬保护与归偿法》，宣布他是自己的祖先，并要求联邦政府将遗体归还（“上古遗者”的发现地属于美国陆军工程兵团的管辖范围）。1996 年 9 月，陆军工程兵团叫停了所有研究工作，并按照《美洲原住民墓葬保护与归偿法》的要求，发布《人类遗骸归偿意向通知书》。他们拒绝让科学家进一步研究这具遗骸。

对参与此项研究的科学家来说，这是一个了解最早一批美洲人类历史和生活的天赐良机，因为能够找到的遗骸实在太稀少了。科学家争辩道，遗骸极其古老，尚无法与任何一个现今的部落关联起来。但此人有可能是美洲所有原住民族的祖先（或者都不是，如果你相信颅骨形状是确定血统的可靠标志），所以关键是要对他进行研究，并用目前最先进的方法来处理和储存遗骸，以便未来的科学家可以用新技术取得突破。工程兵团拒绝让科学家展开研究，并决定将遗体归还给当地部落，这在科学家看来太不合情理了。一些人认为如果遗骸落到部落手里就会立即被重新安葬，因此起诉工程兵团，以阻止遗骸移交。

“上古遗者”的遗骸在他去世约 9000 年后，成了一些考古学家和原住民族（也包括非原住民科学家和生物伦理学家）之间争夺的焦点。这场斗争是人类学研究和原住民关系史上一桩非常重要的事件，其影响延续至今。[7]

经过冗长的法律争论后，科学家赢得了这场官司。他们获准研究这具遗骸，并根据研究成果编写了一本 670 页的著作。[8] 我们从中了解到那个时代人类的很多生活情况。

从“上古遗者”的遗体分析得知，他生前活得无比艰辛。因为一辈子都在吃粗糙的食物，可能是鱼干（他一生中吃了很多鲑鱼），所以牙齿磨损得厉害。耳道中有一些小的骨质增生（被称为“听觉外突”），这表明他曾反复暴露在寒冷潮湿的环境中，致使听力轻微受损。

几乎可以肯定这名男子是猎人：脊椎和关节显示出早期关节炎症状，证明他从童年起就开始剧烈运动。右肩的特点类似于职业棒球运动员：非常发达，有应力性骨折的痕迹，可能因多年投掷长矛而长期疼痛。

有几根肋骨因右胸受到重击而断裂。是在打猎过程中被动物踢伤的，还是一次意外？我们无从得知。从肋骨的愈合方式判断，他受伤后未能好好静养——这也正是他一生的写照。他童年曾遭遇一次事故，颅骨有一处小的凹陷性骨折，但早已愈合。十几岁的时候，又有一根长矛刺伤了他，可能是狩猎事故，抑或暴力袭击。投掷长矛的力道很大，石制矛尖刺入他的臀部后断裂。幸运的是，长矛没有击中内脏，伤害不大（尽管他需要很长时间才能恢复，而且石质矛尖永远留在体内）。也有可能不是运气好，而是拜他自己的狩猎技巧所赐。他及时转身，成功地将伤害降到最低。*

其死亡年龄可能介于 35 岁和 40 岁之间。我们不知道死因，他有可能死于感染，但同样也有可能死于其他没能在骨头上留下痕迹的疾病。

遗传学家艾斯克·维勒斯列夫最终获准尝试对肯纳威克人的 DNA 展开另一项研究。他的发现与颅骨讲述的故事完全相反，肯纳威克人与所有美洲原住民都有紧密关系。科尔维尔部落联盟允许维勒斯列夫对他们的 DNA 取样，以便与"上古遗者"的基因组进行比较，结果发现他们有着共同的遗传祖先。不过他与北美其他族群的关系尚不清楚，因为我们只有很少一点儿居住在美国的原住民基因数据。他很可能与许多北美族群有联系。这项研究没有确定到底哪个部落是"上古遗者"的直系后嗣，但明确证明他就是美洲原住民，其所属族群与科尔维尔部落联盟的成员有关。[9] 尽管根据《美洲原住民墓葬保护与归偿法》的规定，将其遗骸返还给部落联盟的申请最初遭到拒绝，但 2016 年基因研究报告发表后，国会便通过了一项名为《把"上古遗者"带回家》的法案。2017 年 2 月 17 日，"上古遗者"被归还给部落联盟，并于 2 月 18 日重新下葬。[10]

对一些科学家来说，将遗骸返还意味着失去了一个揭示远古历

---

* 我曾有幸和德拉·库克（Della Cook）一起就读于印第安纳大学。她在《肯纳威克人》一书中详尽讨论了这一推测，并形象地给这一章节起名"血肉之躯所承受的痛苦"。

史的重要证据。他们认为那个年代的遗骨应该属于全人类。这名古人作为一个个体，可能是许许多多不同民族的祖先，因此让少数人决定如何处置遗骸是不公平的。

但是，该地区的原住民也因为重新安葬的计划被拖延许久，以及诉讼中揭露的一些历史丑恶现象而受到严重伤害。对哥伦比亚河高原的部落成员来说，满怀敬意重新安葬是为了安抚祖先，也是必要之举。长期且痛苦的斗争之后，人们终于能让他安息了。

肯纳威克人诉讼案把遗传学家、考古学家、伦理学家与原住民族之间剪不断理还乱的纠纷带进了公众视野内。谁才能扮演死者代言人的角色？对于刚去世的人来说，如果有在世的亲属或直系后代，问题就简单了：显然，他们的意愿比毫无血缘关系的科学家更重要。但即使在这种情况下，倘若你和你的表亲对于是否将祖母的遗体捐赠出来用于科学研究产生分歧，又该采纳何人的意见呢？再往前推 1000 年或者 10 000 年呢？许多部落都可能是“上古遗者”所属族群的后裔（我们暂且回避他本人是哪个部落的直系祖先这个问题）。如果某位先民繁衍了成千上万的后裔，谁有权同意或拒绝对其展开研究呢？是应该尊重声称与他有血缘关系的部落成员的意愿，还是优先考虑科学研究，从而深入地了解诸多族群的历史？

本书反复讨论的美洲考古史与这些复杂的问题就这样纠缠到了一起，引出一系列问题。当年，很多古人遗骸在未征询其继嗣族群意见的情况下，就被迁出考古遗址，导致诸多族群对研究人员失去了信任。“继嗣族群”这个概念通常是基于西方语境下的“血缘关系”而定义的。很多原住民族即使从遗传角度看不是某个先民的后裔，却仍然将其视为祖先，并愿意承担义务。

遗憾的是，现有的研究规范留下了很多漏洞。在美国，作为监督人类学研究伦理的基础文件，《通用规则》（由机构审查委员会管理）并不适用于古人类。[11]

管理与继嗣部落有关的人类遗骸和器物的《美洲原住民墓葬保护与归偿法》也不适用于在私人土地上发现的古人。土地所有权人可以将遗骸拿出去进行遗传学研究而不必征询其可能的继嗣族群的意见。安齐克-1的情况就是如此，好在各方事后弥补了这一缺憾。[12]

此外，被判定为在人文层面上与现有部落“无关联”的人类遗体也不受《美洲原住民墓葬保护与归偿法》监管。最近就发生了一起因这一瑕疵而引发争议的研究案例。根据法律，遗传学家对埋葬在新墨西哥州查科峡谷（Chaco Canyon）的一些古人进行线粒体基因组测序前，就无须与任何部落协商，因为这些遗骸被正式认定为“无所属关系”。但是，在几个西南原住民族群的口述历史中，他们的祖先与查科峡谷出土的古人存在紧密联系。他们对研究启动前没有与之协商甚为不满。尽管这项研究有了好些非常有趣的发现——其中最引人瞩目的是，该遗址的精英阶层采用世代相袭的母系制度——然而代价却是伤害原住民族群感情，进一步削弱了科学家的公信力。[13]

对神圣的亵渎

一些族群不愿意参与遗传学项目，或不允许科研人员研究古DNA。这同样是源于历史上对原住民族进行生物医学研究所遗留的复杂问题。[14] 每当我与原住民谈论遗传学研究时，他们经常搬出哈瓦苏佩（Havasupa）的案例，指出应该审慎对待研究。

属于哈瓦苏佩部落的哈瓦苏巴雅人（Havasu Baaja，含义是“绿水碧波”人）[15]，生活在科罗拉多大峡谷最偏远也是最美丽的地区。这个小族群大约只有750人，不幸的是，他们的2型糖尿病发病率很高，折磨着整个部落。从1990年到1994年，该部落允许亚利桑那州立大学的研究人员收集200多份血液样本，以调查这种疾病高发的潜在遗传原因。

这就是哈瓦苏巴雅人捐血的目的，至少他们是这么认为的。然而事实上，他们签署的知情同意书却表明，捐血是为了帮助科研人员“研究行为/医学疾病的成因”。这句过于宽泛的声明意味着在法律上，他们的血液可被用于不同类型的研究。

2003年，该部落成员卡莱塔·蒂洛西（Carletta Tilousi）参加了亚利桑那州立大学举办的一场博士论文答辩。在接受《凤凰城新时报》（*Phoenix New Times*）采访时，她谈到自己发现一名博士生竟然用她的DNA做研究，因而感到无比震惊：“他说，这个族群——也就是我们——与世隔绝，族内通婚，其DNA独一无二；还分析了我的族人是如何从亚洲迁移到亚利桑那的。”[16] 不过哈瓦苏巴雅人对这项遗传学研究并不知情，而且在传统上认为他们就是来自大峡谷地区。因此，该研究撕裂了他们的历史传承，破坏了文化认知，还可能危及他们对自己土地的所有权。卡莱塔对《凤凰城新时报》记者说："我不禁想，这家伙怎么胆敢用我们的血液、DNA来质疑我们自己的身份。然后，我想起来好几年前，我们中的许多人为一个糖尿病研究项目献血的事情。我怀疑他的研究对象就是同一批血液样本。"

在演讲之后的问答环节，卡莱塔亮明身份，并询问该生的研究是否得到了部落允许。进一步调查发现，部落成员的DNA显然已经共享给了多所实验室，并用于与初衷无关的研究项目，如族群历史和精神分裂症，都未经部落同意。

亚利桑那州立大学拒绝道歉，也没有归还样本，于是该部落将所有研究人员驱逐出他们的土地。最终，部落通过诉讼维护了自己的权益，但伤害已然造成。哈瓦苏佩部落与遗传学家的纠纷令其他部落警觉起来，随后也纷纷拒绝参与遗传学研究。[17]

许多原住民族认为毛发、血液和身体组织是神圣的，为了获取DNA而去打扰祖先的身体不仅是破坏行为，而且贻害无穷。因此，任何遗传学研究都可能与他们的价值观不相容。

部落成员满怀信任，将他们神圣的血液交到科学家手中。然而，正如这个案例所展示的那样，无限期保存样本，与其他研究人员共享样本，不小心丢失样本，不与部落定期交流、告知研究进展，将DNA用于部落未明确授权的项目（即使得到了宽泛的同意），所有这些行为都严重伤害了原住民的权益和感情。

DNA和种族化

种族概念长期以来一直是压制部落主权的武器。美国政府在“教化印第安人”这件事上无所不用其极，不仅侵占他们的土地，还试图破坏其身份认同，限制原住民语言的使用和传播，把儿童从亲人身边带走，塞进寄宿学校，强迫实施同化教育。除此以外，国家还强制规定：在某些情况下，认定某人是不是美洲原住民，取决于此人是否与部落成员有直系亲缘关系，有时则基于“血缘比例”（blood quantum）这一法律概念。

今天，不同部落有多种方式决定本部落成员的资格，但商业性基因血统检测不在其中。*[18]“我们不需要用棉签来证明我们是谁。”有人如是说。[19]

有些人希望利用商业性基因血统检测手段来寻找他的美洲原住民祖先。这样做的原因很复杂。许多人的家族，如前民主党总统候选人伊丽莎白·沃伦（Elizabeth Warren），传闻就拥有美洲原住民血统。我经常听到人们兴奋地谈论自己的“切罗基族曾祖母”，并问我怎么才能用 DNA 手段证实这个故事。人们甚至通过电子邮件

---

* 一些部落确实将血缘鉴定作为确认其成员资格的部分条件。这反映出政府和一些宗教组织采取强制同化措施后，对原住民社会造成了严重扰乱。比如他们将儿童从原生家庭中带走，送入寄宿学校或由白人家庭领养。血缘鉴定可以帮助这些儿童与族群重建联系。

发来他们的基因分析结果，请我解读！*[20]

我们喜欢能有一个故事将自己与过去联系起来。我们喜欢想象自己的祖先有血有肉，趣味横生，有着不同寻常的事迹。我当然也喜欢幻想，希望有一个在歌剧乐团演奏竖琴的曾祖母。我愿意相信，是对音乐的热爱和共同的祖先跨越了几代人的鸿沟，将我们俩联系在了一起。这是合情合理、无可厚非的幻想。但是，拥有“美洲原住民的 DNA”并非等同于美洲原住民。[21] 你可能觉得家族中有一个原住民祖先很棒；你可能同我一样，对自己的先辈充满感情。不过这并不能使你成为美洲原住民，就像我的先辈不能把我变成竖琴家一样。基因检测只是一个人与其原住民祖先产生联系的起始，无法替代与族群建立纽带的工作。[22]

对原住民来说，这可不是一个无足轻重或抽象的问题：如果一个人与现今的部落没有任何联系，却可以通过 DNA 检测或家族传说合法宣称自己拥有原住民身份，这将对部落主权产生潜在威胁。不少人以不正当的理由索取美洲原住民身份，并攫取指定用于少数族裔的企业优惠政策或其他社会、教育福利，妄图从中获益，这已成为一个普遍存在的问题，这些人甚至还有了个专有名称：伪原住民（Pretendian）。

由于人们普遍希望能有一个祖先属于记录在案的美洲原住民部

---

* 请不要这样做。

落，因此，商业性基因血统检测服务机构正想方设法从原住民部落成员那里获得 DNA。与试图让部落成员参加基因组研究的尝试一样，到目前为止，这些商业机构也遇到了相当大的阻力。为商业目的，将血统检测项目宣传为“认识你自己”是不准确的。[23] 归根结底，何人能拥有原住民身份，压根就不是我，或其他任何一个非原住民血统的遗传学家可以凭借其权威和知识讨论的话题。

吸血的科学

我会定期参加“原住民基因组学暑期实习项目”。这是一个为期一周的强化讲习班，旨在对来自美国各地的原住民进行遗传学研究方法和生物伦理学方面的培训（在加拿大、新西兰 / 奥特亚罗瓦和澳大利亚也有类似的活动）。在整个实习期间，教师和参与者(从本科生到博士后研究人员和部落长者）都闭门不出，待在教室和实验室里思索复杂的伦理问题，提取他们自己的 DNA，学习遗传学研究方法，并讨论如何才能将原住民族纳入遗传学研究，推进自身发展。

许多用于比较基因组的程序应用起来很复杂，可能会导致非专业人士对历史和种族做出过于简单（或完全错误）的假设。[24] 有一次，我曾以为这个问题会是讨论重点，于是很想听听参与者的看法。但我惊讶地发现，讨论方向完全不同。

一个人说，在这个数据库中使用美洲原住民的基因组让我感到不适。

另一个人表示同意，因为收集流程不符合道德规范，所以我们不应该使用它们，即使在培训中也不行。

其他人不同意。一个人表态说，我们应该从这些数据中学习我们能学到的东西。重要的是，我们应该学习这些方法，这样就可以自己进行研究了。

他们所指的数据库包括来自卡拉蒂纳人、苏瑞人、哥伦比亚人、玛雅人、皮马人（Pima）等民族的基因组。这些都是公开的，许多研究者将它们作为所有美洲原住民的代表性数据而在论文中引用。

这些基因组是为人类基因组多样性计划（Human Genome Diversity Project, HGDP）而收集的。该计划是一个雄心勃勃的国际遗传学研究合作项目，始于 20 世纪 90 年代。[25] HGDP 及之后启动的其他大型人类基因组数据库，如 1000 基因组项目、国际 HapMap 项目、基因地理项目，使得全世界无数科研人员可以免费获取必不可少的基因组信息。[26] 然而，由于这些数据在采集过程中存在问题，一些原住民族为此表示不满。[27]

人类基因组多样性计划的组织方和研究人员尤其注意收集世界各地原住民族的基因样本。这样做乍一看很有道理：如果样本在地理上不具有广泛性，那么就不可能据此研究全世界的人类基因多样性。不过该计划对原住民族群高度关注，特别是在最初构想和实施方式上着重于此，因而引发了原住民族群、生物伦理学家和体质人类学家的广泛批评。

他们的担忧包括，使用原住民族 DNA 的科研人员可能会申请基因专利或者从生物医学研究中获利，却不给予对方回报。第二个担忧是这项研究专注于所谓“非混合”的族群、语言、社会架构，似乎暗示存在“基因纯度”这种东西，有可能给科学种族主义提供口实，即使这并非本意。此外，人类基因组多样性计划关于采样对象是“正在消失的原住民族”和“具有历史意义的隔离群体”等表述也令原住民深感不适。因为这隐晦地表明他们是过去的老古董，而不是活生生的族群成员。还有一个重大担忧是，定义族群的人正是以基因采样为目的的项目科学家，其后果是人类基因组多样性计划可能会损害部落主权，以及他们自我界定身份的权利。最后一个主要问题是，科研人员获取研究许可的方式是围绕个人，而不是经过部落同意，但是在很多原住民族群看来，这又是非常重要的一环。[28]

针对各部落对知情同意的担忧，人类基因组多样性计划北美委员会制定了《采集 DNA 样本的伦理示范协议》(1997 年)，罗列了一系列规则，要求北美所有研究活动都必须遵守。从表面上看，该协议很好地阐明了应如何对边缘化族群进行遗传学研究。除了保护参与者隐私、向族群回报利益、控制样本的商业用途、打击种族主义等规定外，该协议还要求研究人员说明将某个样本纳入人类基因组多样性计划的理由，而且必须得到族群同意。该协议还要求研究人员“解释他们选择的族群的同意级别是否恰当，以及特定实体能否被视为合适的文化权威”[29]。

然而，到示范协议发布时，人类基因组多样性计划在原住民群体中已经声名狼藉，甚至被世界原住民族理事会贴上了“吸血鬼计划”的标签（1993 年），直到现在这个标签也没有被撕下来。

最终，没有一个美国原住民族群参与这个项目。时至今日，人类基因组多样性计划仍被许多部落领袖视为反面教材。[30]

一些原住民科学家认为，现有的研究保护措施，如上文提到的示范协议，以及族群与大学签订的协议备忘录并无效果，或者说几乎没有能力惩罚那些违反规定的研究人员。

随后，为确定美洲原住民体内基因多样性的研究遭到了抵制。这一点从参与项目的原住民族群寥寥无几就能看出来。

科研人员试图利用美洲（和其他地方）原住民族群的遗传特征来揭示其历史，却对他们造成了伤害，取得的成果也因此受到玷污。截至目前，公开的当代北美原住民族的基因组数据少之又少，而有把握可进行详细族群对比的北美古人基因组就更稀少了。[31] 相比之下，当代欧洲人的基因组有数千个，古代欧洲人的有数百个。基因组学研究具有潜在的利益（如基因组医学，原住民部落利用基因组提出遗骸归还申请，加强族群建设等）。而如此大的样本数量反差将美洲原住民族群排除在研究外，无疑会产生严重问题。

前文描述的诸多项目从表面上看，都有着善良的意图或崇高的目标。但是，非原住民研究人员出于无知（或者在某些情况下，就是彻底的偏执）而伤害了参与者，一些原住民族群因此对研究人员失去信任是完全可以理解的。我在工作中会经常遇到一些同事，他们对原住民满腹猜疑，不愿参与项目，乃至坚决反对遗传学研究的态度感到十分困惑。有些人把原住民族群提出的关切议题视为他们“反科学”的证据。最近，有人指责说，他们之所以要归还先人遗骸，还要调整族群和非原住民科学家之间的话语权分量，是受到了“传统美洲印第安人泛灵论”的挟持。[32] 太多科研人员其实并不了解他们自己这门学科的历史，把原住民部落反对研究错误地视为反科学。这种观点还扩散到了普通大众中。

然而，用“反科学”来描述原住民族群的观点是不公平的。相关科学家可能还没有意识到，自殖民时代以来，美洲原住民的关切和意见就长期遭到无视，这些谴责只是一种新的表现形式罢了。

鉴于北美原住民的基因组数据稀缺，美洲内部各族群的地理采样分布也不均衡，导致古基因组学领域竞争异常激烈。这种环境刺激研究人员以尽可能快的速度对尽可能多的北美古代人类基因组测序，而不是追求缓慢一些、但原住民参与度更高的项目。这反过来又鼓励科学家未经同意就展开研究。他们会因为觉得时间紧迫（或没有协商方面的专长）而不愿意耗费精力与族群建立长期的信任关系，转而寻求最容易采集的样本，也就是那些存储在博物馆、大学里的“无所属关系”的遗骸，大多来自赫尔德利奇卡及其同事的藏品。他们还会放弃研究北美的人类基因组，把重点放在那些更容易获得批准或者同意条款更明确的地区。

这种局面不可能通过期望（或要求）部落给科学家更多基因组而得到解决；双方也不可能以这种方式建立信任。然而，纳瓦霍族*遗传学家和生物伦理学家克丽丝特尔·特索西（Krystal Tsosie）告诉我，她在 2019 年初参加了一个会议，有名研究人员相当严肃地问她："招募美洲原住民参与项目的神奇秘诀是什么？"**还有人对她开玩笑说，在部落出台限制措施之前，他们就已经收集了大量原住民的 DNA 生物信息。她认为像这样的态度和上面讨论的许多案例其根源都是一样的，那就是无论研究机构采用何种手段收集样本，只要能取得成果，就假定合理。她告诉我，"这让人感觉我们原住民的生物样本是归白人所有。从最近一些争议事件中就能发现，非原住民研究人员闯入部落，收集并完全控制样本，将其用于他们自认为合适的地方"，而不是与提供样本的部落协商合作。

从历史上看，参与遗传学研究的原住民部落明显没能从中受益。对开放性基因组数据持批评意见的人士认为，这一点以及本章讨论的其他问题正是部落对基因研究不感兴趣的原因。现在已经出现了一些积极项目，如由原住民自己主导的生物库和数据库（"原住民生物数据联盟"），会优先考虑与参与者保持定期磋商，改善研究人员与族群之间的话语权和利益平衡，前景颇为乐观。[33]

---

* 纳瓦霍（Navajo）是西班牙人起的名字，也是现在通行的族名。该族则自称"Diné"，其语言相当复杂，外族很难理解。二战期间，纳瓦霍人曾作为密码员参加了太平洋战争。电影《风语者》讲述的就是这段故事。——译者注

** 这不是孤立事件。还有其他原住民遗传学家告诉我，他们也听到过类似的问题。

前进之路

遗传学研究会对原住民族群产生或有益或不利的重大影响。使用人类 DNA 的科学研究并不是局限于象牙塔内。它们能够被用来否定部落历史，威胁部落主权，或质疑原住民的文化身份。以牺牲部落成员利益为代价，其成果既可以使外部研究人员获利，也可能揭示出一些抹黑部落的信息。

不过原住民族群内部也有不同观点。一些人认为，只要满怀尊崇之心，谨慎行事，并且最好是原住民遗传学家自己上阵，那么生物人类学、考古学和遗传学可以成为了解历史的有效工具。

好几个部落密切关注着纳瓦霍族正在进行的讨论，看看他们最终将如何处理遗传学研究问题，并很可能以纳瓦霍族的政策为模板，制定自己的应对之策。[34]

另一些部落则将这一领域内具有积极意义的项目作为范例，来指导他们参与研究。

有一个团体提出了在对原住民的祖先进行古基因组学研究时，各方应该遵守的一些伦理要求。我正是该团体的成员。我们建议，在古基因组项目开始前，就应该与继嗣族群就研究将如何展开、谁将从研究结果中受益、如何受益、结果将如何呈现等问题进行协商。在没有已知继嗣的情况下，我们建议科学家应与遗骸所在地的族群沟通。这些族群对于埋葬在他们历代居住的土地上的先民往往具有强烈的感情，认为自己与古人存在紧密联系，并负有义务。我们认为在任何古人类研究项目中，他们都是最恰当的利益相关者。随着更多或积极或消极的古基因组项目案例出现，我们也将根据实际情况不断扩大和完善伦理建议。[35]

我在本书中讨论了几个在原住民族群看来是正面的案例，如对舒卡卡阿遗址、上阳河遗址、努武克遗址的研究。还有一些我在本书中没有提及的项目。原住民族群、部落代表与考古学家和古基因组研究人员在研究期间展开了富有成效的合作，共同利用 DNA 探索他们的历史。2017 年，由亨德里克·波伊纳（Hendrik Poinar）领导的研究小组发表了一项基于线粒体 DNA 的研究，其对象是居住在现今纽芬兰和拉布拉多（Labrador）地区的古代族群。这项研究表明，从大约 4500 年前开始，多个具有独特线粒体谱系的族群——分别是滨海古人（Maritime Archaic）、古因纽特人和贝奥图克人——先后占领了这一地区。这项研究是与现今居住在当地的原住民经过多年广泛协商后才启动的。[36] 研究团队发表这篇论文后，需要解决的下一个问题自然是：若观察全基因组，会看到同样的模式吗？

然而，正如研究员安娜·达根（Ana Duggan）告诉我的那样，团队决定下一步避免采取如此激进的行动，至少不会马上付诸实施。他们认为，回到相关族群，为此再次展开深入讨论至关重要。达根告诉我："项目开始后，技术手段在过去 10 年中发生了天翻地覆的变化。"对完整的古人类基因进行测序所产生的海量数据揭示了更为详尽的族群历史信息。参与研究的相关族群可能在项目启动时并未意识到这一点。此外，参与项目的族群对遗传学的看法也可能发生变化，领导人也会出现变更。达根说，根据最初的协议，尽管在法律上可以继续进行研究，但“我们觉得这样并不妥当，还应该与部落进行更多磋商。我们向后退了一步，部分原因是环境（政治、社会、基因组学）发生了变化。我们对自己所做的工作非常自豪，而且感到做得还不赖，希望沿此路线继续下去”。

波伊纳实验小组的工作，以及许多其他产生积极成效的研究项目有几个共同点：尊重部落主权，将族群意愿置于科学家们自己制定的研究计划之上，族群成员（不同程度地）持续参与研究的各个方面，科研人员花时间与原住民增进关系，而不是直接“空降”搞研究，不接地气。在每一个案例中，人们建立起相互尊重、互惠互利的科学伙伴关系来探索过去的历史，这是非常了不起的。我们必须坚定地朝着这个方向前进。

美洲的古基因组学发展之路既不可能突飞猛进，也绝不会一路坦途。2021 年，纳瓦霍族遗传学家贾斯汀·隆德（Justin Lund）在美国体质人类学家协会演讲时说：“几个世纪以来，不良关系制约着我们发展，因此，我们有责任认清并铲除这些历史遗毒。”他把遗传学和考古学比作地基破损的房屋，主张通过增进与原住民部落的关系来修补基础。“糟糕的关系是好多代人造成的恶果，而修复也需要同样长的时间……所以要相应地做好计划！如果你自始至终都待在实验室工作，那就大错特错了。”

尾　声

“你为什么这么迷恋我？”最近，有位原住民人类学家模仿玛丽亚·凯莉（Mariah Carey）的话*，对我开玩笑。她用幽默的语气表达了一些原住民对非原住民学者如此痴迷于他们的起源的困惑，同时也向我传达了她对我们这个学科历史的严肃观点。

过去，考古学家、遗传学家和其他学者一直在试图破解全球人类族群的起源历史，并竭力回答下面这个问题：我们作为人类，跨越时间和空间，以多种不同形态出现在世界各地，到底意味着什么？或许，还可以用传声头像乐队（Talking Heads）提出的问题来回答玛丽亚·凯莉：“我怎么会在这里？”**

古老的美洲历史对我们中的许多人有着特殊的吸引力。当你在巴塔哥尼亚的手洞（Cueva de las Manos）凝视着1万年前的手印

* 这是巨星玛丽亚·凯莉的歌曲《迷恋》中的一句歌词。——译者注

** 这是 *Once In A Lifetime* 中的一句歌词。——译者注

时，当你在内华达州的洛夫洛克岩洞看到有 2000 年历史的捕鸭陷阱时，当你来到伊利诺伊州一片寂静的卡霍基亚土丘，在 700 年前建造的土丘的遗址中漫步时，你就会被这样的奇迹震撼，不由自主地想知道：到底是何人创造了这些事物？他们又是怎样生活的？

当我开车穿越堪萨斯州平原与部落协商时，当我伏在键盘上斟酌字句修改项目申请书时，当我紧张不安地准备在部落会议上的演讲时，当我弯腰在实验室的工作台上将小液滴在试管之间移动时，正是这种好奇心令我充满活力。我——我知道我的同事们也是如此——为能够从事这项我们赖以为生的工作而感激不尽。

考古学和遗传学取得的技术进步允许我们更加深入地了解人类最非凡的特质——好奇心和聪明才智——是如何引导一个族群在生存环境最艰难动荡的年代迁徙到一片未知土地，并适应新家园，扎下根来。

在今天的我们看来，人类离开白令地区前往美洲似乎与走出非洲、聚居澳大利亚，或多次迁入欧洲一样一目了然。但是，若我们带着这些知识再回顾人类万年的历史，就不可避免地会受到偏见的影响：迁徙过程必须以这种方式发生，因为它就是这样发生的。我们自信地在地图上画出指向南方的巨大箭头，剩下的工作就只是收集更多基因组，做更多分析，以填补细节。

但这种观点是愚蠢的，抹杀了真实历史的实在性。历史是一个混乱得多的过程，是个体在探索之欲和求生之需的共同驱动下形成的一张复杂网络。我们只有站在 1.3 万年或更久远的时间跨度上，才能把各个族群的整体迁徙过程看作地图上的箭头。

在这些远古旅者的诸多后裔看来，我们这些（非原住民）研究人员试图保持的客观自信恰恰是问题所在。托马斯·杰斐逊及其追随者将古代人类遗骸等同于已灭绝的三叶虫化石，视之为自然史的一部分。这种将骸骨与当今部落割裂的观点一直是遗传学和人类学的基础。

但是，当科学家们把镜头转向我们自己的研究历史时，我们就不得不反省曾经发生过的各种丑陋事件：科学被用来为种族主义张目，出版作品为追求高影响力而冷漠无情，以及那些借科研之名实施的暴行。

我们这群在此领域工作的研究人员不可能将过去犯下的错误一笔勾销。许多人，包括我自己，也曾经使用我们现在承认的错误方法进行研究。我们绝不能否认这一点，也必须承认我们从不公正的制度中获益这一事实。只有这样，我们才能有意识地修正研究手段，在探寻古人类之路上坚守自己的良心。要实现这一点，我们还必须意识到在设计研究项目时，向原住民族提出的要求有多么沉重。

我们要的是在他们眼中神圣的 DNA。

我们必须有意识地自问：我是否把 DNA 也视作神圣之物？

我们的前辈（和同行）曾经辜负了原住民的信任，而我们则向他们索取信任。我们必须有意识地自问：我们现在可以提供怎样的保证维护这份信任？

为了实验，我们需要摧毁他们祖先的一小部分遗骸。[1]

我们必须有意识地自问：我将如何确保这项工作值得尊敬？

我怀有崇敬之心吗？

我的研究究竟是为谁的利益服务？

我将如何回报？

我们只有真正做到纠正这个研究领域的历史错误，拷问我们的动机，尊重所有人类的历程故事，小心翼翼地展开研究，才能够看清在跨越全球的旅程中，人类迈出的最后一大步的最后一块拼图。

* * *

近年来我们在这一领域取得的所有成果很容易让人们只见树木，不见森林。然而，我不能用一个简单的故事来结束这本书，并说这就是最终定论。至于哪种美洲人类迁徙模型最具说服力，将取决于你如何权衡和解释目前有效的证据。大多数学者同意，“第一批民族”的祖先来自西伯利亚和东亚的旧石器时代晚期族群。末次冰盛期，这群先民的准确去向到底在哪里——白令地区、亚欧大陆东部、西伯利亚北极地带，甚至是冰墙以南的北美——目前依然是一个争论不休的问题，还有待进一步探究。古人的 DNA 向我们表明，在末次冰盛期，美洲先民与亚欧大陆的其他族群一直保持着隔离，并分裂成几个群组，其中一些成为冰墙以南的“第一批民族”。另一些群组，比如古白令人，可能没有留下后代，延续至今。

目前有几套基本模型描绘人类是何时何地首次进入美洲的，过程又是如何。最保守的模型类似于新版本的“克洛维斯第一”假说：在 1.6 万年到 1.4 万年前的某个时候，一支属于西伯利亚迪克泰文化的族群穿过了白令陆桥；末次冰盛期之后，他们可能沿着无冰走廊迁徙到了冰墙以南。这个模型主要是基于阿拉斯加的早期考古记录，但没有考虑到前克洛维斯遗址，也不能较好匹配遗传记录。

另一个极端模型是，一小群考古学家认为人类很早就来到了美洲——有学者称是 13 万年前。我（和大多数考古学家）认为这个模型不太有说服力，因为没有考古学证据支持，而且与遗传学数据向我们展示的情况完全不一致。

第三种模型指出——我认为通过综合考虑考古学和遗传学数据，是最符合实际的——在西伯利亚首次出现人类踪迹，如大约 3 万年前的亚纳遗址之后的某个时间点，先民进入美洲。至于具体的时间，取决于你认为哪些前克洛维斯遗址是有效的。大多数学者同意，人类至少在 1.4 万年前就已经抵达美洲了。有些人倾向于 1.8 万年到 1.5 万年前，这可以解释大多数前克洛维斯遗址和遗传学证据。还有人根据白沙 2 号遗址等地的考古学证据和 Y 族群的遗传学证据，主张美洲在末次冰盛期之前就有了人类。“第一批民族”很可能是乘船沿着北美西海岸航行，相当迅速地到达了南美洲。

这是一个没有结局的故事，因为当我写下这句话时，美洲的遗传故事仍在向我们徐徐展开。我在第五章描述的研究几乎肯定会给这个故事增加新细节。几天前，我和另一个对遗传学研究感兴趣的族群代表举行了电话会议。我们对他所在地区的遗传信息，无论是古人的还是当代人的都几乎一无所知。如果我可以成功测序的话，就很可能为这个遗传故事丰富更多内容，甚至改写。

我只是一个来自小实验室、默默无闻的研究者。其他比我更有名，拥有更多资源的古遗传学家正在不断推进，每年都为基因数据库增添大量数据。曾有人向我描述这类流水线式实验室的工作情况："我们发表的论文太多了。有时实验室里某人的论文被学术期刊接受后，我们甚至都无动于衷。"实力强劲的科研机构获得的成果正迅速改变着我们对历史的认知，以至于当你读到这最后一章时，几乎可以肯定前文中有信息过时了。

不过几乎每一本科学书籍都是如此，况且讲述最终完整的美洲人类迁徙故事也不是我的目的。假如我自以为能做到，那就真的太狂妄了。相反，我希望读者能从本书中掌握一个大致框架，从而认识到该领域的未来发展方向，并理解将我们引领至当下的复杂历史。

致 谢

很多人为本书的出版贡献了他们的时间和专业知识。我首先要感谢那些教会我如何科学思考、如何在实验室工作、如何综合不同类型数据，以及让我认识到以不同视角观察历史有多么重要的人。他们是贝丝·拉夫和鲁迪·拉夫（Beth and Rudy Raff）、何塞·邦纳、比尔·萨克斯顿（Bill Saxton）、弗雷德里卡·克斯特尔、杰夫·海耶斯、德博拉·博尔尼克（Deborah Bolnick）、琼·纳格尔（Joane Nagel）。我要特别感谢我的第一位博士后导师，丹尼斯·奥鲁尔克，他现在也是我的同事和系主任：我取得的职业成果都要归功于您的无私奉献和好脾气。

堪萨斯大学人类学系的同事们在整个写作过程中一直给予我鼓励和支持。我特别要感谢罗尔夫·曼德尔（Rolfe Mandel）、伊凡娜·拉多瓦诺维奇（Ivana Radovanovi ）、弗雷德·塞莱特（Fred Sellet）和约翰·胡普斯（John Hoopes）。他们从各个角度向我反馈对本书的意见。

本书得以完成，要感谢拉夫 / 奥鲁尔克实验室全体成员的帮助。劳伦 · 诺曼（Lauren Norman）、贾斯汀 · 塔克尼（Justin Tackney）和克里斯蒂 · 贝蒂（Kristie Beaty）同我分享了他们在遗传学和考古学方面的专业知识，并在此期间鼎力支持。萨万娜 · 海伊（Savannah Hay）为我整理参考资料。卡罗琳 · 基西林斯基（Caroline Kisielinski）帮我把难看的 PPT 图片变成了艺术品。实验室的其他成员阅读了书稿，并发表意见，我要感谢他们每一个人（尤其是研究生们）。

* * *

同行们极为慷慨地贡献了他们的专业知识和专长来帮助我：利用他们的学术和 / 或公共影响力，阅读和评论书稿，提供图片，与我谈论他们的想法，让我的文字更具感染力、更加准确，还解答我的问题。我要特别感谢詹姆斯 · 阿多瓦西奥、切罗基印第安人后裔东部队群的马特 · 安德森（Matt Anderson）、杰米 · 阿韦、钦西安人艾莉莎 · 巴德（Alyssa Bader）、杰西 · 巴迪尔（Jessi Bardill）、纳瓦霍人雷内 · 贝盖（Rene Begay）、琼 · 伯克-凯利（Joan Burke-Kelly）、乔 · 布鲁尔（Joe Brewer）、纳瓦霍人卡特里娜 · 克劳（Katrina Claw）、德拉 · 库克、扬 · 阿克塞尔 · 戈麦斯 · 库图利、卡琳娜 · 德拉科娃（Carlina de la Cova）、迈克尔 · 克劳福德（Michael Crawford）、李 · 杜加金（Lee Dugatkin）、安娜 · 达根、波尼人罗杰·厄科-霍克、肯·菲德尔（Ken Feder）、特里·法菲尔德、夏威夷肯纳卡族人克奥卢·福克斯（Keolu Fox）、奥古斯丁·富恩特斯（Agustín Fuentes）、泰德·戈贝尔、林恩·戈尔茨坦（Lynne Goldstein）、凯莉·格拉夫、杰西·哈利根、厄道因·哈尼（Éadaoin Harney）、莱斯莉·赫鲁斯科、约翰·霍菲克、埃里克·霍林格（Eric Hollinger）、杰弗里·汉特曼、法蒂玛·杰克逊（Fatimah Jackson）、安妮·詹森、基奈人诺尔玛·约翰逊（Norma Johnson）、布莱恩·坎普（Brian Kemp）、戴维·基尔比、佩吉斯族克里人杰西卡·科洛彭克（Jessica Kolopenuk）、克拉克·拉森（Clark Larsen）、布拉德·莱佩尔、纳瓦霍人贾斯汀·隆德、戴维·梅尔策、因纽皮雅特人凯特·米利根-迈尔、乔克托人安布尔·纳肖巴（Amber Nashoba）、玛丽亚·涅韦斯-科隆、丹·奥德斯（Dan Odess）、玛丽亚·奥里韦（Maria Orive）、亨德里克·波伊纳、鲍勃·萨特勒（Bob Sattler）、理查德·斯科特（Richard Scott）、马克·西科利、蓬蒂斯·斯科格隆、瑞克·史密斯、克里-梅蒂斯人波莱特·斯蒂夫斯（Paulette Steeves）、奇卡诺人库里·特拉波亚瓦（Kurly Tlapoyawa）、欧塞奇人罗伯特·瓦瑞尔（Robert Warrior）、迈克·沃特斯、北夏延人科里·韦尔奇（Corey Welch）、布莱恩·威格尔（Brian Wygal）、帕特里克·怀曼（Patrick Wyman），以及白令地区工作组的所有成员。

我要特别感谢斯科特·埃利亚斯、纳瓦霍人纳尼巴·加里森（Nanibaa' Garrison）、瑞潘·马海（Ripan Malhi）、西莱茨人萨万娜·马丁、锡塞顿–沃珀顿欧雅特部落的基姆·塔贝尔（Kim TallBear）、瑞克·史密斯、纳瓦霍人克丽丝特尔·特索西、普雷佩查人乔·伊拉切塔（Joe Yracheta），以及基因组学暑期实习项目的成员。他们启发了我，在很多方面帮助了我。我还要感谢为撰写本书而咨询过的所有部落和原住民组织代表，特别是来自莫希干印第安人斯托克布里奇–芒西队群的谢里·怀特和邦尼·哈特利（Bonney Hartley），以及当前我所有的研究合作者。

在过去几年中，亲爱的朋友伊万·伯尼（Ewan Birney）、艾尔温·斯卡利、斯图尔特·里奇（Stuart Ritchie）、迈克·井上（Mike Inouye）和亚当·卢瑟福（Adam Rutherford）几乎每天都在和我讨论遗传学、演化论和人种学方面的话题。我从你们身上学到了很多东西。多年来，我一直从亚当那里汲取灵感，得到他的鼓励。我非常感激我们之间的友谊。

詹克罗和内斯比特联合公司（Janklow & Nesbit）的威尔·弗朗西斯（Will Francis）促成了本书的诞生，并对草稿中许多非常难以理解的地方增加了精彩的注释。和他一起工作绝对是一种享受。我非常感谢肖恩·德斯蒙德（Sean Desmond）的远见卓识，感谢他帮助我整理需要讲述的故事。雷切尔·坎伯里（Rachel Kambury）帮我理顺了本书结尾阶段的混乱结构；她总是在我需要的时刻，建议我“放松下来，喘口气”。梅勒妮·戈尔德（Melanie Gold）把我的日程安排得井井有条，与她一起工作很愉快。感谢整个十二出版公司（Twelve）对一个新手作家充满耐心。

在写作本书的同时，我还在同时创办一间实验室，申请经费，为终身教职而奔波，把一个婴孩抚养成蹒跚学步的孩子，（在过去两年里）还应对了一场大流行病。如果没有托儿所和幼儿园老师们（我对她们的感激之情无以言表）以及家人的帮助，我不可能做到这一切。我的父亲在我小时候（前互联网时代）总是用“查一下！”来回答我的问题。他坚定地鼓励我从事科学事业，并激励我写作本书。第四章中关于洞穴和地质学的叙述致敬我们在欧扎克高原长时间的地下冒险经历。我的妹妹朱莉（Julie）是我最亲密的朋友。她在整个写作过程中一直支持我，花费大量时间提供反馈意见，让很多章节的语言变得更加生动、更容易理解。没有她，本书就不可能面世。我的母亲，我的第一位也是最棒的科学老师，搬来和我们一起住，帮助抚养我的孩子奥利弗（Oliver）。我非常感谢她，也无比感谢科林（Colin）。科林在很多情况下都无私地牺牲了个人工作，为我腾出写作空间。致奥利弗：你在我开始写作本书前不久出生。在我写作本书期间，你已经要到上学的年纪了。我希望有一天你能喜欢看妈妈在周末花了很多时间写的这本书，尽管到那时这本书已经过时了。你深刻地影响着我的写作，我很自豪能与你分享这一点。

注　释

说明：这本书是为非专业读者创作的。为了保持阅读流畅，我没有像一般学术文章那样频繁引用参考文献，而是将相关信息集中在本书末尾。对于学术界所谓的“二手文献”——综述文章，以及与本书主题有关，但内容更宽泛的书籍——引用数量比我通常在学术论文中引用的次数要多得多。学术论文则主要依赖于“一手文献”，即各类研究性论文和书籍。之所以如此，是为了使读者能对本书主题有一个整体概览，以免读者在搜寻更多相关信息时，因经常受限于专业门槛而感到沮丧。

引言

1. 发现舒卡卡阿人的过程和研究历史有以下几个来源：E. James Dixon, Timothy H. Heaton, Craig M. Lee, et al., “Evidence of Maritime Adaptation and Coastal Migration from Southeast Alaska,” chap.29 in *Kennewick Man: The Scientific Investigation of an Ancient American Skeleton*, edited by Douglas Owsley and Richard Jantz, 537–548 (Texas A&M University Press, 2014); Sealaska Heritage Institute, “Kuwoot Yas.Ein: His Spirit Is Looking out from the Cave” (Sealaska Heritage Institute, 2005), https://www.youtube.com/watch?v=HDCS56zZaNo; Andrew Lawler, “A Tale of Two Skeletons,” *Science* 330, no. 6001 (2010): 171–172, https://doi.

org/10.1126/science.330.6001.171, https://science.sciencemag.org/content/sci/330/6001/171.full.pdf; University of Colorado, Boulder, "Discovery of Ancient Human Remains Sparks Partnership, Documentary," Regents of the University of Colorado, updated September 19, 2006, https://archive.vn/20121214142535/http://www.colorado.edu/news/r/6116efa31a5d9804322e3408e21e1438.html。

2. Brian M. Kemp, Ripan S. Malhi, John McDonough, et al., "Genetic Analysis of Early Holocene Skeletal Remains from Alaska and Its Implications for the Settlement of the Americas," *American Journal of Physical Anthropology* 132, no. 4 (2007): 605–621, https://doi.org/10.1002/ajpa.20543l; John Lindo, Alessandro Achilli, Ugo A. Perego, et al., "Ancient Individuals from the North American Northwest Coast Reveal 10,000 Years of Regional Genetic Continuity," *Proceedings of the National Academy of Sciences* 114, no. 16 (2017): 4093–4098, https://doi.org/10.1073/pnas.1620410114.
3. Rodrigo De los Santos, Cara Monroe, Rico Worl, et al., "Genetic Diversity and Relationships of Tlingit Moieties," *Human Biology* 91, no. 2 (2020): 95–116, https://doi.org/10.13110/humanbiology.91.2.03.
4. 但也有一些明显例外，尤其是 Charles C. Mann, *1491: New Revelations of the Americas Before Columbus* (Knopf, 2005)。
5. Roger C. Echo-Hawk, "Ancient History in the New World: Integrating Oral Traditions and the Archaeological Record in Deep Time," *American Antiquity* 65 no. 2 (2000): 267–290.
6. 原住民学者对考古学和演化生物学有许多重要的批判性观点，包括 Vine Deloria Jr., *Red Earth, White Lies: Native Americans and the Myth of Scientific Fact* (Fulcrum Publishing, 1997); Paulette Steeves, *The Indigenous Paleolithic of the Western Hemisphere* (University of Nebraska Press, 2021)。尽管回顾有关原住民传统起源历史的文献数量庞大，内容远远超出了本书范畴，但我强烈推荐 Christopher B. Teuton 的著作 *Cherokee Stories of the Turtle Island Liars' Club* (University of North Carolina Press,

2012), and Klara Kelley and Harris Francis's *A Diné History of Navajoland* (University of Arizona Press, 2019) 作为研究起点。以儿童为目标读者的综述类历史书 *Turtle Island: The Story of North America's First People* by Eldon YellowHorn and Kathy Lowinger (Annick Press, 2017) 将考古学与传统叙事巧妙地结合起来，读来令人十分轻松愉快。

7. 感谢遗传学家和科学作家亚当·卢瑟福提供了这个贴切的类比。
8. 我认为就这一问题需要在此处和第八章详细解释一番。正如考古学家马克斯·弗里森所指出的那样，“它是外界给因纽特人取的名字，而不是自我称呼。在一些（当然不是全部）语境中，它被视为贬称”。他建议改用“因纽特”或“古因纽特”这两个术语。本着同样的精神，我将始终把这一语族称为“因纽特-阿留申语族”。T. Max Friesen, “On the Naming of Arctic Archaeological Traditions: The Case for Paleo-Inuit,” *Arctic* 68, no. 3 (2015): iii–iv. 但我要强调的是，这一偏好在北极原住民族中绝非普遍存在。就像这本书中的所有名称一样，如何称呼是一个复杂的问题。日常工作生活中，我会首先询问对方希望我用什么词，并使用对方提供的这个词。在本书写作期间，我为此咨询了遗传学和考古学的原住民同事，并遵循了他们的建议。

第一章

1. Edwin Hamilton Davis and George Ephraim Squier, *Ancient Monuments of the Mississippi Valley: Comprising the Results of Extensive Original Surveys and Explorations* (Smithsonian Institution, 1848).
2. Bradley T. Lepper and Tod A. Frolking, “Alligator Mound: Geoarchaeological and Iconographical Interpretations of a Late Prehistoric Effigy Mound in Central Ohio, USA,” *Cambridge Archaeological Journal* 13, no. 2 (2003): 147–167, https://doi.org/10.1017/S0959774303000106.
3. Bradley T. Lepper, “Archaeology: Serpent Mound Might Depict a Creation Story,” Last modified: February 11, 2018, https://www.dispatch.com/news/20180211/archaeology-serpent-mound-might-depict-creation-story;

William H. Holmes, "A Sketch of the Great Serpent Mound," *Science* 8, no. 204 (1886): 624–628; Robert V. Fletcher, Terry L. Cameron, Bradley T. Lepper, et al., "Serpent Mound: A Fort Ancient Icon?" *Midcontinental Journal of Archaeology* (1996): 105–143.

4. 本节参考资料：Jason Colavito, *The Mound Builder Myth: Fake History and the Hunt for a "Lost White Race"* (University of Oklahoma Press, 2020); Kenneth L. Feder, *Frauds, Myths, and Mysteries: Science and Pseudoscience in Archaeology,* 10th ed. (Oxford University Press, 2020); David H. Thomas, *Skull Wars: Kennewick Man, Archaeology, and the Battle for Native American Identity* (Basic Books, 2000)。
5. Brook Wilensky-Lanford, "The Serpent Lesson: Adam and Eve at Home in Ohio," *The Common*, last modified: March 1, 2011, https://www.thecommononline.org/the-serpent-lesson-adam-and-eve-at-home-in-ohio.
6. Thomas, *Skull Wars*.
7. José de Acosta, *Historia Natural y Moral de Las Indias*[...] (Seville, 1590).
8. 杰斐逊就这一问题回应布丰的内容和其他相关细节，可参考 Lee Dugatkin 的杰出著作 *Mr. Jefferson and the Giant Moose: Natural History in Early America* (University of Chicago Press, 2009)。
9. Thomas, *Skull Wars.*
10. Thomas Jefferson, *Notes on the State of Virginia* (New York: M. L. & W. A. Davis, 1801).
11. 本节参考资料包括 Debra L. Gold, *The Bioarchaeology of Virginia Burial Mounds* (University of Alabama Press, 2004); Jeffrey L. Hantman, "Monacan Archaeology of the Virginia Interior, A.D.1400–1700," pp. 107–124 in *Societies in Eclipse: Archaeology of the Eastern Woodlands Indians, A.D.1400–1700*, edited by David S. Brose, C. Wes Cowan, and Robert C. Mainfort Jr. (University of Alabama Press, 2001); Jeffrey L. Hantman, *Monacan Millennium: A Collaborative Archaeology and History of a Virginia Indian People* (University of Virginia Press, 2018); Jeffrey L. Hantman,

"Between Powhatan and Quirank: Reconstructing Monacan Culture and History in the Context of Jamestown," *American Anthropologist* 92, no. 3 (1990): 676–690, https://doi.org/10.1525/aa.1990.92.3.02a00080; Philip Barbour, ed., *The Complete Works of Captain John Smith (1580–1631)*, 3 vols. (University of North Carolina Press, 1986)。要了解更多关于莫纳坎历史和土丘的信息，可参阅 Monacan Indian Nation, "Our History," https://www.monacannation.com/our-history.html。

12. Thomas Jefferson, *Notes on the State of Virginia,* 1832 printing, pp. 103–104.
13. 有关彻底驳倒"筑丘人"假说的著作，我推荐阅读 Colavito 的作品 *The Mound Builder Myth*。
14. Journal of the Senate of the United States of America being the First Session of the Twenty-First Congress Begun and Held at the City of Washington.S. Rep.(Washington, DC: Duff Green, 1829).
15. Thomas, *Skull Wars*.
16. Samuel J. Redman, *Bone Rooms* (Harvard University Press, 2016), 72–73.
17. George G. Heye and George H. Pepper, "Exploration of a Munsee Cemetery Near Montague, New Jersey," in *Contributions from the Museum of the American Indian Volume II (1)* (Heye Foundation, 1915–1916), p. 3.
18. *American Anthropologist* (p.415) 在 1915 年第二季刊上转载了法院裁决，并发表评论："高等法院推翻判决，认定乔治 · H. 海伊从新泽西州某个印第安古墓地中移走骸骨无罪。所有从事考古工作的人都对此案十分关注。"
19. 参见 https://naturalhistory.si.edu/education/teaching-resources/social-studies/forensic-anthropology。
20. 请参见 Elizabeth A. DiGangi and Jonathan D. Bethard, "Uncloaking a Lost Cause: Decolonizing Ancestry Estimation in the United States," *American Journal of Physical Anthropology* 175 (2021): 422–436, https://doi.org/10.1002/ajpa。

21. 一位黑人生物人类学家对这个问题进行了深入讨论，参见 Carlina de la Colva, “Marginalized Bodies and the Construction of the Robert J. Terry Anatomical Skeletal Collection: A Promised Land Lost,” in *Bioarchaeology of Marginalized Peoples,* edited by Madeleine Mant and Alyson Holland (Cambridge, MA: Elsevier, 2019)。亦可参见 “Haunted by My Teaching Skeleton,” by Asian American primatologist and human biologist Michelle Rodrigues, https://www.sapiens.org/archaeology/where-do-teaching-skeletons-come-from/。
22. Review of Elizabeth Weiss and James W. Springer's book *Repatriation and Erasing the Past*, https://journals.kent.ac.uk/index.php/transmotion/article/view/993/1919. 关于政府强制尸检问题，斯迈尔斯还在最近的一篇文章中讨论了原住民对自身遗体所拥有的权利，“ ‘... to the Grave’—Autopsy, Settler Structures, and Indigenous Counter-Conduct,” *Geoforum* 91 (2018): 141–150。
23. Aleš Hrdlička, “The Genesis of the American Indian,” in *Proceedings of the Nineteenth International Congress of Americanists* (International Congress of Americanists, 1917).
24 Aleš Hrdlička, *Physical Anthropology of the Lenape or Delawares, and of the Eastern Indians in General* (Government Printing Office, 1916), doi: https://doi.org/10.5479/sil.451251.39088016090649.
25. 这种观念可以说至今仍然根深蒂固。种族和人类学历史是一个庞大的学科。我无法在此仅以寥寥数语严谨地介绍其内容。这项研究的重点是种族和美国体质人类学的历史，因为它与美洲原住民的起源息息相关。这项研究用到了以下文献资料：Michael L. Blakey, “Intrinsic Social and Political Bias in the History of American Physical Anthropology: With Special Reference to the Work of Aleš Hrdlička,” *Critique of Anthropology* 7, no. 2 (1987): 7–35, https://doi.org/10.1177/0308275X8700700203; Rachel Caspari, “Race, Then, and Now: 1918 Revisited,” *American Journal of Physical Anthropology* 165, no. 4 (2018): 924–938; Rachel Caspari,

"Deconstructing Race: Race, Racial Thinking, and Geographic Variation, and the Implications for Biological Anthropology," pp. 104–122 in *A Companion to Biological Anthropology*, edited by Clark S. Larsen (John Wiley & Sons, 2010); Michael A. Little and Robert W. Sussman, "History of Biological Anthropology" ; Joseph F. Powell, *The First Americans: Race, Evolution, and the Origin of Native Americans* (Cambridge University Press, 2005); Adam Rutherford, *How to Argue with a Racist: History, Science, Race, and Reality* (Weidenfeld & Nicolson, 2020); Thomas, *Skull Wars*; Michael H. Crawford, *The Origins of Native Americans: Evidence from Anthropological Genetics* (Cambridge University Press, 1998); John S. Michael, "A New Look at Morton's Craniological Research," *Current Anthropology* 29, no. 2 (1988): 349–354, https://doi.org/10.1086/203646; Jonathan Marks, *Tales of the Ex-Apes: How We Think About Human Evolution* (University of California Press, 2015); Jonathan Marks, *Human Biodiversity: Genes, Race, and History* (Aldine de Gruyter, 1995); Sheela Athreya and Rebecca Rogers Ackermann, "Colonialism and Narratives of Human Origins in Asia and Africa" in *Interrogating Human Origins: Decolonisation and the Deep Past* (Routledge, 2019); *A History of American Physical Anthropology 1930–1980*, edited by Frank Spencer (Academic Press, 1982), particularly chapter 1 (by C. Loring Brace), chapter 11 (by Albert B. Harper and William S. Laughlin), and chapter 12 (by George J. Armelagos, David S. Carlson, and Dennis P. Van Gerven); Agustín Fuentes, *Race, Monogamy and Other Lies They Told You: Busting Myths About Human Nature* (University of California Press, 2012); Sherwood Washburn, "The New Physical Anthropology," *Transactions of the New York Academy of Science* 13 (1951): 298–304; *Histories of American Physical Anthropology in the Twentieth Century*, edited by Michael A. Little and Kenneth A. R. Kennedy (Lexington Books, 2010)。

26. 莫顿认为，非洲黑人大脑很小，所以他们天生就是奴隶。他的测量结果遭到很多人的严厉批评，认为其有明显的偏向性，最著名的批评意见来自已故古生物学家 Steven J. Gould 在 1981 年出版的著作 *The Mismeasure of Man* (W.W.Norton & Company, 1981)。也有其他人反对 Gould 的批评。但与我交谈过的大多数曾经研究过莫顿藏品库的专家都认为，莫顿的分析确实存在严重偏见，夸大了欧洲人颅骨的平均大小，并压低了所有其他种族的平均尺寸。在 "The Fault in His Seeds: Lost Notes to the Case of Bias in Samuel George Morton's Cranial Race Science" (*PLOS Biology* 16, no. 10 (2018): e2007008, https://doi.org/10.1371/journal.pbio.2007008) 一文中，Paul Wolff Mitchell 认为，Gould 指责莫顿的数据存在偏见是错误的，但他正确剖析了莫顿的观点、意图以及利用数据宣扬种族主义的目的。

27. Samuel George Morton, *Crania Americana, or, A Comparative View of the Skulls of Various Aboriginal Nations of North and South America* (J. Dobson, 1839).
28. 本书中，我对美国体质人类学历史做了非常简略的回顾研究，但请读者注意，世界其他国家在体质人类学领域也有着悠久传统和实力。体质人类学和生物人类学这两个词经常被当作同义词使用。然而，美国研究人员为了与更显得类型化的传统决裂，彰显他们关注——正如 Agustín Fuentes 在 2021 年的一篇文章中指出的那样——"广义生态学、演化化学和谱系发生学背景下的人类发展史"（参阅 "Biological Anthropology's Critical Engagement with Genomic Evolution, Race/Racism, and Ourselves: Opportunities and Challenges to Making a Difference in the Academy and the World," *American Journal of Physical Anthropology* 175, no. 2 (2021): 326–338)，他们越来越青睐生物人类学这一术语。本书中，当讨论该领域的早期历史时，我将称之为体质人类学，而为了反映该学科演变过程，讨论近期发生的事件时，我会称其为生物人类学。
29. Blakey, "Intrinsic Social and Political Bias"; Michael L. Blakey, "Understanding Racism in Physical (Biological) Anthropology," *American Journal of Physical Anthropology*, https://doi.org/10.1002/ajpa.24208.
30. Franz Boas, "Changes in the Bodily Form of Descendants of Immigrants,"

American Anthropologist 14, no. 3 (1912): 530–562, https://doi.org/10.1525/aa.1912.14.3.02a00080.

31. Heather Pringle, *The Master Plan: Himmler's Scholars and the Holocaust* (Hyperion Books, 2006); B. Müller-Hill, *Murderous Science: Elimination by Scientific Selection of Jews, Gypsies, and Others, Germany 1933–1945* (Oxford University Press, 1988).
32. 有一些例外需要注意，其中最主要的是 Carlton Coon 在其著作 *The Origin of Races* (Alfred A. Knopf, 1962) 和 *The Living Races of Man*（与 Edward E. Hunt 合著）(Alfred A. Knopf, 1965) 中，继续将人类划分为不同种族和亚种族。他的工作遭到同行学者的广泛否定。
33. 人们普遍认为科布从母亲那里继承了美洲原住民血统，但据霍华德大学科布藏品库馆长 Dr. Fatimah Jackson 说，这一观点并无证明文件支持。许多北美黑人家庭都有口口相传的传统，认为自己的家族拥有原住民血统。这个复杂的主题不在本书讨论范围内，但我建议有兴趣的读者参阅 Jackson 的文章 "What Is Wrong with African North American Admixture Studies? Addressing the Questionable Paucity of Amerindian Admixture in African North American Genetic Lineages," *Journal of Genetics and Cell Biology* 4, no. 1 (2020): 228–232。
本节参考资料包括: W. Montague Cobb, "Race and Runners," *Journal of Health and Physical Education* 7, no. 1 (1936): 3–56; W. Montague Cobb, "Physical Anthropology of the American Negro," *American Journal of Physical Anthropology* 29, no. 2 (1942): 113–223; Rachel J. Watkins, " '[This] System Was Not Made for [You]': A Case for Decolonial Scientia," *American Journal of Physical Anthropology*, https://doi.org/10.1002/ajpa.24199。
34. 我有理由对我所在专业机构的发展持乐观态度。美国体质人类学协会（AAPA）已经承认自身的责任，愿意为曾经造成的伤害做出补偿。协会首先发布了一份关于种族和种族主义的新声明（由 Rebecca Ackermann, Sheela Athreya, Deborah Bolnick, Agustín Fuentes, Tina Lasisi, Sang-Hee Lee, Shay-Akil McLean, and Robin Nelson 共同撰写），然后为声援民权运动发表公开信，非常具体地建议会员“反对我们的前辈在专业研究方面所做的有害工作，对抗其不良影响，抵制当今的科学种族主义”。全文可在以下网址查阅：https://physanth.org/about/position-statements/open-letter-our-community-response-police-brutality-against-african-americans-and-call-antiracist-action. 作为与过去的传统和惯例决裂的象征性行动，AAPA 刚刚更名为美国生物人类学协会（AABA）。此外，学科内也涌现出一大批值得关注和赞扬的杰出学术成果。2019 年，美国人类学协会（AAA）重要议题论坛（Vital Topics forum）发表了一系列文章，“探讨来自不同背景的科学家在研究人类和非人类课题的过程中，如何产生各种令人兴奋的重要新知，身体、生物和文化之间的联系，以及科学在政治和实践领域方面的问题”(Deborah A. Bolnick, Rick W. A. Smith, and Agustín Fuentes, “How Academic Diversity Is Transforming Scientific Knowledge in Biological Anthropology,” *American Anthropologist* 121 (2019): 464, http://doi.org/10.1111/aman.13212)。2021 年 6 月，*American Journal of Physical Anthropology* 出版了一期由我和 Connie Mulligan 组稿，关于种族问题的特刊。一些该领域内的杰出学者撰写稿件，讨论了从白人至上主义者是如何利用生物人类学家产生的知识到法医人类学的类型学方法如何强化种族类别等各类问题。尽管 AABA 内部仍然需要施行大刀阔斧的变革，但该组织内的许多人（尤其是一些早期学者）非常认真地对待其所担负的责任，并正深刻影响着这一学科。

35. 参见 Ian Mathieson and Aylwyn Scally, “What Is Ancestry?” *PLOS Genetics* (2020), https://doi.org/10.1371/journal.pgen.1008624; Nick Patterson, Priya Moorjani, Yontao Luo, et al., “Ancient Admixture in Human History,” *Genetics* 192 (2012): 1065–1093, https://doi.org/10.1534/genetics.112.145037; and Graham Coop’s excellent blog post, “How Many Genetic Ancestors Do I Have?,” https://gcbias.org/2013/11/11/how-does-your-number-of-genetic-ancestors-grow-back-over-time/。

36. 要揭穿错误的生物种族概念，请参阅上文参考文献（25）以及美国人类遗传学协会的声明“ASHG Denounces Attempts to Link Genetics and

Racial Supremacy," *American Journal of Human Genetics* 103, no. 5 (2018): 636, doi: 10.1016/j.ajhg.2018.10.011; Lynn B. Jorde and Stephen P. Wooding, "Genetic Variation, Classification and 'Race'," *Nature Genetics* 36 (2004), S28–S33; Garrett Hellenthal, George B. J. Busby, Gavin Band, et al., "A Genetic Atlas of Human Admixture History," *Science* 343, no. 6172 (2014): 747–751, doi: 10.1126/science.1243518; and a blog post written by Ewan Birney, me, Adam Rutherford, and Aylwyn Scally entitled "Race, Genetics and Pseudoscience: An Explainer" (http://ewanbirney.com/2019/10/race-genetics-and-pseudoscience-an-explainer.html)。

37. 参见"The Biology of Racism," a published discussion by Leith Mullings, Jada Benn Torres, Agustín Fuentes, et al., *American Anthropologist* (2021), doi: 10.1111/aman.13630。
38. Redman, *Bone Rooms.*
39. Hrdlička, *Physical Anthropology of the Lenape or Delawares*, vol. 3. 100多年后，我对赫尔德利奇卡在这些骨骼上所犯的重大错误感到震惊。与赫尔德利奇卡的断言相反，疾病和营养不良在这些先民的骨头上留下了大量证据。有这些病症的人一定痛苦万分，而实际上要了解这些病症相当困难。考虑到与欧洲人接触之前，该地区的遗骸几乎没有类似表现，因此很难不把病因归结为殖民化影响。研究人类骨骼、识别疾病和创伤影响的技术始于19世纪，但在20世纪下半叶变得更加精密、更为标准化。关于这一领域的历史介绍，参见：Jane Buikstra, "Paleopathology: A Contemporary Perspective," in *A Companion to Biological Anthropology*, edited by Clark S. Larsen (John Wiley & Sons, 2010), pp. 395–311; Della C. Cook and Mary Lucas Powell, "The Evolution of American Paleopathology," in *Bioarchaeology: The Contextual Analysis of Human Remains*, edited by Jane E. Buikstra and L. E. Beck (Academic Press, 2006), pp. 281–322; Anne L. Grauer, "A Century of Paleopathology," *American Journal of Physical Anthropology* 165 (2018): 904, DOI: 10.1002/ajpa.23366。
今天，明尼斯克莱纳佩人的遗骸及其随葬物一起被重新安葬到他们后代选择的某处安全地点。将祖先遗骸归还给斯托克布里奇-芒西、特拉华族和特拉华部落是各原住民部落与政府多年对话的结果。Brice Obermeyer, "Repatriations and Culture Camp Planned for 2015," last modified January 25, 2015, Delawaretribe.org/blog/2015/01/25/repatriations-and-culture-camp.

要全面了解有关这些先民的考古情况，可参见 Herbert C. Kraft's *The Lenape-Delaware Indian Heritage: 10,000 B.C.–A.D.2000*, chapter 6。这本书也为了解其现代继嗣的历史提供了一个极好的起点。我也鼓励有兴趣的读者访问部落网站以获取更多信息。

40. C. G. Turner II, "Dental Evidence for the Peopling of the Americas," pp. 147–157 in *Early Man in the New World*, edited by Richard Shutler Jr. (Sage, 1983); Joseph F. Powell, *The First Americans: Race, Evolution and the Origin of Native Americans* (Cambridge University Press, 2005).
41. Hrdlička, "The Genesis of the American Indian."
42. D. H. O'Rourke, "Blood Groups, Immunoglobulins, and Genetic Variation," in *Handbook of North American Indians*, edited by Douglas H. Ubelaker (Smithsonian Institution, 2006), pp. 762–776.
43. E. J. E. Szathmáry, "Genetics of Aboriginal North Americans," *Evolutionary Anthropology* 1 (1993): 202–220.
44. 关于美洲线粒体单倍群的文献数量太多，在此无法一一列举。若要了解这些单倍群的基本情况，请参见：Rafael Bisso-Machado and Nelson J. R. Fagundes, "Uniparental Genetic Markers in Native Americans: A Summary of All Available Data From Ancient and Contemporary Populations," *American Journal of Physical Anthropology* (2021), https://doi.org/10.1002/ajpa.24357; Dennis H. O'Rourke and Jennifer A. Raff, "The Human Genetic History of the Americas: The Final Frontier," *Current Biology* 20, no. 4 (2010): R202–207, https://doi.org/10.1016/j.cub.2009.11.051。本节其他参考资料还包括以下文章（和其中引用的文献）：Ugo A. Perego, Alessandro Achilli, Norman Angerhofer, et al., "Distinctive Paleo-Indian Migration Routes from

Beringia Marked by Two Rare mtDNA Haplogroups," *Current Biology* 19, no. 1 (2009): 1–8; Bastien Llamas, Lars Fehren-Schmitz, Guido Valverde, et al., "Ancient Mitochondrial DNA Provides High-Resolution Time Scale of the Peopling of the Americas," *Science Advances* 2, no. 4, (2016), e1501385, DOI: 10.1126/sciadv.1501385。

45. 彻底揭穿格雷厄姆·汉考克论调的著作有 the November 2019 (vol. 19, no. 5) issue of the Society for American Archaeology's *Archaeological Record*, 特别是其中 Jason Colavito的文章 "Whitewashing American Prehistory" (*SAA Archaeological Record* 19, no. 5 [2019]: 17–20)。

46. "梭鲁特人"假说最著名的两位支持者是已故史密森尼自然历史博物馆的 Dennis Stanford 和埃克塞特大学名誉教授 Bruce Bradley。他们在 2012 年出版的 *Across Atlantic Ice:The Origin of America's Clovis Culture* (University of California Press, 2012) 一书中讨论了这一假说。

47. 有诸多考古证据反对这一模型，其中有两个很好的证据来源：Lawrence Guy, David J. Meltzer, and Ted Goebel, "Ice Age Atlantis? Exploring the Solutrean-Clovis 'Connection,'" *World Archaeology* 37, no. 4 (2005): 507–532, https://doi.org/10.1080/00438240500395797; Lawrence G. Straus, "Solutrean Settlement of North America? A Review of Reality," *American Antiquity* 65, no. 2 (2017): 219–226, doi:10.2307/2694056。

48. Metin I. Eren, Robert J. Patten, Michael J. O'Brien, David J. Meltzer, "Refuting the Technological Cornerstone of the Ice-Age Atlantic Crossing Hypothesis," *Journal of Archaeological Science* 40, no. 7 (2013): 2934–2941.

49. Eske Willerslev and David J. Meltzer, "Peopling of the Americas as Inferred from Ancient Genomes," *Nature* 594, no. 7863 (2021): 356–364, doi: 10.1038/s41586-021-03499-y.).

50. 关于兰塞奥兹牧草地遗址的更多信息，可阅读 Paul M. Ledger, Linus Girdland-Flink, and Véronique Forbes, "New Horizons at L'Anse Aux Meadows," *Proceedings of the National Academy of Sciences* 116, no. 31 (2019): 15341–15343, https://doi.org/10.1073/pnas.1907986116。

51. 提出线粒体单倍群X是梭鲁特人迁徙的遗传证据及反驳此观点的论文如下：Stephen Oppenheimer, Bruce Bradley, and Dennis Stanford, "Solutrean Hypothesis: Genetics, the Mammoth in the Room," *World Archaeology* 46, no. 5 (2014): 752–774, https://doi.org/10.1080/00438243.2014.966273; Jennifer A. Raff and Deborah A. Bolnick, "Does Mitochondrial Haplogroup X Indicate Ancient Trans-Atlantic Migration to the Americas? A Critical Re-evaluation," *PaleoAmerica* 1, no. 4 (2015): 297–304, https://doi.org/10.1179/2055556315Z.00000000040。

第二章

1. John F. Hoffecker, *Modern Humans: Their African Origin and Global Dispersal* (Columbia University Press, 2017); Shawn J. Marshall, Thomas S. James, Garry K. C. Clarke, "North American Ice Sheet Reconstructions at the Last Glacial Maximum," *Quaternary Science Reviews* 21 (2002): 175–192.
2. Jenni Lanham, "Folsom, NM Storm and Flooding, Aug 1908—Telephone Operator a Hero," accessed May 17, 2020, http://www.gendisasters.com/new-mexico/9309/folsom-nm-storm-flooding-aug-1908-telephone-operator-hero. 亦可参见 David Meltzer's *First Peoples in a New World: Colonizing Ice Age America* (University of California Press, 2010)。
3. 然而，尽管他在农场享有权威地位，但据说人们还是在其名字前面"亲切地"加上了一个带有种族歧视意味的词。"Discovered Folsom Man: A Nomadic Hunter Who Roamed New Mexico More than 10,000 Years Ago," accessed May 17, 2020, http://www.folsomvillage.com/folsommuseum/georgemcjunkin.html. 更多关于乔治·麦克琼金的信息，可参见 J. M. Adovasio and Jake Page, *The First Americans: In Pursuit of Archaeology's Greatest Mystery* (Random House, 2002); Christina Proenza-Coles's *American Founders: How People of African Descent Established Freedom in the New World* (NewSouth Books: 2019), p. 230; and Meltzer, *First Peoples*

in a New World。

4. David Meltzer's book *The Great Paleolithic War: How Science Forged an Understanding of America's Ice Age Past* (University of Chicago Press, 2015) is essential reading about this history; the quote is from page 11.
5. R. E. Taylor, "The Beginnings of Radiocarbon Dating in *American Antiquity*: A Historical Perspective," *American Antiquity* 50, no. 2 (1985): 309–325, https://doi.org/10.2307/280489.
6. 这段历史的参考资料有 William H. Holmes, "The Antiquity Phantom in American Archeology," *Science* 62, no. 1603 (1925): 256–258; David J. Meltzer, *First Peoples in a New World*; Aleš Hrdlička, "The Coming of Man from Asia in the Light of Recent Discoveries," *Proceedings of the American Philosophical Society* 71, no. 6 (1932): 393–402; David J. Meltzer, "On 'Paradigms' and 'Paradigm Bias' in Controversies over Human Antiquity in America," *The First Americans: Search and Research* (1991): 13–49; Michael R. Waters, *Principles of Geoarchaeology: A North American Perspective* (University of Arizona Press, 1992); Harold J. Cook, "Glacial Age Man in New Mexico," *Scientific American* 139, no. 1 (1928): 38–40, https://doi.org/10.1038/scientificamerican0728-38。
7. 感谢我的同事和朋友 Rolfe Mandel 帮助我解释这门学科。他是该领域的专家。我还参考了 Michael R. Waters 所著 *Principles of Geoarchaeology*。
8. Harold J. Cook, "Glacial Age Man in New Mexico," *Scientific American* 139, no. 1 (1928): 38–40.
9. 关于这个主题更全面的讨论，参见 Meltzer, *First Peoples in a New World*; Thomas, *Skull Wars*。
10. Meltzer, *The Great Paleolithic War.*
11. C. Vance Haynes, "Fluted Projectile Points: Their Age and Dispersion: Stratigraphically Controlled Radiocarbon Dating Provides New Evidence on Peopling of the New World," *Science* 145, no. 3639 (1964): 1408–1413; P. S. Martin, "The Discovery of America," *Science* 179, no. 4077 (1973):

969–974.

12. 考古学中的年代是非常混乱的。如果你回过头来翻阅考古文献，你就会发现对于同一时期学者们所提出的年代数字多得令人眼花缭乱。克洛维斯人距今有 11500 年吗？还是 12500 年？ 12700 年？ 13000 年？出版物中给出的年代数字取决于采用了何种方法来定年，是否经过校准；如果以放射性碳技术定年，则还要分辨学者们使用了什么方法来校准；学者们对遗址的有效性也有不同看法。与其在我每次提到一个年代就不停地插入限定词，使你（也包括我自己）如坠五里雾，对于那些我相信是正确的最新年代估计值，我宁愿明确说明使用了哪些资料。它们来自讨论这个问题的两篇优秀论文：一篇是地质考古学家 Michael R. Waters 撰写的 "Late Pleistocene Exploration and Settlement of the Americas by Modern Humans," *Science* 365, no. 6449 (2019)，另一篇是由遗传学家 Eske Willerslev 和考古学家 David J. Meltzer 撰写的 "Peopling of the Americas As Inferred from Ancient Genomes"。克洛维斯人的年代值取自 Michael R. Waters, Thomas W. Stafford Jr., and David L. Carlson 在 2020 年发表的论文 "The Age of Clovis—13,050 to 12,750 cal yr B.P"。这意味着当我讨论考古学历史上的某些事件，如接受蒙特韦尔迪为前克洛维斯遗址时，我将使用当代人确认的时间跨度来代替发掘期间原始报告所罗列的年代。例如，我在讨论"克洛维斯第一"假说时写到的年代实际上并不是考古学教授在 21 世纪初给我们上课时提及的数字；它们已经更新了，与最新考古学证据和无冰走廊开放等情况相对应。我希望读者能原谅我采用这种引用方式，否则我担心许多人读到这里会困惑不已。因此，如果你回过头去阅读最初的出版物，那么文中讨论的年代可能与本书有很大不同。这也意味着，如果你在本书出版后很久才读到此书，我在这里给出的所有年代到那时可能会被认为是错误的。即使在本书出版的时候，我预计也会有一些考古学家不认可我给出的年代。

13. 与考古过程中利用其他综合性技术记录一样，克洛维斯年代的跨度取决于有哪些遗址被确定为克洛维斯遗址，什么样的放射性碳定年结果被认为是准确的（例如没有被污染，地质环境未受干扰，使用恰当的分析材料）以及采用何种校准方法。人们对哪些遗址属于克洛维斯复合文化需要做出选择，而这些选择对于构建历史有着重大影响。2020年，Michael R. Waters, Thomas Stafford Jr., and David L. Carlson 发表了一篇题为“The Age of Clovis—13,050 to 12,750 cal yr B.P”的论文，报告了一些关键克洛维斯遗址的最新放射性碳定年结果，并根据那些有标志性克洛维斯尖状器的遗址重新编制了克洛维斯年表。他们新确定的克洛维斯年代为距今 13 050 年到 12 750 年前，这也是我在本书中使用的数字，不过并非所有考古学家都认同这些结论。

14. James M. Adovasio and Ronald C. Carlisle, "The Meadowcroft Rockshelter," *Science* 239, no. 4841 (1988): 713–714; J. M. Adovasio, J. Donahue, and R. Stuckenrath, "The Meadowcroft Rockshelter Radiocarbon Chronology 1975–1990," *American Antiquity* 55, no. 2 (1990): 348–354, doi:10.2307/281652; J. M. Adovasio, J. D. Gunn, J. Donahue, et al., "Meadowcroft Rockshelter, 1977: An Overview," *American Antiquity* 43, no. 4 (1978): 632–651, doi:10.2307/279496; J. M. Adovasio, J. D. Gunn, J. Donahue, et al., "Yes Virginia, It Really Is That Old: A Reply to Haynes and Mead," *American Antiquity* 45, no. 3 (1980): 588–595, doi:10.2307/279879; C. Vance Haynes, "Paleoindian Charcoal from Meadowcroft Rockshelter: Is Contamination a Problem?" *American Antiquity* 45, no. 3 (1980): 582–587, doi:10.2307/279878; Kenneth B. Tankersley and Cheryl Ann Munson, "Comments on the Meadowcroft Rockshelter Radiocarbon Chronology and the Recognition of Coal Contaminants," *American Antiquity* 57, no. 2 (1992): 321–326, https://doi.org/10.2307/280736; James Adovasio and Jake Page, *The First Americans: In Pursuit of Archaeology's Greatest Mystery* (Random House, 2002).
15. Joseph H. Greenberg, Christy G. Turner, Stephen L. Zegura, et al., "The Settlement of the Americas: A Comparison of the Linguistic, Dental, and Genetic Evidence [and Comments and Reply]," *Current Anthropology*

27, no. 5 (1986): 477–497, https://doi.org/10.1086/203472; Deborah A. Bolnick, Beth A. (Shultz) Shook, Lyle Campbell, et al., "Problematic Use of Greenberg's Linguistic Classification of the Americas in Studies of Native American Genetic Variation," *American Journal of Human Genetics* 74, no. 3 (2004): 519–523; Johanna Nichols, "Linguistic Diversity and the First Settlement of the New World," *Language* 66, no. 3 (1990): 475–521; David Reich, Nick Patterson, Desmond Campbell, et al., "Reconstructing Native American Population History," *Nature* 488 (2012): 370–374, https://doi.org/10.1038/nature11258.

16. Tom D. Dillehay and Michael B. Collins, "Early Cultural Evidence from Monte Verde in Chile," *Nature* 332, no. 6160 (1988): 150–152, https://doi.org/10.1038/332150a0; T. D. Dillehay, C. Ramirez, M. Pino, et al., "Monte Verde: Seaweed, Food, Medicine, and the Peopling of South America," *Science* 320, no. 5877 (2008): 784–786, https://doi.org/10.1126/science.1156533; Thomas D. Dillehay, *The Settlement of the Americas: A New Prehistory* (Basic Books, 2000).

17. David Meltzer 在两本出版物中生动描述了这一考古学历史事件：David J. Meltzer, Donald K. Grayson, Gerardo Ardila, et al., "On the Pleistocene Antiquity of Monte Verde, Southern Chile," *American Antiquity* 62, no. 4 (1997): 659–663, https://doi.org/10.2307/281884; and Meltzer, *First Peoples in a New World*。J. M. Adovasio 和 Jake Page 在 *The First Americans* 一文中对这一问题提出了另一个观点。考古学家原本一致认同蒙特韦尔迪遗址的有效性，后来因 Vance Haynes 撤回其结论而产生分歧。他坚持认为只有六件石器是"唯一明确的古器物"，因此不足以支持该遗址属于前克洛维斯时代。正如 Meltzer 在 *First Peoples in a New World* 一书中所指出的那样，他的论断忽略了该遗址内所有的有机类器物，而且"Haynes 的第二个结论并没有改变绝大多数考古学家对蒙特韦尔迪遗址的观点"(p. 128)。此后，有一些考古学家，尤其是 Stuart Fiedel，依然否定蒙特韦尔迪是前克洛维斯时代遗址的主流观点，详见 Stuart J.

Fiedel, "Is That All There Is? The Weak Case for Pre-Clovis Occupation of Eastern North America," in *The Eastern Fluted Point Tradition*, edited by Joseph A. M. Gingerich (University of Utah Press, 2013), pp. 333–354。

18. M. Thomas P. Gilbert, Dennis L. Jenkins, Anders Götherstrom, et al., "DNA from Pre-Clovis Human Coprolites in Oregon, North America," *Science* 320, no. 5877 (2008): 786, https://doi.org/10.1126/science.1154116; S. David Webb, *First Floridians and Last Mastodons: The Page-Ladson Site in the Aucilla River* (Springer Netherlands, 2006); Thomas A. Jennings and Michael R. Waters, "Pre-Clovis Lithic Technology at the Debra L. Friedkin Site, Texas: Comparisons to Clovis through Site-Level Behavior, Technological Trait-List, and Cladistic Analyses," *American Antiquity* 79, no. 1 (2014): 25–44, https://doi.org/10.7183/0002-7316.79.1.25; Loren G. Davis, David B. Madsen, Lorena Becerra-Valdivia, et al., "Late Upper Paleolithic Occupation at Cooper's Ferry, Idaho, USA, ~16,000 Years Ago," *Science* 365, no. 6456 (2019): 891–897, DOI: 10.1126/science.aax9830; *Taima-Taima: A Late Pleistocene Paleo-Indian Kill Site in Northernmost South America.Final Report of 1976 Excavations*, edited by C. Ochsenius and R. Gruhn (Programa CIPICS, Monografías Científicas, Universidad Francisco de Miranda, 1979).
19. Michael R. Waters, Steven L. Forman, Thomas A. Jennings, et al., "The Buttermilk Creek Complex and the Origins of Clovis at the Debra L. Friedkin Site, Texas," *Science* 331, no. 6024 (2011): 1599–1603.
20. Matthew R. Bennett, David Bustos, Jeffrey S. Pigati, et al., "Evidence of Humans in North America during the Last Glacial Maximum," *Science* (2021), in press.
21. Peter D. Heintzman, Duane Froese, John W. Ives, et al., "Bison Phylogeography Constrains Dispersal and Viability of the Ice Free Corridor in Western Canada," *Proceedings of the National Academy of Sciences* 113, no. 29 (2016): 8057–8063, https://doi.org/10.1073/pnas.1601077113.
22. Ben A. Potter, James F. Baichtal, Alwynne B. Beaudoin, et al., "Current

Evidence Allows Multiple Models for the Peopling of the Americas," *Science Advances* 4, no. 8 (2018): eaat5473, https://doi.org/10.1126/sciadv.aat5473.
23. Heather L. Smith and Ted Goebel, "Origins and Spread of Fluted-Point Technology in the Canadian Ice-Free Corridor and Eastern Beringia," *Proceedings of the National Academy of Science USA* 115 (2018): 4116–4121.
24. Mikkel W. Pedersen, Anthony Ruter, Charles Schweger, et al., "Postglacial Viability and Colonization in North America's Ice-Free Corridor," *Nature* 537, no. 7618 (2016): 45–49, https://doi.org/10.1038/nature19085.
25. 本节参考资料包括 Charlotte Beck and George T. Jones, "Clovis and Western Stemmed: Population Migration and the Meeting of Two Technologies in the Intermountain West," *American Antiquity* 75, no. 1 (2010): 81–116, https://doi.org/10.7183/0002-7316.75.1.81; Todd J. Braje, Jon M. Erlandson, Torben C. Rick, et al., "Fladmark + 40: What Have We Learned about a Potential Pacific Coast Peopling of the Americas?" *American Antiquity* 85, no. 1 (2020): 1–2, https://doi.org/10.1017/aaq.2019.80。
26. K. R. Fladmark, "Routes: Alternate Migration Corridors for Early Man in North America," *American Antiquity* 44, no. 1 (1979): 55–69, https://doi.org/10.2307/279189; Duggan, Stoneking, Rasmussen et al.(2011); Chris Clarkson, Zenobia Jacobs, Ben Marwick, et al., "Human Occupation of Northern Australia by 65,000 Years Ago," *Nature* 547 (2010): 306–310, https://doi.org/10.1038/nature22968; and Curtis W. Marean, "Early Signs of Human Presence in Australia," *Nature* 547 (2017): 285–286, https://doi.org/10.1038/547285a.
27. Braje, Erlandson, Rick, et al., "Fladmark + 40."
28. 有关澳大利亚、大洋洲民族考古学和遗传学的综述，可参见 Ana T. Duggan and Mark Stoneking, "Australia and Oceania," chapter 10 in *Evolution of the Human Genome II*, edited by N. Saitou (Springer Nature,

2021)。亦可参见：Chris Clarkson, Zenobia Jacobs, Ben Marwick, et al., "Human Occupation of Northern Australia by 65,000 Years Ago"。

29. Jon M. Erlandson, Madonna L. Moss, Matthew Des Lauriers, "Life on the Edge: Early Maritime Cultures of the Pacific Coast of North America," *Quaternary Science Reviews* 27, nos.23–24 (2008): 2232–2245.

30. Jon M. Erlandson, Todd J. Braje, Kristina M. Gill, et al., "Ecology of the Kelp Highway: Did Marine Resources Facilitate Human Dispersal from Northeast Asia to the Americas?" *Journal of Island and Coastal Archaeology* 10, no. 3 (2015): 392–411, https://doi.org/10.1080/15564894.2014.1001923; Braje, Erlandson, Rick, et al., "Fladmark + 40."

31. Clark Larsen, "Biological Distance and Historical Dimensions of Skeletal Variation," chapter 9 in *Bioarchaeology: Interpreting Behavior From the Human Skeleton*, 2nd ed. (Cambridge University Press, 2015), pp. 357–401.I am indebted to Richard Scott and Clark Larsen for comments on this text.

32. G. R. Scott, D. H. O'Rourke, J. A. Raff, et al., "Peopling the Americas: Not 'Out of Japan,'" *PaleoAmerica* 7, no. 4 (2021), 309–332, DOI: 10.1080/20555563.2021.1940440.

33. Charles Conrad Abbott's diary, February 14, 1877.As quoted on page 68 in Meltzer, *First Peoples in a New World*.

34. L. S. B. Leakey, R. De Ette Simpson, and T. Clements, "Archaeological Excavations in the Calico Mountains, California: Preliminary Report," *Science* 160, no. 3831 (1968): 1022–1023, https://doi.org/10.1126/science.160.3831.1022; V. Haynes, "The Calico Site: Artifacts or Geofacts?" *Science* 181, no. 4097 (1973): 305–310, https://doi.org/10.1126/science.181.4097.305.

35. Steven R. Holen, Thomas A. Deméré, Daniel C. Fisher, et al., "A 130,000-Year-Old Archaeological Site in Southern California, USA," *Nature* 544, no. 7651 (2017): 479–483, https://doi.org/10.1038/nature22065.

36. Katerina Harvati, Carolin Röding, Abel M. Bosman, et al., "Apidima Cave

Fossils Provide Earliest Evidence of Homo Sapiens in Eurasia," *Nature* 571, no. 7766 (2019): 500–504, https://doi.org/10.1038/s41586-019-1376-z; Eric Delson, "An Early Modern Human Outside Africa," *Nature* 571 (2019): 487–488, https://doi.org/10.1038/d41586-019-02075-9.

37. Cosimo Posth, Christoph Wissing, Keiko Kitagawa, et al., "Deeply Divergent Archaic Mitochondrial Genome Provides Lower Time Boundary for African Gene Flow into Neanderthals," *Nature Communications* 8, no. 1 (2017): 16046, https://doi.org/10.1038/ncomms16046; Martin Kuhlwilm, Ilan Gronau, Melissa J. Hubisz, et al., "Ancient Gene Flow from Early Modern Humans into Eastern Neanderthals," *Nature* 530, no. 7591 (2016): 429–433, https://doi.org/10.1038/nature16544.
38. Jennifer Raff, "An Extremely Early Migration of Modern Humans Out of Africa," last modified July 11, 2019, https://www.forbes.com/sites/jenniferraff/2019/07/11/an-extremely-early-migration-of-modern-humans-out-of-africa/#6c5c33b9a130.
39. C. Vance Haynes, "Fluted Projectile Points: Their Age and Dispersion: Stratigraphically Controlled Radiocarbon Dating Provides New Evidence on Peopling of the New World," *Science* 145, no. 3639 (1964): 1408–1413.
40. 这包括最近宣布在墨西哥北部奇奎特岩洞遗址沉积物中发现的石器，其历史可追溯到 3 万年至 2.5 万年前。Ciprian F. Ardelean, Lorena Becerra-Valdivia, Mikkel Winther Pedersen, et al., "Evidence of Human Occupation in Mexico around the Last Glacial Maximum," *Nature* 584, no. 7819 (2020): 87–92. 有关南美洲更新世考古的综述，可参见 Tom Dillehay's *The Settlement of the Americas: A New Prehistory* (Basic Books, 2000)，虽然出版时间较早，但内容全面。
41. 巴西卡皮瓦拉山脉国家公园的卷尾猴曾被观察到故意打碎石头，用这些工具来加工食物，获取矿物质，还可以达到性炫耀的目的。Tomos Proffitt, Lydia V. Luncz, Tiago Falótico, et al., "Wild Monkeys Flake Stone Tools," *Nature* 539, no. 7627 (2016): 85–88, https://doi.org/10.1038/

nature20112; Tiago Falótico and Eduardo B. Ottoni, "Stone Throwing as a Sexual Display in Wild Female Bearded Capuchin Monkeys, Sapajus Libidinosus," edited by Michael D. Petraglia, *PLoS ONE* 8, no. 11 (2013): e79535, https://doi.org/10.1371/journal.pone.0079535.

42. Matthew Magnani, Dalyn Grindle, Sarah Loomis, et al., "Evaluating Claims for an Early Peopling of the Americas: Experimental Design and the Cerutti Mastodon Site," *Antiquity* 93, no. 369 (2019): 789–795.

43. Todd J. Braje, Tom D. Dillehay, Jon M. Erlandson, et al., "Were Hominins in California ~130,000 Years Ago?" *PaleoAmerica* 3, no. 3 (2017): 200–202, https://doi.org/10.1080/20555563.2017.1348091.

44. Steven R. Holen, Thomas A. Deméré, Daniel C. Fisher, et al., "Disparate Perspectives on Evidence from the Cerutti Mastodon Site: A Reply to Braje et al.," *PaleoAmerica* 4, no. 1 (2018): 12–15, https://doi.org/10.1080/20555563.2017.1396836; Ruth Gruhn, "Observations Concerning the Cerutti Mastodon Site," *PaleoAmerica* 4, no. 2 (2018): 101–102, https://doi.org/10.1080/20555563.2018.1467192. 从一个原住民考古学家的角度分析切鲁蒂和其他早期遗址是如何颠覆殖民主义式的知识产生方式，参阅 Paulette Steeves, *The Indigenous Paleolithic of the Western Hemisphere* (University of Nebraska Press, 2021)。

45. 针对该遗址各方面问题的主流考古学界观点，Magnani,Grindle, Loomis等人在 "Evaluating Claims for an Early Peopling of the Americas" 一文中做了客观总结。

46. 可参阅 Graham Hancock's arguments in his book *America Before: The Key to Earth's Lost Civilization* (St. Martin's, 2019)。

47. Sriram Sankararaman, Swapan Mallick, Nick Patterson, et al., "The Combined Landscape of Denisovan and Neanderthal Ancestry in Present-Day Humans," *Current Biology* 26, no. 9 (2016): 1241–1247, https://doi.org/10.1016/j.cub.2016.03.037.

48. Pontus Skoglund and David Reich, "A Genomic View of the Peopling

of the Americas," *Current Opinion in Genetics and Development* 41 (December 2016): 27–35, https://doi.org/10.1016/j.gde.2016.06.016; Magnani, Grindle, Loomis, et al., "Evaluating Claims for an Early Peopling of the Americas." The Ust'-Ishim genome was published by Qiaomei Fu, Heng Li, Priya Moorjani, et al., "Genome Sequence of a 45,000-Year-Old Modern Human from Western Siberia," *Nature* 514, no. 7523 (2014): 445–449, https://doi.org/10.1038/nature13810.

49. Paulette F. Steeves, "Decolonizing the Past and Present of the Western Hemisphere (the Americas)," *Archaeologies* 11, no. 1 (2015): 42–69, https://doi.org/10.1007/s11759-015-9270-2.

第三章

1. James E. Dixon, "Paleo-Indian: Far Northwest," in *Handbook of North American Indians*, edited by Douglas H. Ubelaker (Smithsonian Institution, 2006), pp. 129–147.
2. Randall Haas, James Watson, Tammy Buonasera, et al., "Female Hunters of the Early Americas," *Science Advances* 6, no. 45 (2020): eabd0310, https://doi.org/10.1126/sciadv.abd0310. 与本书中的几个主题一样，考古学性别研究领域也有着广泛而丰富的文献。我在这里列出了一些参考资料，感兴趣的读者可以作为入门读物：Philip L. Walker and Della Collins Cook, "Gender and Sex: Viva la Difference," *American Journal of Physical Anthropology* 106 (1998): 255–259; Traci Arden, "Studies of Gender in the Prehispanic Americas," *Journal of Archaeological Research* 16 (2008): 1–35; *Exploring Sex and Gender in Bioarchaeology*, edited by Sabrina C. Agarwal and Julie K. Wesp (University of New Mexico Press, 2017)。
3. Willerslev and Meltzer, "Peopling of the Americas As Inferred from Ancient Genomes."
4. 可参阅 Katheen Sterling, "Man the Hunter, Woman the Gatherer? The Impact of Gender Studies on Hunter-Gatherer Research (A Retrospective),"

chapter 7 in the *Oxford Handbook of the Archaeology and Anthropology of Hunter-Gatherers*, edited by Vicki Cummings, Peter Jordan, and Marek Zvelebil (Oxford University Press, 2014), pp. 151–173; and J. M. Adovasio, Olga Soffer, and Jake Page, *The Invisible Sex: Uncovering the True Roles of Women in Prehistory* (Taylor and Francis, 2007)。

5. Charles Holmes, "The Beringian and Transitional Periods in Alaska: Technology of the East Beringian Tradition as Viewed from Swan Point," in *From the Yenisei to the Yukon: Interpreting Lithic Assemblages Variability in Late Pleistocene/Early Holocene Beringia*, edited by T. Goebel and Ian Buvit (Texas A&M University Press, 2011), pp. 179–191.
6. 包括干溪、猫头鹰岭、沃克巷道、驼鹿溪、破碎猛犸、米德、琳达角等遗址。参见上文注释（5），还可参阅：Kelly E. Graf, Lyndsay M. DiPietro, Kathryn E. Krasinski, et al., "Dry Creek Revisited: New Excavations, Radiocarbon Dates, and Site Formation Inform on the Peopling of Eastern Beringia," *American Antiquity* 80, no. 4 (2015): 671–694。
7. 参考资料包括 Ben A. Potter, Charles E. Holmes, and David R. Yesner, "Technology and Economy among the Earliest Prehistoric Foragers in Interior Eastern Beringia," in *Paleoamerican Odyssey*, edited by Kelly E. Graf, Caroline V. Ketron, and Michael R. Waters (Texas A&M University Press, 2013), pp. 81–103; Michael R. Bever, "An Overview of Alaskan Late Pleistocene Archaeology: Historical Themes and Current Perspectives," *Journal of World Prehistory* 15, no. 2 (2001): 125–191; Dixon, "Paleo-Indian: Far Northwest"; Frederick H. West, *American Beginnings: The Prehistory and Paleoecology of Beringia* (University of Chicago Press, 1996); Charles E. Holmes, "Tanana River Valley Archaeology circa 14,000 to 9000 B.P.," *Arctic Anthropology* 38, no. 2 (2001): 154–170。
8. 参见 Ben A. Potter, Joshua D. Reuther, Vance T. Holliday, et al., "Early Colonization of Beringia and Northern North America: Chronology, Routes, and Adaptive Strategies," *Quaternary International* 444 (July 2017): 36–55,

https://doi.org/10.1016/j.quaint.2017.02.034。

9. 本节参考资料包括 Yu Hirasawa and Charles E. Holmes, "The Relationship between Microblade Morphology and Production Technology in Alaska from the Perspective of the Swan Point Site," *Quaternary International* 442 (June 2017): 104–117, https://doi.org/10.1016/j.quaint.2016.07.021; Yan Axel Gómez Coutouly, "Pressure Microblade Industries in Pleistocene-Holocene Interior Alaska: Current Data and Discussions," in *The Emergence of Pressure Blade Making*, edited by Pierre M. Desrosiers (Springer, 2012), pp. 347–374; Charles M. Mobley, *The Campus Site: A Prehistoric Camp at Fairbanks, Alaska* (University of Alaska Press, 1991); Kelly E. Graf and Ted Goebel, "Upper Paleolithic Toolstone Procurement and Selection across Beringia," in *Lithic Materials and Paleolithic Societies*, edited by B. Adams, and B. S. Blades (Blackwell Publishing, 2009), pp. 54–77。

10. 以下资料供讨论：Frederick H. West, *American Beginnings: The Prehistory and Paleoecology of Beringia* (University of Chicago Press, 1996); *Paleoamerican Odyssey*, edited by Kelly E. Graf, Caroline V. Ketron, and Michael R. Waters (Texas A&M University Press, 2013), pp. 81–103; Michael R. Bever, "An Overview of Alaskan Late Pleistocene Archaeology: Historical Themes and Current Perspectives," *Journal of World Prehistory* 15, no. 2 (2001): 125–191。

11. Yan Axel Gómez Coutouly, Angela K. Gore, Charles E. Holmes, et al., " 'Knapping, My Child, Is Made of Errors': Apprentice Knappers at Swan Point and Little Panguingue Creek, Two Prehistoric Sites in Central Alaska," *Lithic Technology* 46, no. 1 (2021): 2–26, https://doi.org/10.1080/01977261.2020.1805201; John J. Shea, "Child's Play: Reflections on the Invisibility of Children in the Paleolithic Record," *Evolutionary Anthropology: Issues, News, and Reviews* 15, no. 6 (2006): 212–216, https://doi.org/10.1002/evan.20112.

12. Heather L. Smith and Ted Goebel, "Origins and Spread of Fluted-Point

Technology in the Canadian Ice-Free Corridor and Eastern Beringia," *Proceedings of the National Academy of Science USA* 115 (2018): 4116–4121.

13. Frederick Hadleigh West, *The Archaeology of Beringia* (Columbia University Press, 1981).
14. Ben A. Potter, Joshua D. Reuther, Vance T. Holliday, et al., "Early Colonization of Beringia and Northern North America: Chronology, Routes, and Adaptive Strategies," *Quaternary International* 444 (July 2017): 36–55, https://doi.org/10.1016/j.quaint.2017.02.034.
15. For example, Matthew R. Bennett, David Bustos, Jeffrey S. Pigati, et al., "Evidence of Humans in North America during the Last Glacial Maximum," *Science* (2021), in press.
16. 有关辩论内容，可参阅 Brian Wygal, "The Peopling of Eastern Beringia and Its Archaeological Complexities," *Quaternary International* 466 (2018): 284–298; Frederick West, "The Archaeological Evidence," in American Beginnings: *The Prehistory and Palaeoecology of Beringia*, edited by Frederick West (University of Chicago Press, 1996), pp. 537–560; Charles E. Holmes, "The Beringian Tradition and Transitional Periods in Alaska: Technology of the East Beringian Tradition as Viewed from Swan Point," in *From the Yenisei to the Yukon: Interpreting Lithic Assemblage Variability in Late Pleistocene/Early Holocene Beringia*, edited by Ted Goebel and Ian Buvit (Texas A&M University Press, 2011), pp. 179–191; Ben A. Potter, Charles E. Holmes, and David R. Yesner, "Technology and Economy among the Earliest Prehistoric Foragers in Interior Eastern Beringia," in *Paleoamerican Odyssey*, edited by Kelly Graf, Caroline V. Ketron, and Michael R. Waters (Texas A&M University, 2013), pp. 81–104; Ted Goebel and Ian Buvit, "Introducing the Archaeological Record of Beringia," in *From the Yenisei to the Yukon: Interpreting Lithic Assemblage Variability in Late Pleistocene/Early Holocene Beringia*, edited by Ted Goebel and Ian Buvit (Texas A&M University Press,

2011), pp. 1–30; Michael R. Bever, “An Overview of Alaskan Pleistocene Archaeology: Historical Themes and Current Perspectives,” *Journal of World Prehistory* 15 no. 2 (2001): 125–191; Don E. Dumond, “Technology, Typology, and Subsistence: A Partly Contrarian Look at the Peopling of Beringia,” in *From the Yenisei to the Yukon: Interpreting Lithic Assemblage Variability in Late Pleistocene/Early Holocene Beringia*, edited by Ted Goebel and Ian Buvit (Texas A&M University Press, 2011), pp. 345–360。

第四章

1. 我的家人和俱乐部都把洞穴潜水员看作特别疯狂的冒险家。他们严厉地告诫我说，如果一意孤行，可能会死在那里。我不太可能在密苏里州的斯普林菲尔德尝试洞穴潜水，但我把他们的警告牢记在心。
2. Allen J. Christenson, trans., *Popol Vuh, the Sacred Book of the Quiché Maya People* (University of Oklahoma Press, 2007), https://www.mesoweb.com/publications/Christenson/PopolVuh.pdf.
3. 我对 20 年前参观的这个洞穴已经有点记不清了。因此我参考了许多 1997 年和 1998 年关于伯利兹西部地区洞穴项目的考察报告。我特别引用了以下文章：Holley Moyes, and Jaime J. Awe, “Spatial Analysis of Artifacts in the Main Chamber of Actun Tunichil Muknal, Belize: Preliminary Results,” in *The Western Belize Cave Project: A Report of the 1997 Field Season*, edited by Jaime J. Awe (University of New Hampshire, 1998); pp. 22–38; Sherry A. Gibbs, “Human Skeletal Remains from Actun Tunichil Muknal and Actun Uayazba Kab,” in *The Western Belize Cave Project: A Report of the 1997 Field Season*, edited by Jaime J. Awe (University of New Hampshire, 1998), pp. 71–95。
4. 我参观这个洞穴时才 20 岁，也是我第一次参加田野考古培训。我那时还没有足够的经验识别人类骨骼上的伤痕或理解其含义。为了写作本章节，我阅读了关于这些遗骸的正式考古报告。我必须承认，写这一节时真的很纠结：一方面要涉及如此敏感的主题，另一方面又要准确描述文化习俗。我尽我所能在两者之间取得平衡，如果没能达到目的，我在此表示诚挚的歉意。

5. Jaime J. Awe, Cameron Griffith, and Sherry Gibbs, "Cave Stelae and Megalithic Monuments in Western Belize," in *The Maw of the Earth Monster: Mesoamerican Ritual Cave Use*, edited by James E. Brady and Keith M. Prufer (University of Texas Press, 2005), pp. 223–248.
6. 亚伯拉罕牺牲以撒供奉上帝；玛雅人和阿兹特克人以儿童为贡品，祭献给特拉洛克。Viviana Díaz Balsera在文章中讨论了这两者之间的关联："A Judeo-Christian Tlaloc or a Nahua Yahweh? Domination, Hybridity, and Continuity in the Nahua Evangelization Theater," *Colonial Latin American Review* 10, no. 3 (2001): 209–227, https://doi.org/10.1080/10609160120093787。
7. Michael H. Crawford, *The Origins of Native Americans: Evidence from Anthropological Genetics (Cambridge University Press, 1998).*
8. Cosimo Posth, Nathan Nakatsuka, Iosif Lazaridis, et al., "Reconstructing the Deep Population History of Central and South America," *Cell* 175, no. 5 (2018): 1185–1197, https://doi.org/10.1016/j.cell.2018.10.027.
9. J. Victor Moreno-Mayar, Lasse Vinner, Peter de Barros Damgaard, et al., "Early Human Dispersals within the Americas," *Science* 362, no. 6419 (2018): 1–11, https://doi.org/10.1126/science.aav2621.

第五章

1. Quoted in Charles Petit, "Trying to Study Tribes while Respecting Their Cultures/Hopi Indian Geneticist Can See Both Sides," *SFGate*, February 4, 2012, https://www.sfgate.com/news/article/Trying-to-Study-Tribes-While-Respecting-Their-3012825.php.
2. 出于隐私方面的原因，我不会提供任何关于这个部落或项目的识别信息。本章末尾所描述的结果并无明显特征，因此不能被识别。
3. 这种情况在美洲的历史上尤其明显。殖民主义对整个美洲大陆的原住民造成了难以想象的伤害。人们背井离乡，与自己的文化传统割裂开来。

4. 具体来说，我所针对的那部分线粒体基因组被称为高变区 I 或简称 HVR I。基因组中还有另一个高变区叫作 HVR II，但并不能提供足够的信息来区分谱系。John M. Butler, "Mitochondrial DNA Analysis," in *Advanced Topics in Forensic DNA Typing: Methodology* (San Diego: Academic Press, 2011), pp. 405–456.
5. 在他的实验室里，我就是个笨手笨脚的傻瓜。任何可能出现的错误我都犯过，但他耐心地指导我学习了 6 年分子生物学，直到我继续研究生学业。写这篇文章的时候，离我正式获得终身教职还有大约有三周时间。我经常想起他，追忆他对我是多么宽宏大量。每次我对希望在我实验室工作的本科生说"可以"时，我想这都是何塞的功劳。
6. 如果能回到过去，基于我现在所拥有的知识再读一次研究生，那么我会在我的工具箱中加入生物信息学这一利器。我希望也许有一天能借长休的机会，认真花一些时间掌握所有我目前还不能独立完成的分析方法。如果你是一个有抱负的古 DNA 研究人员，我建议你尽自己所能开始学习编程。
7. 这些基因组促使研究人员怀疑线粒体曾经是独立生存的细菌，后来以某种方式与其他细胞形成了共生关系。
8. Jennifer A. Raff, Margarita Rzhetskaya, Justin Tackney, et al., "Mitochondrial Diversity of Iñupiat People from the Alaskan North Slope Provides Evidence for the Origins of the Paleo- and Neo-Eskimo Peoples: MtDNA Source of Arctic Migrations," *American Journal of Physical Anthropology* 157, no. 4 (2015): 603–614, https://doi.org/10.1002/ajpa.22750.
9. 参见 https://reich.hms.harvard.edu/cost-effective-enrichment-12-million-snps。
10. 若想轻松了解这些分析方法，可参阅 David Reich, *Who We Are and How We Got Here: Ancient DNA and the New Science of the Human Past* (Oxford University Press, 2018)。

第六章

1. 本节参考资料包括 John F. Hoffecker, *Modern Humans: Their African Origin and Global Dispersal* (Columbia University Press, 2017); K. E. Graf, "Siberian Odyssey," in *Paleoamerican Odyssey*, edited by Kelly E. Graf, Caroline V. Ketron, and Michael R. Waters (Texas A&M University Press, 2013), pp. 65–80; Vladimir Pitulko, Pavel Nikolskiy, Aleksandr Basilyan, and Elena Pavlova, "Human Habitation in Arctic Western Beringia Prior to the LGM," in *Paleoamerican Odyssey*, edited by Kelly E. Graf, Caroline V. Ketron, and Michael R. Waters (Texas A&M University Press, 2013), pp. 13–44; Fu, Li, Moorjani, et al., "Genome Sequence of a 45,000-Year-Old Modern Human from Western Siberia"。
2. The SIGMA Type 2 Diabetes Consortium, "Sequence Variants in SLC16A11 Are a Common Risk Factor for Type 2 Diabetes in Mexico," *Nature* 506, no. 7486 (2014): 97–101, https://doi.org/10.1038/nature12828; Reich, *Who We Are and How We Got Here*.
3. 本节参考资料：Maanasa Raghavan, Pontus Skoglund, Kelly E. Graf, et al., "Upper Palaeolithic Siberian Genome Reveals Dual Ancestry of Native Americans," *Nature* 505, no. 7481 (2014): 87–91, https://doi.org/10.1038/nature12736; Martin Sikora, Vladimir Pitulko, Vitor C. Sousa, et al., "The Population History of Northeastern Siberia since the Pleistocene," *Nature* 570 (2019): 182–188; Pontus Skoglund and David Reich, "A Genomic View of the Peopling of the Americas," *Current Opinion in Genetics and Development* 41 (2016): 27–35。
4. Maanasa Raghavan, Pontus Skoglund, Kelly E. Graf, et al., "Upper Palaeolithic Siberian Genome Reveals Dual Ancestry of Native Americans," *Nature* 505, no. 7481 (2014): 87–91, https://doi.org/10.1038/nature12736.
5. Hoffecker, *Modern Humans*; Vladimir V. Pitulko, Pavel A. Nikolskiy, E. Yu Girya, et al., "The Yana RHS Site: Humans in the Arctic before the Last Glacial Maximum," *Science* 303, no. 5654 (2004): 52–56; Vladimir Pitulko,

Pavel Nikolskiy, Aleksandr Basilyan, et al., "Human Habitation in Arctic Western Beringia Prior to the LGM," in *Paleoamerican Odyssey*, edited by Kelly E. Graf, Caroline V. Ketron, and Michael R. Waters (Texas A&M University Press, 2013), pp. 13–44.

6. Kelly E. Graf and Ian Buvit, "Human Dispersal from Siberia to Beringia: Assessing a Beringian Standstill in Light of the Archaeological Evidence," *Current Anthropology* 58, no. S17 (2017): S583–603, https://doi.org/10.1086/693388; K. E. Graf, "Siberian Odyssey," in *Paleoamerican Odyssey*, edited by Kelly Graf, Caroline Ketron, and Michael Waters (Texas A&M University Press, 2013), pp. 65–80.
7. Sikora, Pitulko, Sousa, et al., "The Population History of Northeastern Siberia since the Pleistocene."
8. References for this section include Raghavan, Skoglund, Graf, et al., "Upper Palaeolithic Siberian Genome Reveals Dual Ancestry of Native Americans" ; He Yu, Maria A. Spyrou, Marina Karapetian, et al., "Paleolithic to Bronze Age Siberians Reveal Connections with First Americans and across Eurasia," *Cell* 181, no. 6 (2020): 1232–1245.e20, https://doi.org/10.1016/j.cell.2020.04.037.
9. 本节参考资料：Emöke J. E. Szathmáry, "Genetics of Aboriginal North Americans," *Evolutionary Anthropology: Issues, News, and Reviews* 1, no. 6 (2005): 202–20, https://doi.org/10.1002/evan.1360010606; Andrew Kitchen, Michael M. Miyamoto, and Connie J. Mulligan, "A Three-Stage Colonization Model for the Peopling of the Americas," edited by Henry Harpending, *PLoS ONE* 3, no. 2 (2008): e1596, https://doi.org/10.1371/journal.pone.0001596; Erika Tamm, Toomas Kivisild, Maere Reidla, et al., "Beringian Standstill and Spread of Native American Founders," edited by Dee Carter, *PLoS ONE* 2, no. 9 (2007): e829, https://doi.org/10.1371/journal.pone.0000829; Connie J. Mulligan, Andrew Kitchen, and Michael M. Miyamoto, "Updated Three-Stage Model for the Peopling of the Americas," edited by Henry Harpending, *PLoS ONE* 3, no. 9 (2008): e3199, https://doi.org/10.1371/journal.pone.0003199;

Thomaz Pinotti, Anders Bergström, Maria Geppert, et al., "Y Chromosome Sequences Reveal a Short Beringian Standstill, Rapid Expansion, and Early Population Structure of Native American Founders," *Current Biology* 29, no. 1 (2019): 149–157, https://doi.org/10.1016/j.cub.2018.11.029.

10. Sikora, Pitulko, Sousa, et al., "The Population History of Northeastern Siberia since the Pleistocene" ; Michael R. Waters, "Late Pleistocene Exploration and Settlement of the Americas by Modern Humans," *Science* 365, no. 6449 (2019): eaat5447, https://doi.org/10.1126/science.aat5447; Jennifer A. Raff, "Genomic Perspectives on the Peopling of the Americas," *SAA Archaeological Record* 19, no. 3 (2019): 12–14; J. F. Hoffecker, S. A. Elias, and D. H. O'Rourke, "Out of Beringia?" *Science* 343, no. 6174 (2014): 979–980, https://doi.org/10.1126/science.1250768.
11. John F. Hoffecker, Scott A. Elias, and Olga Potapova, "Arctic Beringia and Native American Origins," *PaleoAmerica* 6, no. 2 (2020): 158–168, https://doi.org/10.1080/20555563.2020.1725380.
12. Richard S. Vachula, Yongsong Huang, William M. Longo, et al., "Evidence of Ice Age Humans in Eastern Beringia Suggests Early Migration to North America," *Quaternary Science Reviews* 205 (2019): 35–44, https://doi.org/10.1016/j.quascirev.2018.12.003.
13. Heather Pringle, "What Happens When an Archaeologist Challenges Mainstream Scientific Thinking?" *Smithsonian Magazine*, March 8, 2017, https://www.smithsonianmag.com/science-nature/jacques-cinq-mars-bluefish-caves-scientific-progress-180962410; Lauriane Bourgeon, Ariane Burke, and Thomas Higham, "Earliest Human Presence in North America Dated to the Last Glacial Maximum: New Radiocarbon Dates from Bluefish Caves, Canada," edited by John P. Hart, *PLoS ONE* 12, no. 1 (2017): e0169486, https://doi.org/10.1371/journal.pone.0169486.
14. J. Víctor Moreno-Mayar, Ben A. Potter, Lasse Vinner, et al., "Terminal Pleistocene Alaskan Genome Reveals First Founding Population of Native

Americans," *Nature* 553, no. 7687 (2018): 203–207, https://doi.org/10.1038/nature25173; Posth, Nakatsuka, Lazaridis, et al., "Reconstructing the Deep Population History of Central and South America"; Sikora, Pitulko, Sousa, et al., "The Population History of Northeastern Siberia since the Pleistocene."

15. Ben A. Potter, Joel D. Irish, Joshua D. Reuther, et al., "New Insights into Eastern Beringian Mortuary Behavior: A Terminal Pleistocene Double Infant Burial at Upward Sun River," *Proceedings of the National Academy of Sciences* 111, no. 48 (2014): 17060–65, https://doi.org/10.1073/pnas.1413131111.
16. 参见 https://news.uaf.edu/oldest-subarctic-north-american-human-remains-found/。
17. Justin C. Tackney, Ben A. Potter, Jennifer Raff, et al., "Two Contemporaneous Mitogenomes from Terminal Pleistocene Burials in Eastern Beringia," *Proceedings of the National Academy of Sciences* 112, no. 45 (2015): 13833, https://doi.org/10.1073/pnas.1511903112; Moreno-Mayar, Potter, Vinner, et al., "Terminal Pleistocene Alaskan Genome Reveals First Founding Population of Native Americans"; J. Víctor Moreno-Mayar, Lasse Vinner, Peter de Barros Damgaard, et al., "Early Human Dispersals within the Americas," *Science* 362, no. 6419 (2018): eaav2621, https://doi.org/10.1126/science.aav2621; Posth, Nakatsuka, Lazaridis, et al., "Reconstructing the Deep Population History of Central and South America."
18. J. Víctor Moreno-Mayar, Lasse Vinner, Peter de Barros Damgaard, et al., "Early Human Dispersals within the Americas," *Science* 362, no. 6419 (2018): eaav2621, https://doi.org/10.1126/science.aav2621.
19. Angela R. Perri, Tatiana R. Feuerborn, Laurent A. F. Frantz, et al., "Dog Domestication and the Dual Dispersal of People and Dogs into the Americas," *Proceedings of the National Academy of Sciences* 118, no. 6 (2021): e2010083118, https://doi.org/10.1073/pnas.2010083118.

第七章

1. 这是考古学长久以来面临的挑战。一个遗址只能被挖掘一次，因此其他考古学家只能通过读报告了解情况（除非遗址的某些部分被保存下来供他们研究）。我相信这就是为什么对于前克洛维斯遗址到底是“有效”，还是“无效”，学者之间会产生如此巨大的分歧。在本书写作过程中，我对六位考古学家进行了非正式（没有按照科学范式）采访。我经常依靠他们的意见来帮助我解释遗传学实验所得到的结果。尽管他们中的大多数认为佩奇-拉德森显然是前克洛维斯时代的人类遗址，但对于其他遗址则没有达成一致。大多数人认为有效的遗址包括天鹅角（阿拉斯加州）、佩斯利岩洞（俄勒冈州）、赫比奥（威斯康星州）、蒙特韦尔迪（智利）和酪乳溪（得克萨斯州）。
2. Jessi J. Halligan, Michael R. Waters, Angelina Perrotti, et al., “Pre-Clovis Occupation 14,550 Years Ago at the Page-Ladson Site, Florida, and the Peopling of the Americas,” *Science Advances* 2, no. 5 (2016): e1600375, https://doi.org/10.1126/sciadv.1600375.
3. Bastien Llamas, Lars Fehren-Schmitz, Guido Valverde, et al., “Ancient Mitochondrial DNA Provides High-Resolution Time Scale of the Peopling of the Americas,” *Science Advances* 2, no. 4 (2016): e1501385, https://doi.org/10.1126/sciadv.1501385.
4. 本节参考资料包括 Peter Forster, Rosalind Harding, Antonio Torroni, and Hans-Jurgen Bandelt, “Origin and Evolution of Native American MtDNA Variation: A Reappraisal,” *American Journal of Human Genetics* 59, no. 4 (1996): 935–945; Michael D. Brown, Seyed H. Hosseini, Antonio Torroni, et al., “MtDNA Haplogroup X: An Ancient Link between Europe/Western Asia and North America?” *American Journal of Human Genetics* 63, no. 6 (1998): 1852–1861, https://doi.org/10.1086/302155; Antonio Torroni, Theodore G. Schurr, James V. Neel, et al., “Asian Affinities and Continental Radiation of the Four Founding Native American MtDNAs,” n.d., 28; Nelson J. R. Fagundes, Ricardo Kanitz, Roberta Eckert, et al.,

"Mitochondrial Population Genomics Supports a Single Pre-Clovis Origin with a Coastal Route for the Peopling of the Americas," *American Journal of Human Genetics* 82, no. 3 (2008): 583–592, https://doi.org/10.1016/j.ajhg.2007.11.013; Alessandro Achilli, Ugo A. Perego, Claudio M. Bravi, et al., "The Phylogeny of the Four Pan-American MtDNA Haplogroups: Implications for Evolutionary and Disease Studies," edited by Vincent Macaulay, *PLoS ONE* 3, no. 3 (2008): e1764, https://doi.org/10.1371/journal.pone.0001764; Ugo A. Perego, Alessandro Achilli, Norman Angerhofer, et al., "Distinctive Paleo-Indian Migration Routes from Beringia Marked by Two Rare MtDNA Haplogroups," *Current Biology* 19, no. 1 (2009): 1–8, https://doi.org/10.1016/j.cub.2008.11.058; Theodore G. Schurr, "The Peopling of the New World: Perspectives from Molecular Anthropology," *Annual Review of Anthropology* 33, no. 1 (2004): 551–583, https://doi.org/10.1146/annurev.anthro.33.070203.143932.

5. Morten Rasmussen, Sarah L. Anzick, Michael R. Waters, et al., "The Genome of a Late Pleistocene Human from a Clovis Burial Site in Western Montana," *Nature* 506, no. 7487 (2014): 225–229, https://doi.org/10.1038/nature13025.
6. Perri, Feuerborn, Frantz, et al., "Dog Domestication and the Dual Dispersal of People and Dogs into the Americas" ; Moreno-Mayar, Potter, Vinner, et al., "Terminal Pleistocene Alaskan Genome Reveals First Founding Population of Native Americans" ; J. Víctor Moreno-Mayar, Lasse Vinner, Peter de Barros Damgaard, et al., "Early Human Dispersals within the Americas," *Science* 362, no. 6419 (2018): eaav2621, https://doi.org/10.1126/science.aav2621; Posth, Nakatsuka, Lazaridis, et al., "Reconstructing the Deep Population History of Central and South America" ; Rasmussen, Anzick, Waters, et al., "The Genome of a Late Pleistocene Human from a Clovis Burial Site in Western Montana" ; David Reich, Nick Patterson, Desmond Campbell, et al., "Reconstructing Native American Population

History," *Nature* 488, no. 7411 (2012): 370–374, https://doi.org/10.1038/nature11258; C. L. Scheib, Hongjie Li, Tariq Desai, et al., "Ancient Human Parallel Lineages within North America Contributed to a Coastal Expansion," *Science* 360, no. 6392 (2018): 1024, https://doi.org/10.1126/science.aar6851; Marla Mendes, Isabela Alvim, Victor Borda, et al., "The History behind the Mosaic of the Americas," *Current Opinion in Genetics and Development* 62 (June 2020): 72–77, https://doi.org/10.1016/j.gde.2020.06.007.

7. Pontus Skoglund, Swapan Mallick, Maria Cátira Bortolini, et al., "Genetic Evidence for Two Founding Populations of the Americas," *Nature* 525, no. 7567 (2015): 104–108, https://doi.org/10.1038/nature14895; Reich, *Who We Are and How We Got Here*.
8. Posth, Nakatsuka, Lazaridis, et al., "Reconstructing the Deep Population History of Central and South America" ; Marcos Araújo Castro e Silva, Tiago Ferraz, Maria Cátira Bortolini, et al., "Deep Genetic Affinity between Coastal Pacific and Amazonian Natives Evidenced by Australasian Ancestry," *Proceedings of the National Academy of Sciences* 118, no. 14 (2021): e2025739118, https://doi.org/10.1073/pnas.2025739118.
9. Q. Fu, M. Meyer, X. Gao, et al., "DNA Analysis of an Early Modern Human from Tianyuan Cave, China," *Proceedings of the National Academy of Sciences* 110, no. 6 (2013): 2223–2227, https://doi.org/10.1073/pnas.1221359110.
10. References for this section include Ciprian F. Ardelean, Lorena Becerra-Valdivia, Mikkel Winther Pedersen, et al., "Evidence of Human Occupation in Mexico around the Last Glacial Maximum," *Nature* 584, no. 7819 (2020): 87–92; Reich, *Who We Are and How We Got Here*.

第八章

1. Anne M. Jensen, "Nuvuk, Point Barrow, Alaska: The Thule Cemetery and

Ipiutak Occupation," PhD diss., Bryn Mawr College, 2009, https://repository.brynmawr.edu/dissertations/26.

2. Scott Elias, *Threats to the Arctic* (Elsevier, 2021).
3. 有兴趣的读者可以在安妮的博客上找到更多关于她本人及其项目的信息：*Out of Ice: Arctic Archaeology as Seen from Utqiaġvik (Barrow), Alaska*, https://iceandtime.net/author/ajatnuvuk。

   努武克古代线粒体 DNA 项目的结果可以在以下这篇论文中找到：Justin Tackney, Anne M. Jensen, Carolie Kisielinski, et al., "Molecular Analysis of an Ancient Thule Population at Nuvuk, Point Barrow, Alaska," *American Journal of Physical Anthropology* 168 (2019): 303–317。
4. 我和 Justin Tackney 简要讨论了这段历史："A Different Way: Perspectives on Human Genetic Research from the Arctic," *SAA Archaeological Record* 19, no. 2 (2019): 20–25。
5. 长期以来，称呼这些民族的通用术语是"古爱斯基摩人"。然而，在 Max Friesen 的带领下，一些北极学者，包括我们自己在堪萨斯大学的研究小组、合作伙伴（Lauren Norman, Justin Tackney, Dennis O'Rourke, Geoff Hayes, Deborah Bolnick, Austin Reynolds），以及我和其他一些考古学家已经开始使用"古因纽特人"这个替代术语。正如 Friesen 所写，"'古爱斯基摩人'这个术语保留了'爱斯基摩'这个词根"。鉴于因纽特人并不这样称呼自己，而且某些情况下可能含有贬义，所以现在常常被视为不恰当的词汇。"虽然在文献中还没有出现被广泛认可的替代术语，但合理的选择是采用'古因纽特人'，因为这个名称是因纽特极地理事会（Resolution 2010-01）所倡导的。这个机构代表了从西伯利亚到格陵兰岛所有因纽特人、因纽皮雅特人和尤皮克人的利益……采用这个术语使考古学家拥有了一个难得的切实机会遵循因纽特人组织的意愿，而不是依赖'南方'专家们讨论哪些术语才是合适的"(Friesen, "Archaeology of the Eastern Arctic," p. 144)。本章中，我将使用"古因纽特人"和"因纽特人"，而非"古爱斯基摩人"和"新爱斯基摩人"，除非引用别人的文章。

6. 本节参考资料包括: *The Oxford Handbook of The Prehistoric Arctic*, edited by T. Max Friesen and Owen K. Mason (Oxford University Press, 2016); T. M. Friesen, "Archaeology of the Eastern Arctic," chapter 3 in *Out of the Cold: Archaeology on the Arctic Rim of North America*, edited by Owen K. Mason and T. Max Friesen (SAA Press, 2017); Anne M. Jensen, "Nuvuk, Point Barrow, Alaska: The Thule Cemetery and Ipiutak Occupation" ; Ellen Bielawski, "Paleoeskimo Variability: The Early Arctic Small-Tool Tradition in the Central Canadian Arctic," *American Antiquity* (1988): 52–74。
7. Morten Rasmussen, Yingrui Li, Stinus Lindgreen, et al., "Ancient Human Genome Sequence of an Extinct Palaeo-Eskimo," *Nature* 463, no. 7282 (2010): 757–762, https://doi.org/10.1038/nature08835.
8. 本节参考资料包括发表在 the *Oxford Handbook of the Prehistoric Arctic*, edited by T. Max Friesen and Owen K. Mason (Oxford University Press, 2016) 的论文，以及 *Out of the Cold: Archaeology on the Arctic Rim of North America*, edited by Owen K. Mason and T. Max Friesen (SAA Press, 2017)。
9. Maanasa Raghavan, Michael DeGiorgio, Anders Albrechtsen, et al., "The Genetic Prehistory of the New World Arctic," *Science* 345, no. 6200 (2014): 1255832, https://doi.org/10.1126/science.1255832.
10. Jennifer Raff, Margarita Rzhetskaya, Justin Tackney, M. Geoffrey Hayes, "Mitochondrial Diversity of Iñupiat people from the Alaskan North Slope provides evidence for the origins of the Paleo- and Neo-Eskimo Peoples," *American Journal of Physical Anthropology* 157, no. 4 (2015): 603–614.
11. Pavel Flegontov, N. Ezgi Altınışık, Piya Changmai, et al., "Palaeo-Eskimo Genetic Ancestry and the Peopling of Chukotka and North America," *Nature* 570, no. 7760 (2019): 236–240, https://doi.org/10.1038/s41586-019-1251-y; the other study mentioned here was Sikora, Pitulko, Sousa, et al., "The Population History of Northeastern Siberia since the Pleistocene."

12. Willerslev and Meltzer在论文中对证据进行了令人信服的讨论："Peopling of the Americas as Inferred from Ancient Genomes," and from Anne C. Stone's "The Lineages of the First Humans to Reach Northeastern Siberia and the Americas," *Nature* 570 (2019): 170–172, https://doi.org/10.1038/d41586-019-01374-5。
13. Don Dumond, "A Reexamination of Eskimo-Aleut Prehistory," *American Anthropologist* 89 (1987): 32–56.
14. Leslea J. Hlusko, Joshua P. Carlson, George Chaplin, et al., "Environmental Selection during the Last Ice Age on the Mother-to-Infant Transmission of Vitamin D and Fatty Acids through Breast Milk," *Proceedings of the National Academy of Sciences* 115, no. 19 (2018): E4426–4432, https://doi.org/10.1073/pnas.1711788115.
15. 参见 William F. Keegan and Corinne L. Hoffman, *The Caribbean Before Columbus* (Oxford University Press, 2017); Scott M. Fitzpatrick, "The Pre-Columbian Caribbean: Colonization, Population Dispersal, and Island Adaptations," *PaleoAmerica* 1, no. 4 (2015): 305–31。
16. 本节参考资料：Scott M. Fitzpatrick, "The Pre-Columbian Caribbean: Colonization, Population Dispersal, and Island Adaptations," *PaleoAmerica* 1, no. 4 (2015): 305–331, https://doi.org/10.1179/2055557115Y.0000000010; Jada Benn Torres, "Genetic Anthropology and Archaeology: Interdisciplinary Approaches to Human History in the Caribbean," *PaleoAmerica* 2, no. 1 (2016): 1–5, https://doi.org/10.1080/20555563.2016.1139859。
17. Kathrin Nägele, Cosimo Posth, Miren Iraeta Orbegozo, et al., "Genomic Insights into the Early Peopling of the Caribbean," *Science* 369, no. 6502 (2020): 456–460; Daniel M. Fernandes, Kendra A. Sirak, Harald Ringbauer, et al., "A Genetic History of the Pre-Contact Caribbean," *Nature* 590, no. 7844 (2021): 103–110, https://doi.org/10.1038/s41586-020-03053-2.
18. Nägele, Posth, Orbegozo, et al., "Genomic Insights into the Early Peopling of the Caribbean"; Daniel M. Fernandes, Kendra A. Sirak, Harald Ringbauer,

et al., “A Genetic History of the Pre-Contact Caribbean,” *Nature* 590, no. 7844 (2021): 103–110, https://doi.org/10.1038/s41586-020-03053-2.

19. “泰诺”这个词虽然在口语中普遍使用，但却存有争议。Nieves-Colón 告诉我：“这个词首先出现于编年史中，然后被 19 世纪和 20 世纪的学者使用。随着时间推移，它成为我们对这些族群的称呼，但他们并不这样称呼自己（我们今天并不知道他们的叫法）。”这个术语最大的问题是，其历史上的使用方式将整个地区的原住民同质化了。在编年史中，西班牙人把大安的列斯群岛的泰诺人说成是“善良、和平、高贵的印第安人”，并把他们与小安的列斯群岛上“凶猛、食人”的加勒比人相对立。这种错误的二分法可能与以下史实有很大关系：到 16 世纪，西班牙王室规定只有对抗殖民统治的原住民才能变作奴隶。不幸的是，在历史书甚至一些学者口中，这种错误的民族概念依然延续至今。L. Antonio Curet 深入探讨过这一问题：“The Taíno: Phenomena, Concepts, and Terms,” *Ethnohistory* 61, no. 3 (2014): 467–495。
20. Lizzie Wade, “Ancient DNA Reveals Diverse Origins of Caribbean's Earliest Inhabitants,” *Science*, June 4, 2020, https://www.sciencemag.org/news/2020/06/ancient-dna-reveals-diverse-origins-caribbean-s-earliest-inhabitants.
21. Nägele, Posth, Orbegozo, et al., “Genomic Insights into the Early Peopling of the Caribbean.”

第九章

1. Joseph F. Powell, *The First Americans: Race, Evolution, and the Origin of Native Americans* (Cambridge University Press, 2005).
2. Powell, *The First Americans: Race, Evolution, and the Origin of Native Americans.*
3. James C. Chatters, “The Recovery and First Analysis of an Early Holocene Human Skeleton from Kennewick, Washington,” *American Antiquity* 65, no. 2 (2000): 291–316, https://doi.org/10.2307/2694060.

4. David J. Meltzer, *First Peoples in a New World: Colonizing Ice Age America* (University of California Press, 2010); Thomas, *Skull Wars*.
5. Walter A. Neves, Mark Hubbe, and Richard G. Klein, "Cranial Morphology of Early Americans from Lagoa Santa, Brazil: Implications for the Settlement of the New World," *Proceedings of the National Academy of Sciences of the United States of America* 102, no. 51 (2005).
6. J. Víctor Moreno-Mayar, Lasse Vinner, Peter de Barros Damgaard, et al., "Early Human Dispersals within the Americas," *Science* 362, no. 6419 (2018): eaav2621, https://doi.org/10.1126/science.aav2621.
7. Lizzie Wade, "To Overcome Decades of Mistrust, a Workshop Aims to Train Indigenous Researchers to Be Their Own Genome Experts," *Science* (2018), doi:10.1126/science.aav5286.
8. Douglas W. Owlsey and Richard L. Jantz, eds., *Kennewick Man: The Scientific Investigation of an Ancient American Skeleton* (Texas A&M University Press, 2014).
9. Morten Rasmussen, Martin Sikora, Anders Albrechtsen, et al., "The Ancestry and Affiliations of Kennewick Man," *Nature* 523 (2015): 455–458.
10. 归偿令是对 H.R.5303 的修正：the Water Resources Development Act, Burke Museum, "Statement on the Repatriation of the Ancient One," February 20, 2017, https://www.burkemuseum.org/news/ancient-one-kennewick-man。
11. Jennifer K. Wagner, Chip Colwell, Katrina G. Claw, et al., "Fostering Responsible Research on Ancient DNA," *American Journal of Human Genetics* 107 (2020): 183–195; National Commission for the Protection of Human Subjects of Biomedical and Behavioral Research, *The Belmont Report: Ethical Principles and Guidelines for the Protection of Human Subjects of Research* (Government Printing Office, 1978); Jessica Bardill, Alyssa C. Bader, Nanibaa' A. Garrison, et al., "Advancing the Ethics of Paleogenomics," *Science* 360, no. 6387 (2018): 384–385, https://doi.

org/10.1126/science.aaq1131.

12. 更准确地说，“这名儿童的身份应该是生活在当今安齐克地区的孩子”。Rasmussen, Anzick, Waters, et al., “The Genome of a Late Pleistocene Human from a Clovis Burial Site in Western Montana.”
13. Douglas J. Kennett, Stephen Plog, Richard J. George, et al., “Archaeogenomic Evidence Reveals Prehistoric Matrilineal Dynasty,” *Nature Communications* 8, no. 14115 (2017): 1–9, https://doi.org/10.1038/ncomms14115; Amanda D. Cortez, Deborah A. Bolnick, Jessica Bardill, et al., “An Ethical Crisis in Ancient DNA Research: Insights From the Chaco Canyon Controversy As a Case Study,” *Journal of Social Archaeology* (2021).DOI: 10.1177/1469605321991600.
14. Krystal S. Tsosie, Joseph M. Yracheta, Jessica Kolopenuk, et al., “Indigenous Data Sovereignties and Data Sharing in Biological Anthropology,” *American Journal of Physical Anthropology* (2020).DOI: 10.1002/ajpa.24184; Krystal S. Tsosie, Joseph M. Yracheta, Jessica A. Kolopenuk, et al., “We Have ‘Gifted’ Enough: Indigenous Genomic Data Sovereignty in Precision Medicine,” *American Journal of Bioethics* 21, no. 4 (2021): 72–75, DOI: 10.1080/15265161.2021.1891347; Krystal S. Tsosie, Keolu Fox, and Joseph M. Yracheta, “Genomics Data: The Broken Promise Is to Indigenous People,” *Nature* 591 (2021): 529.
15. Havasupai Tribe, “Welcome to the Official Havasupai Tribe Website,” 2017–2020, https://theofficialhavasupaitribe.com/About-Supai/about-supai.html.
16. Paul Rubin, “Indian Givers,” *Phoenix New Times*, May 27, 2004, https://www.phoenixnewtimes.com/news/indian-givers-6428347.
17. Nanibaa’ A. Garrison and Jessica D. Bardill, “The Ethics of Genetic Ancestry Testing,” in *A Companion to Anthropological Genetics*, edited by Dennis O’Rourke (John Wiley & Sons, 2019), pp. 28–29.
18. Kim TallBear, *Native American DNA: Tribal Belonging and the False Promise of Genetic Science* (University of Minnesota Press, 2013).

19. Jessica W. Blanchard, Simon Outram, Gloria Tallbull, et al., "We Don't Need a Swab in Our Mouth to Prove Who We Are," *Current Anthropology* 60, no. 5 (2019).

20. 参见 essay by Joe Yrcheta, "The Warren Debacle Exacerbates a 527 Year Old Problem," https://www.academia.edu/41809911/The_Warren_Debacle_Exacerbates_a_527_year_old_Problem。

21. Darryl Leroux, " 'We've Been Here for 2,000 Years': White Settlers, Native American DNA and the Phenomenon of Indigenization," *Social Studies of Science* 48, no. 1 (2018): 80–100.

22. Kim TallBear, "Genomic Articulations of indigeneity," *Social Studies of Science* 43, no. 4 (2013).

23. Hina Walajahi, David R. Wilson, and Sara Chandros Hull, "Constructing Identities: The Implication of DTC Ancestry Testing for Tribal Communities," *Genetics in Medicine* 21 (2019): 1744–1750.

24. Ewan Birney, Michael Inouye, Jennifer Raff, et al., "The Language of Race, Ethnicity, and Ancestry in Human Genetics," arXiv:2106.10041, https://arxiv.org/abs/2106.10041; Daniel J. Lawson, Lucy van Dorp, and Daniel Falush, "A Tutorial on How Not to Over-Interpret STRUCTURE and ADMIXTURE Bar Plots," *Nature Communications* 9, no. 3258 (2018).

25. L. Luca Cavalli-Sforza, "The Human Genome Diversity Project: Past, Present, and Future," *Nature Reviews Genetics* 6, no. 4 (2005): 333–340.

26. The 1000 Genomes Project Consortium, "A Global Reference for Human Genetic Variation," *Nature* 526 (2015): 68–74.

27. Discussed in Nanibaa' A. Garrison, M ā ui Hudson, Leah L. Ballantyne, et al., "Genomic Research through an Indigenous Lens: Understanding the Expectations," *Annual Review of Genomics and Human Genetics* 20 (2019): 495–517, https://doi.org/10.1146/annurev-genom-083118-015434.

28. Jenny Reardon, "Decoding Race and Human Difference in a Genomic Age," *Differences: A Journal of Feminist Cultural Studies* 15, no. 3 (2004): 38–65,

http://muse.jhu.edu/article/174491.

29 .M. Dodson and R. Williamson, "Indigenous Peoples and the Morality of the Human Genome Diversity Project," *Journal of Medical Ethics* 25, no. 2 (1999): 204–208, https://doi.org/10.1136/jme.25.2.204.

30. K. G. Claw, M. Z. Anderson, R. L. Begay, et al., "A Framework for Enhancing Ethical Genomic Research with Indigenous Communities," *Nature Communications* 9, no. 2957 (2018), https://doi.org/10.1038/s41467-018-05188-3.

31. 在撰写本书时，有 45 份样本来自墨西哥，2 份来自加拿大（阿萨巴斯卡人），1 份来自美国（阿留申人），2 份来自格陵兰（因纽特人）。在撰写本书时，古人基因组样本采自上阳河、萨卡克、安齐克遗址，还有 3 份来自内华达州（精灵岩洞和洛夫洛克岩洞），一份来自加利福尼亚州（圣克莱门特岛）。

32. Elizabeth Weiss and James W. Springer, *Repatriation and Erasing the Past* (University of Florida Press, 2020).

33. Māui Hudson, Nanibaa' A. Garrison, Rogina Sterling, et al., "Rights, Interests, and Expectations: Indigenous Perspectives on Unrestricted Access to Genomic Data," *Nature Reviews Genetics* 21, no. 4863 (2020): 377–384; Keolu Fox, "The Illusion of Inclusion—the 'All of Us' Research Program and Indigenous Peoples' DNA," *New England Journal of Medicine* 383 (2020): 411–413, DOI: 10.1056/NEJMp1915987.

34. Sara Reardon, "Navajo Nation Reconsiders Ban on Genetic Research," *Nature* 550 (2017): 165–166, https://www.nature.com/news/navajo-nation-reconsiders-ban-on-genetic-research-1.22780; Jennifer Q. Chadwick, Kenneth C. Copeland, Dannielle E. Branam, et al., "Genomic Research and American Indian Tribal Communities in Oklahoma: Learning from Past Research Misconduct and Building Future Trusting Partnerships," *American Journal of Epidemiology* 188, no. 7 (2019): 1206–1212, https://doi.org/10.1093/aje/kwz062.

35. Jessica Bardill, Alyssa C. Bader, Nanibaa' A. Garrison, et al., Summer Internship for Indigenous Peoples in Genomics (SING) Consortium, "Advancing the Ethics of Paleogenomics," *Science* 360, no. 6387 (2018): 384–385; Nanibaa' A. Garrison, Māui Hudson, Leah L. Ballantyne, et al., "Genomic Research through an Indigenous Lens: Understanding the Expectations," *Annual Review of Genomics and Human Genetics* 20 (2019): 495–517, https://doi.org/10.1146/annurev-genom-083118-015434; Jennifer K. Wagner, Chip Colwell, Katrina G. Claw, et al., "Fostering Responsible Research on Ancient DNA," *American Journal of Human Genetics* 107 (2020): 183–195.
36. Ana T. Duggan, Alison J.T.Harris, Stephanie Marciniak, et al., "Genetic Discontinuity between the Maritime Archaic and Beothuk Populations in Newfoundland, Canada," *Current Biology* 27, no. 20 (2017): 3149–3156.

尾声

1. Keolu Fox and John Hawks, "Use Ancient Remains More Wisely," *Nature* 572 (2019): 581–583, doi: https://doi.org/10.1038/d41586-019-02516-5.